高等职业教育课程改革精品教材

信息技术（基础模块）

能力训练

主编　娄志刚　赵德福

U0922974

上海交通大学出版社
SHANGHAI JIAO TONG UNIVERSITY PRESS

内容提要

本书根据教育部最新颁布的《高等职业教育专科信息技术课程标准（2021 年版）》的要求编写而成，是高等职业教育专科教材《信息技术（基础模块）》的配套用书。全书共包括 7 个项目，分别为计算机基础知识、文档处理、电子表格处理、演示文稿制作、信息检索、新一代信息技术概述、信息素养与社会责任，可帮助学生增强个体在信息社会的适应力与创造力，从而为其职业发展、终身学习和服务社会奠定基础。

本书紧扣教材内容、重视实践、题型多样、题量丰富、配套资源完善，可作为高等职业教育专科信息技术课程的辅导用书。

图书在版编目（CIP）数据

信息技术（基础模块）能力训练 / 娄志刚，赵德福主编. -- 上海 : 上海交通大学出版社，2021.8（2022.2 重印）

ISBN 978-7-313-25267-8

Ⅰ. ①信… Ⅱ. ①娄… ②赵… Ⅲ. ①电子计算机－高等职业教育－习题集 Ⅳ. ①TP3-44

中国版本图书馆 CIP 数据核字(2021)第 160934 号

信息技术（基础模块）能力训练

XINXI JISHU（JICHU MOKUAI）NENGLI XUNLIAN

主　　编：娄志刚　赵德福

出版发行：上海交通大学出版社　　地　　址：上海市番禺路 951 号

邮政编码：200030　　电　　话：021-64071208

印　　制：北京京华铭诚工贸有限公司　　经　　销：全国新华书店

开　　本：880mm×1230mm　1/16　　印　　张：13.25

字　　数：294 千字

版　　次：2021 年 8 月第 1 版　　印　　次：2022 年 2 月第 2 次印刷

书　　号：ISBN 978-7-313-25267-8

定　　价：39.90 元

版权所有　侵权必究

告读者：如发现本书有印装质量问题请与发行部联系

联系电话：010-81069288

前言 PREFACE

信息技术
基础模块
能力训练

高等职业教育专科信息技术课程是各专业学生必修或限定选修的公共基础课程，旨在帮助学生掌握信息技术基础知识与实用技能，增强信息意识，提升计算思维，提高数字化创新与发展能力，树立正确的信息社会价值观和责任感，增强在信息社会的适应力与创造力，为其职业发展、终身学习和服务社会奠定基础。

为了帮助学生更好地学习信息技术这门课程，我们组织编写了本书。

本书特色

（1）课政融合，同向同行：本书秉承课程教育与思想政治教育同向同行的理念，选取能够体现职业素养、工匠精神、科技前沿发展等的案例，将知识技能学习和思政教育完美融合在一起，力求培养高素质、高水准、高技能的专业型人才。

（2）紧扣教材，重视实践：本书将实践与习题内容按教材中的知识点进行分类组织，每个知识点都配有相应的实践案例和丰富的精选习题，可帮助学生更好地掌握信息技术基础知识与实用技能。

（3）题型多样，题量丰富：本书设置了大量的选择题、填空题、判断题、简答题和操作题，可帮助学生自主检测学习质量，查漏补缺，及时巩固所学知识与技能。

（4）配套资源，丰富多彩：本书配有丰富的教学资源，习题答案、书中涉及的所有素材及制作的实例均已整理上传，读者可以登录文旌综合教育平台“文旌课堂”（www.wenjingketang.com）下载。

本书编写队伍

本书由娄志刚、赵德福担任主编，匡懋、禹云、李秀玉、王东、梁艳玲、李丽担任副主编。

由于编者水平有限，书中存在的疏漏及不足之处，恳请各位专家、广大师生及同仁批评指正，以便再版时修订、完善。

本书编委会

主　编　娄志刚　赵德福

副主编　匡　憨　禹　云　李秀玉

王　东　梁艳玲　李　丽

目录 CONTENTS

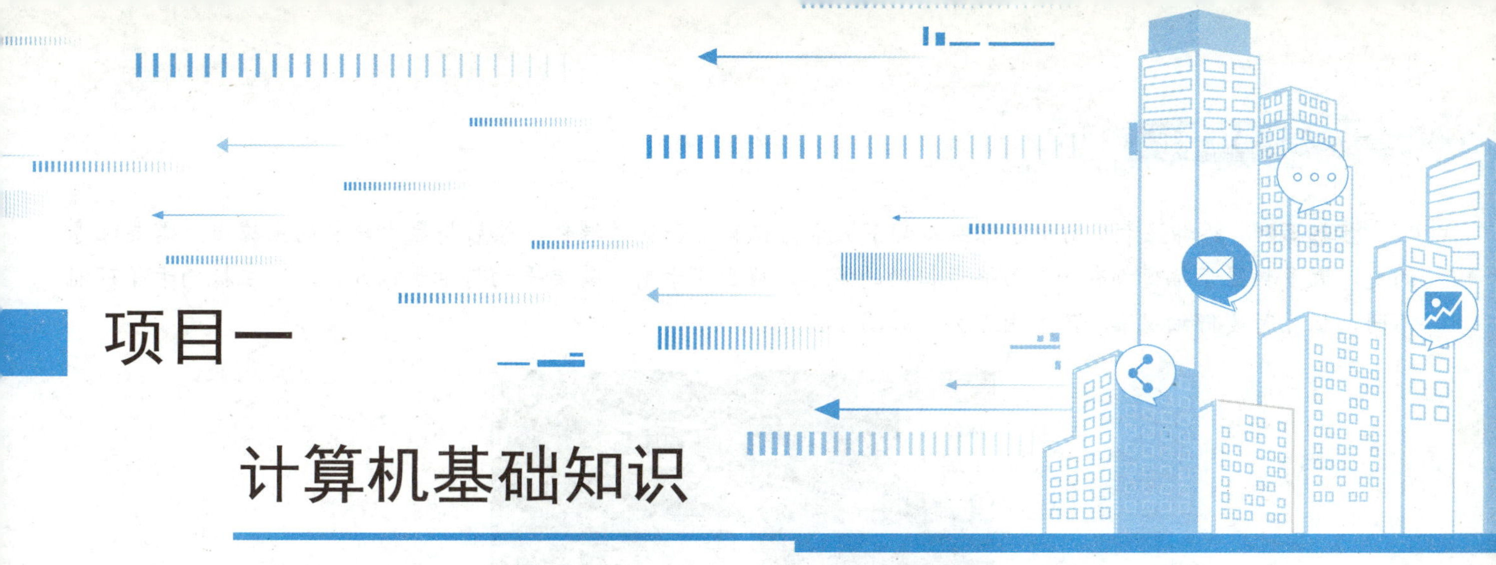

项目一 计算机基础知识

实践一 简单拆卸计算机主机

实践描述

主机是计算机硬件的核心，其中包含了主板、硬盘、内存和显卡等多种部件，尽管每种部件都有很多生产厂家，但由于其遵循了统一的规格，因此主机内部的结构大同小异。用户可通过组装和拆卸计算机主机的方法更好地了解计算机。

在本实践中，我们就来依次拆卸主机的机箱盖板、内存、显卡、CPU、硬盘和光驱等部件。

实践步骤

步骤 1▶ 为避免人体身上的静电烧坏计算机部件的电路，在进行拆卸操作前请先触摸一下身边的导电体（如机箱）以释放静电。

步骤 2▶ 拔下主机箱背面的电源插头，拔下鼠标、键盘、显示器等外部设备的数据线和网线。拔网线时应注意按住水晶头的卡子，拔显示器数据线时应先拧开螺丝。

步骤 3▶ 打开机箱两侧盖板，仔细观察主机内的硬件连接情况。

步骤 4▶ 拆卸内存。向外扒开内存条两侧的扣具，此时内存条将自动弹出，取出内存条，如图 1-1 所示。

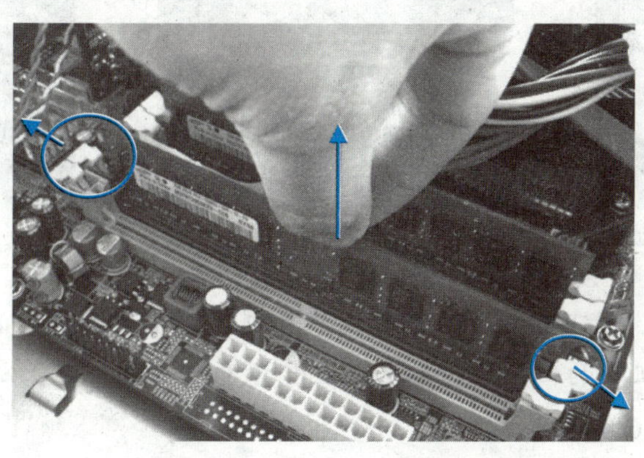

图 1-1 拆卸内存

步骤 5▶ 拆卸显卡。用十字螺丝刀卸下显卡与机箱交合处的螺钉，然后将显卡垂直向上拔出。需要注意的是，大多数显卡插槽都有一个防显卡松动的卡子，拔出显卡前，需要手动将卡子扳开。不同主板的卡子可能不同，扳开时要仔细观察，不要用蛮力，如图 1-2 所示。

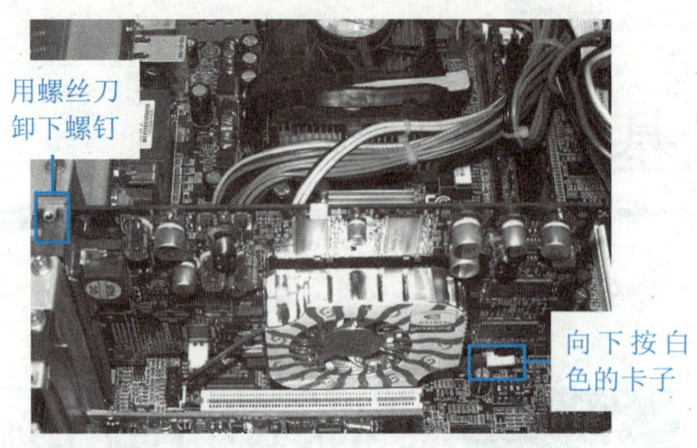

图 1-2　拆卸显卡

步骤 6▶ 拆卸 CPU 风扇（散热器）。先从主板上拔下风扇电源插头，再依次将 4 个膨胀扣沿逆时针方向旋转约 45°，然后将膨胀扣向上提起，最后将风扇向上提起，注意用力要均匀，如图 1-3 所示。

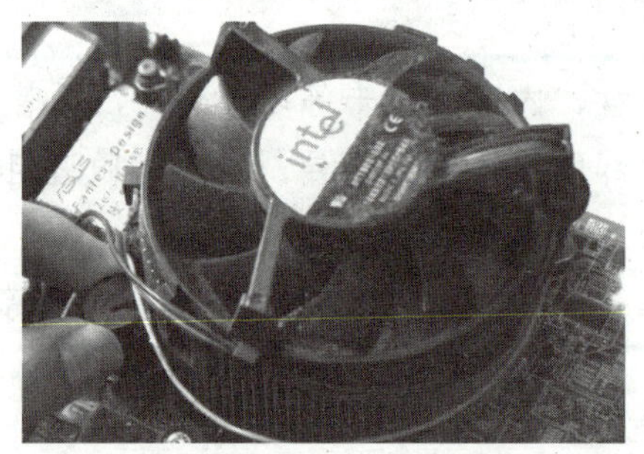

图 1-3　拆卸 CPU 风扇

步骤 7▶ 拆卸 CPU。向下轻压 CPU 插座旁的压杆并轻往外掰以将其打开，然后向上拉起 CPU 盖扣，最后将 CPU 轻轻向上垂直提起，如图 1-4 所示。此时可仔细观察一下 CPU 和 CPU 插槽的构造。注意 CPU 要轻拿轻放，避免损坏触点。

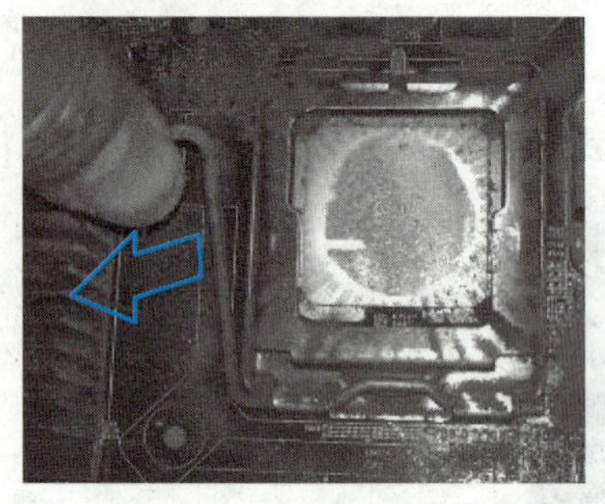

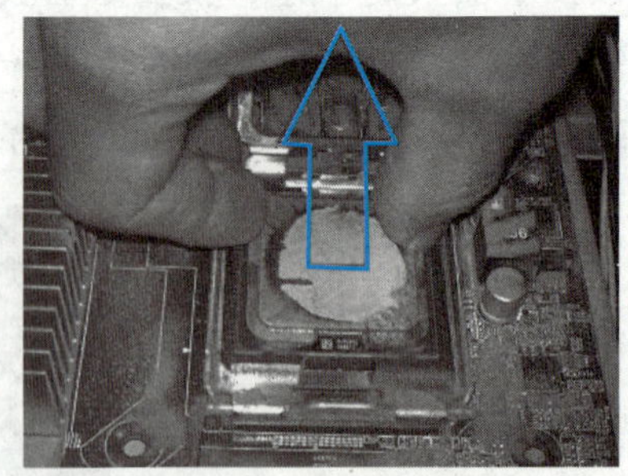

图 1-4　拆卸 CPU

步骤 8▶ 拆卸光驱和硬盘。拔下光驱、硬盘数据线和电源线（注意拔下时用力要均匀，最好能垂直拔出，避免损坏相关插头），然后松开机箱两侧的硬盘和光驱固定螺钉（见图 1-5），将光驱和硬盘从机箱上取出（光驱需要从前面板上取出，见图 1-6）。

图 1-5　松开机箱两侧的硬盘和光驱固定螺钉

图 1-6　将光驱从前面板上取出

实践二　管理文件和文件夹

实践描述

在使用计算机的过程中，经常需要对文件或文件夹进行各种管理操作，如新建、选择、移动、复制、重命名或删除文件和文件夹等。

在本实践中，我们首先在“此电脑”窗口中浏览文件和文件夹，然后在E盘（或其他磁盘）中创建新文件和文件夹，最后移动、复制、重命名、搜索文件或文件夹。

实践步骤

一、浏览文件和文件夹

在“此电脑”窗口中浏览文件和文件夹。

步骤 1▶　双击桌面上的“此电脑”图标，打开“此电脑”窗口，如图 1-7 所示。

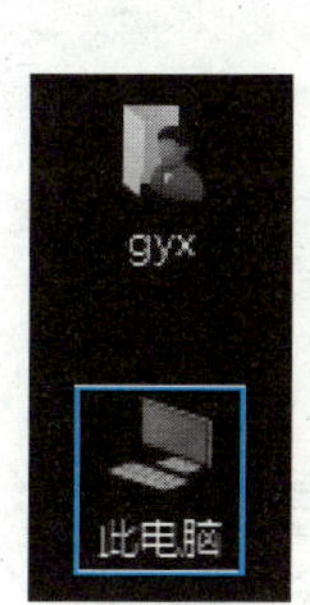

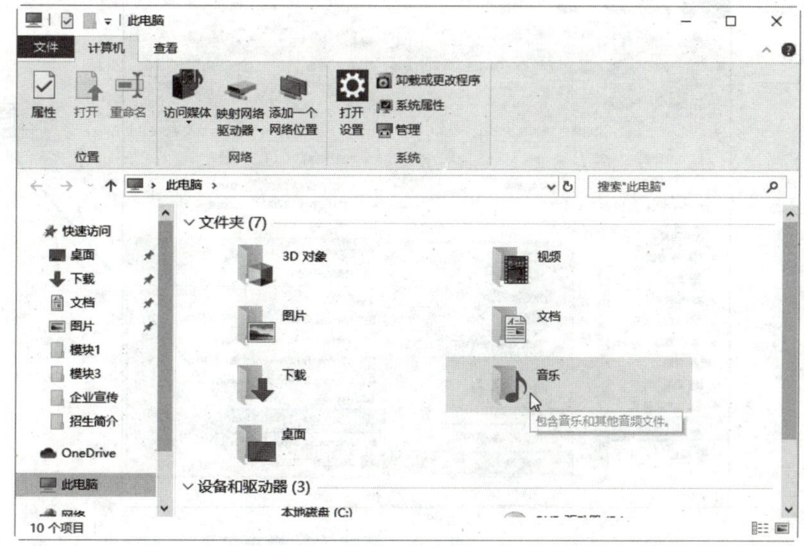

图 1-7　打开“此电脑”窗口

步骤 2▶ 双击“音乐”文件夹图标，打开“音乐”文件夹，查看其中的音乐文件，如图 1-8 所示。

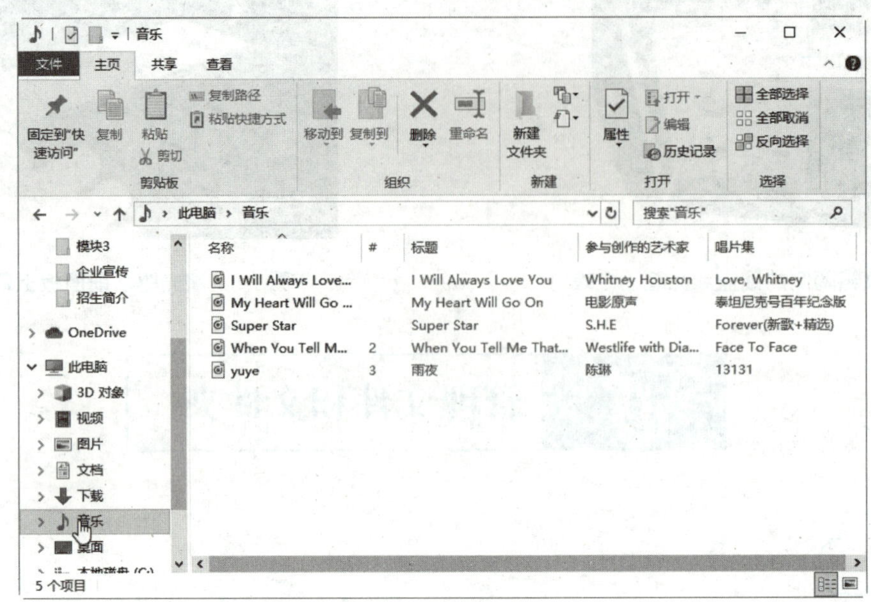

图 1-8　查看“音乐”文件夹中的文件

步骤 3▶ 单击窗口左侧导航窗格中磁盘或文件夹左侧的 › 按钮，可展开该磁盘或文件夹；单击某个磁盘或文件夹，可在右侧窗格中查看其内容。

二、新建文件和文件夹

在 E 盘（或其他磁盘）中新建“日常事务”文本文件、“部门通讯录”电子表格文件和“我的日常工作”文件夹，再在“我的日常工作”文件夹中新建“区域分类”文件夹。

步骤 1▶ 打开“此电脑”窗口，再打开用来存放新文件和新文件夹的磁盘驱动器 E。

步骤 2▶ 右击右侧窗格空白处，在弹出的快捷菜单中选择“新建”/“文本文档”选项，即可新建一个文本文件，输入文件名称“日常事务”，按“Enter”键确认，如图 1-9 所示。

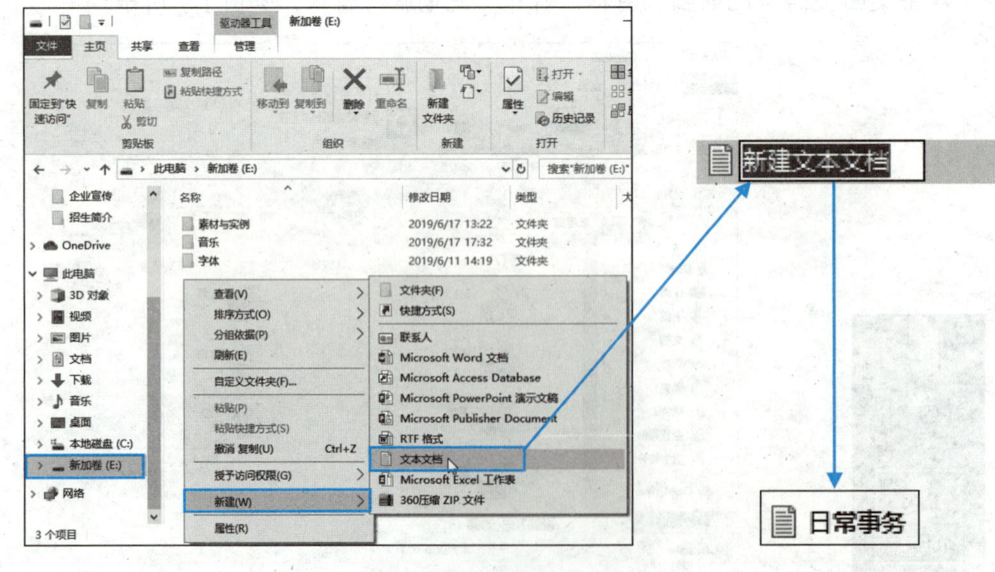

图 1-9　新建“日常事务”文本文件

步骤 3▶ 再次在右侧窗格空白处右击，在弹出的快捷菜单中选择“新建”/“Microsoft Excel 工作表”选项，新建一个电子表格文件，输入文件名“部门通讯录”，按“Enter”键确认。

步骤 4▶ 再次在右侧窗格空白处右击，在弹出的快捷菜单中选择“新建”/“文件夹”选项，此时将新建一个文件夹，输入文件夹名称“我的日常工作”，按“Enter”键确认，如图 1-10 所示。

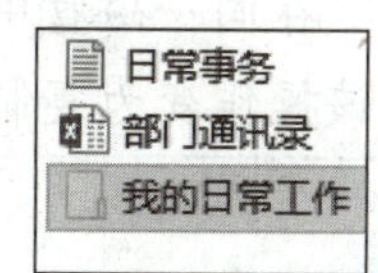

图 1-10 新建文件夹

步骤 5▶ 双击打开“我的日常工作”文件夹，参考步骤 4 在其中新建“区域分类”文件夹。

三、移动、复制、重命名文件或文件夹

将创建的“部门通讯录”电子表格文件移到“区域分类”文件夹中，并将其重命名为“北京分区通讯录”，将“日常事务”文件复制到“我的日常工作”文件夹中。

步骤 1▶ 打开“此电脑”窗口，再打开磁盘驱动器 E，然后选中要移动的电子表格文件“部门通讯录”。

步骤 2▶ 右击选中的文件，在弹出的快捷菜单中选择“剪切”选项，如图 1-11 所示。

步骤 3▶ 在左侧导航窗格中依次单击“我的日常工作”/“区域分类”文件夹，然后在右侧窗格空白处右击，在弹出的快捷菜单中选择“粘贴”选项（见图 1-12），即可将所选文件移到“区域分类”文件夹中。

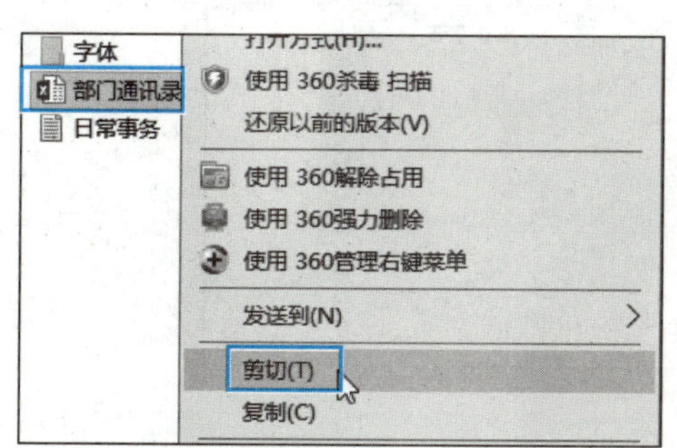

图 1-11 剪切要移动的文件

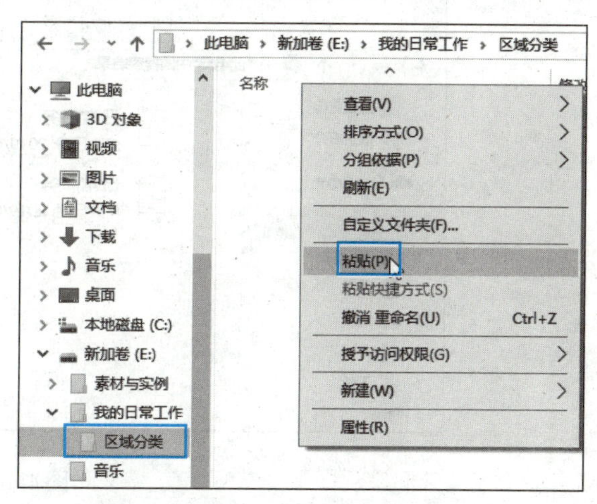

图 1-12 选择“粘贴”选项

步骤 4▶ 保持移动后的文件为选中状态，单击文件名，其将变为可编辑状态，然后输入新名称“北京分区通讯录”，按“Enter”键确认。

步骤 5▶ 单击窗口左上方的“上移”按钮↑两次，返回上一级窗口，可看到窗口中已没有“部门通讯录”文件。

步骤 6▶ 选中“日常事务”文本文件，按住“Ctrl”键的同时将其拖到“我的日常工作”文件夹图标上，释放鼠标后，选中的文件即可被复制到目标位置。此时在窗口中可看到“日常事务”文件仍在，如图 1-13 所示。

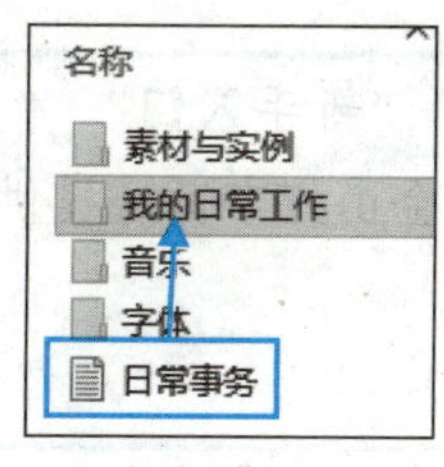

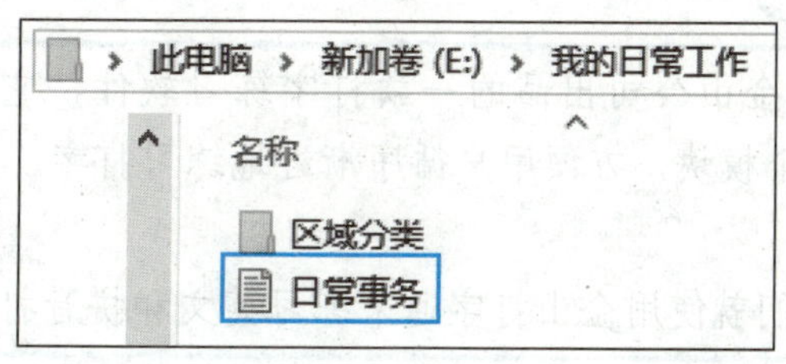

图 1-13 复制文件

小提示

在同一磁盘中拖动文件或文件夹时，Windows 默认该操作为移动；若在拖动的过程中按住“Ctrl”键，则该操作变为复制。

四、搜索文件或文件夹

查找“此电脑”中的“日常事务”文本文件。

步骤 1▶ 打开“此电脑”窗口，在窗口地址栏右侧的搜索编辑框中输入要查找的文件名称“日常事务”（如果记不清文件或文件夹全名，可只输入部分名称）。

步骤 2▶ 此时系统自动开始搜索，等待一段时间即可显示搜索结果，如图 1-14 所示。

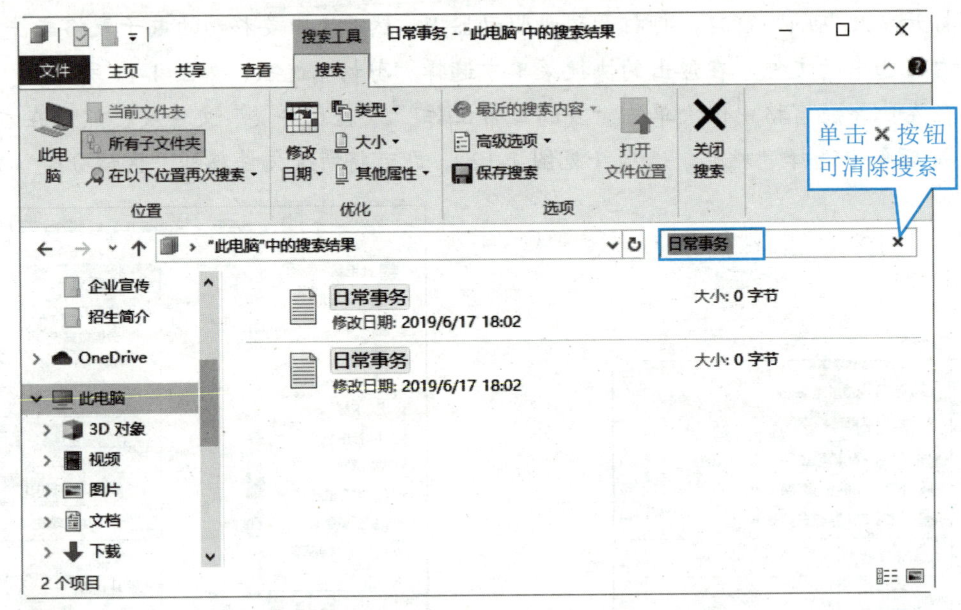

图 1-14　搜索文件

步骤 3▶ 对于搜到的文件或文件夹，可对其进行复制、移动或打开等操作。

实践三　使用金山打字通练习打字

实践描述

金山打字通是由金山公司出品的一款打字练习软件，它提供了“新手入门”“英文打字”“拼音打字”“五笔打字”4 个模块，方便用户循序渐进地练习打字。此外，金山打字通还提供了各种打字游戏，寓教于乐。

在本实践中，我们就使用金山打字通来练习英文和拼音打字。

实践步骤

一、练习英文打字

步骤 1▶ 将金山打字通软件安装到计算机中（在安装的过程中，注意取消安装不需要的捆绑软件）。

步骤 2▶ 启动金山打字通软件，其主界面如图 1-15 所示。从中可看到该软件提供了英文打字、拼音打字和五笔打字 3 种主流输入方式的针对性练习。

图 1-15 金山打字通软件主界面

步骤 3▶ 单击界面右上方的“登录”按钮，打开如图 1-16 所示的“创建昵称”界面。在该界面中创建昵称（以便保存打字记录），然后单击“下一步”按钮，进入“绑定 QQ”界面，直接单击该界面右上角的“关闭”按钮，退出“绑定 QQ”界面，此时在主界面右上方会显示创建的昵称。

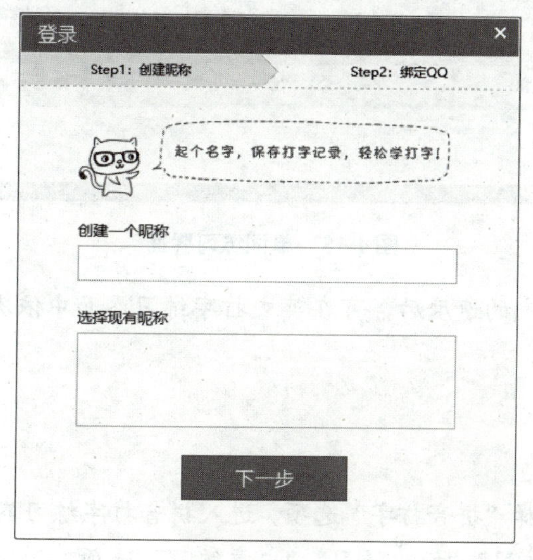

图 1-16 “创建昵称”界面

步骤 4▶ 创建昵称后，便可以在软件主界面中选择需要的选项进行练习了。例如，要练习英文打字，可选择“英文打字”选项，根据提示操作进入英文打字练习界面（见图 1-17），在其中选择“单词练习”选项，进入单词练习界面。

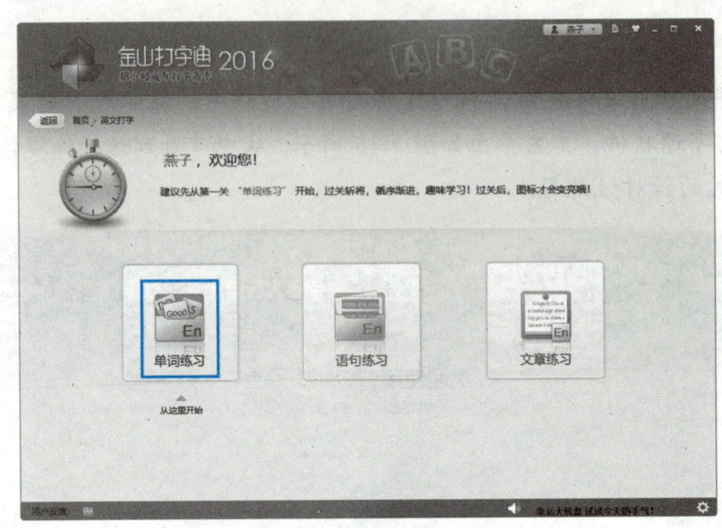

图 1-17　英文打字练习界面

步骤 5▶ 在单词练习界面的输入栏中输入插入点上方的英文单词，如图 1-18 所示。在输入过程中或输入完毕后，可在界面下方的状态栏查看输入时间、速度、进度和正确率。

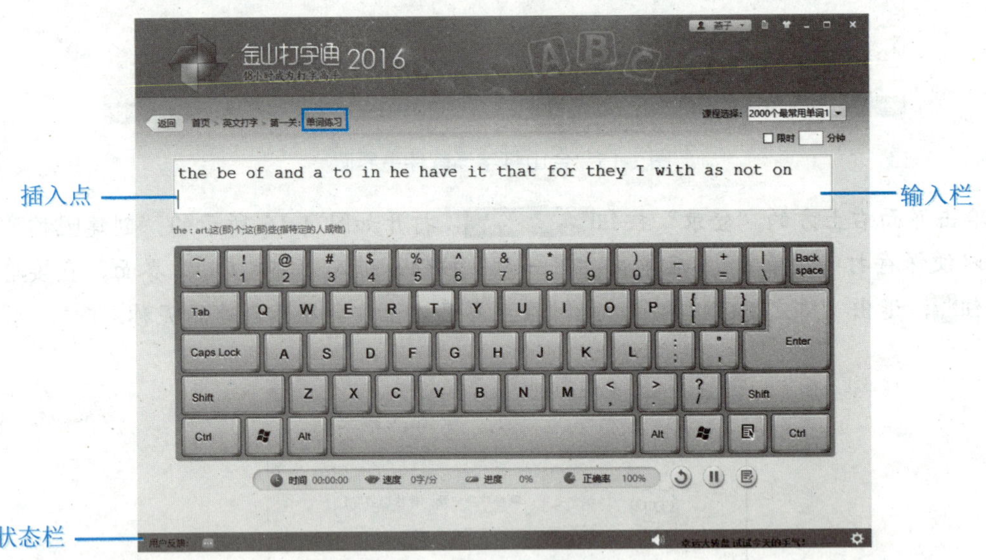

图 1-18　单词练习界面

步骤 6▶ 当单词练习达到一定的速度后，可在英文打字练习界面中依次选择“语句练习”和“文章练习”选项进行语句和文章的练习。

二、练习拼音打字

步骤 1▶ 在软件主界面中选择“拼音打字”选项，进入拼音打字练习界面，如图 1-19 所示。从中可看到，软件提供了“拼音输入法”“音节练习”“词组练习”“文章练习”选项。

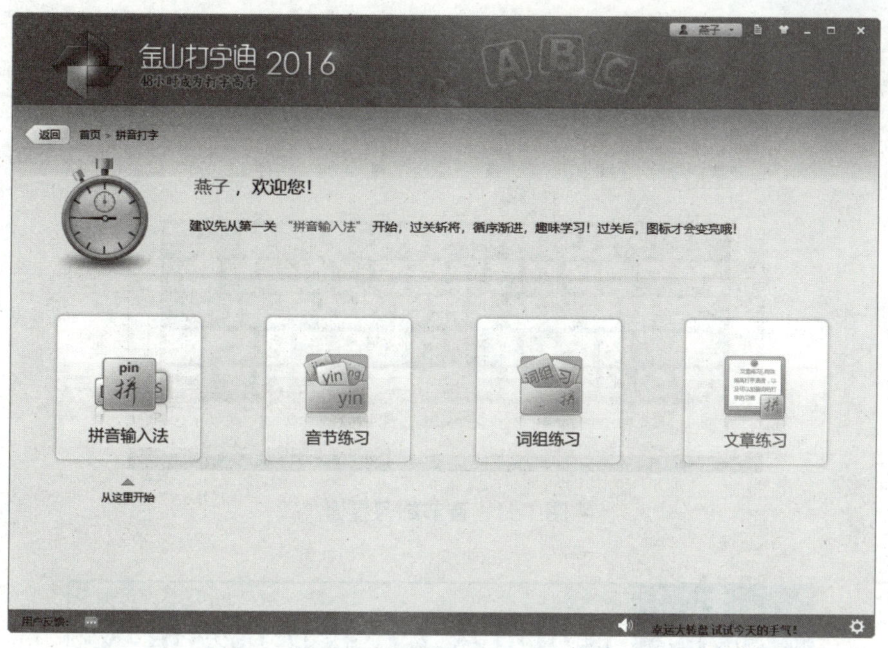

图 1-19 拼音打字练习界面

步骤 2▶ 选择"拼音输入法"选项，进入拼音输入法界面，如图 1-20 所示。其中介绍了系统自动安装的几种常用输入法，若单击"下一步"按钮，在打开的界面中还介绍了选择、添加和删除输入法的知识，以及一些热键的使用技巧。

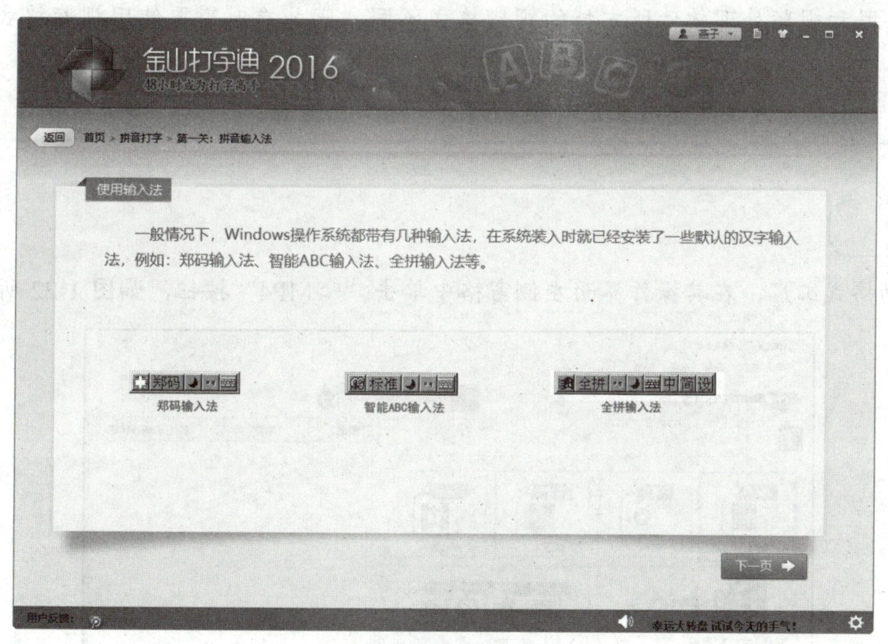

图 1-20 拼音输入法界面

步骤 3▶ 用户可依次选择拼音打字练习界面中的"音节练习""词组练习""文章练习"选项进行练习，操作方法与英文打字练习相似。图 1-21 为音节练习界面。

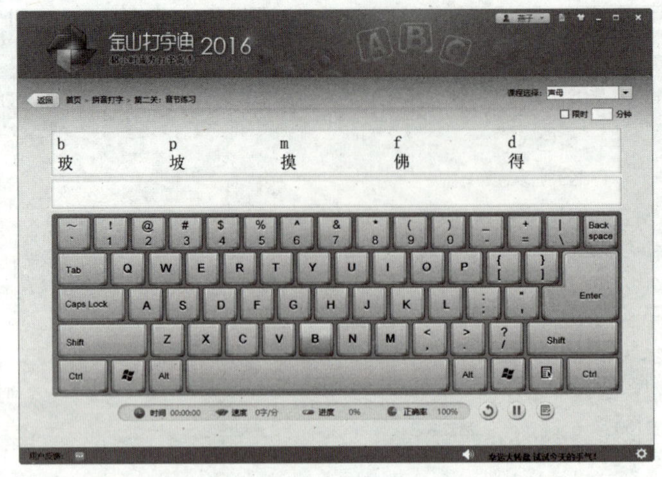

图 1-21　音节练习界面

实践四　使用格式工厂转换视频格式

实践描述

由于不同播放器和视频处理软件所支持的视频格式不同，因此有时需要使用视频格式转换软件转换视频的格式。

在本实践中，我们将介绍使用格式工厂转换视频文件格式的方法。

实践步骤

步骤 1▶ 启动格式工厂，在其操作界面左侧窗格中单击“->MP4”按钮，如图 1-22 所示。

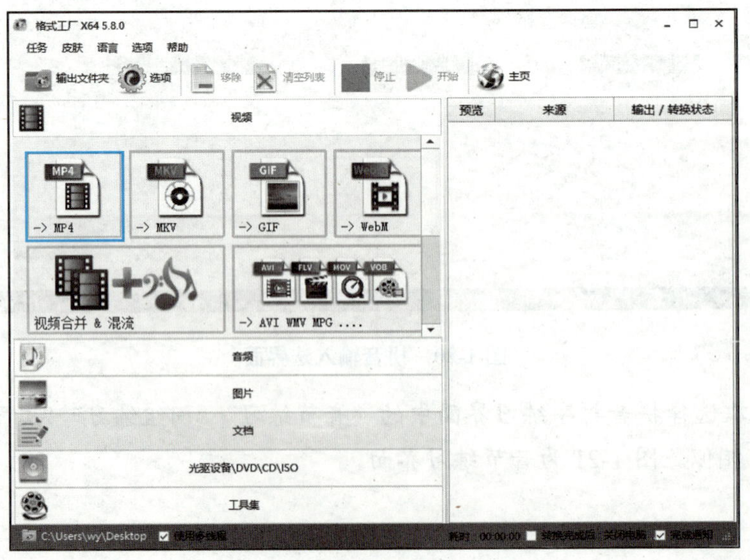

图 1-22　单击“->MP4”按钮

步骤 2▶ 打开“->MP4”对话框，单击“添加文件”按钮（见图 1-23），然后在打开的“请选择文件”对话框中选择要转换的文件（如动画、视频文件），并单击“打开”按钮，如图 1-24 所示。

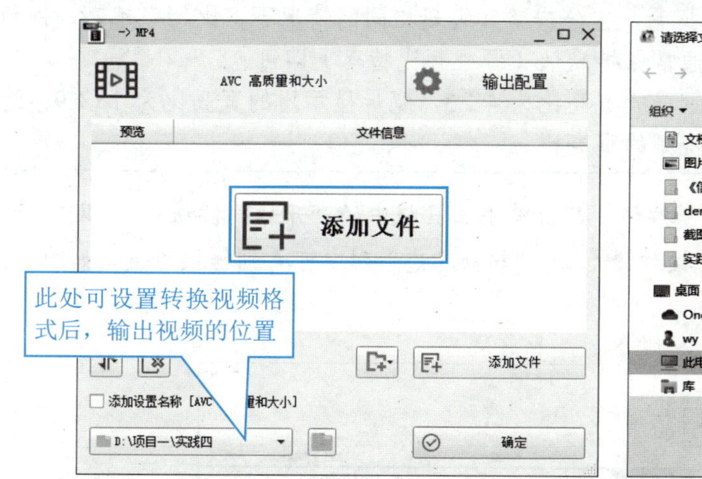

图 1-23 添加文件

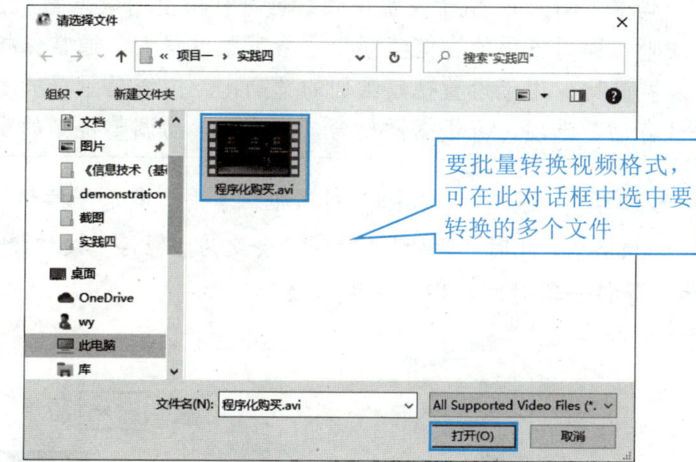

图 1-24 打开文件

步骤 3▶ 在“->MP4”对话框中单击“输出配置”按钮，在打开的“视频设置”对话框中，可设置转换视频格式时所使用的视频编码、屏幕大小、音视频编码、是否关闭音效，以及采样率等参数。本例保持默认设置，并单击“确定”按钮，如图 1-25 所示。

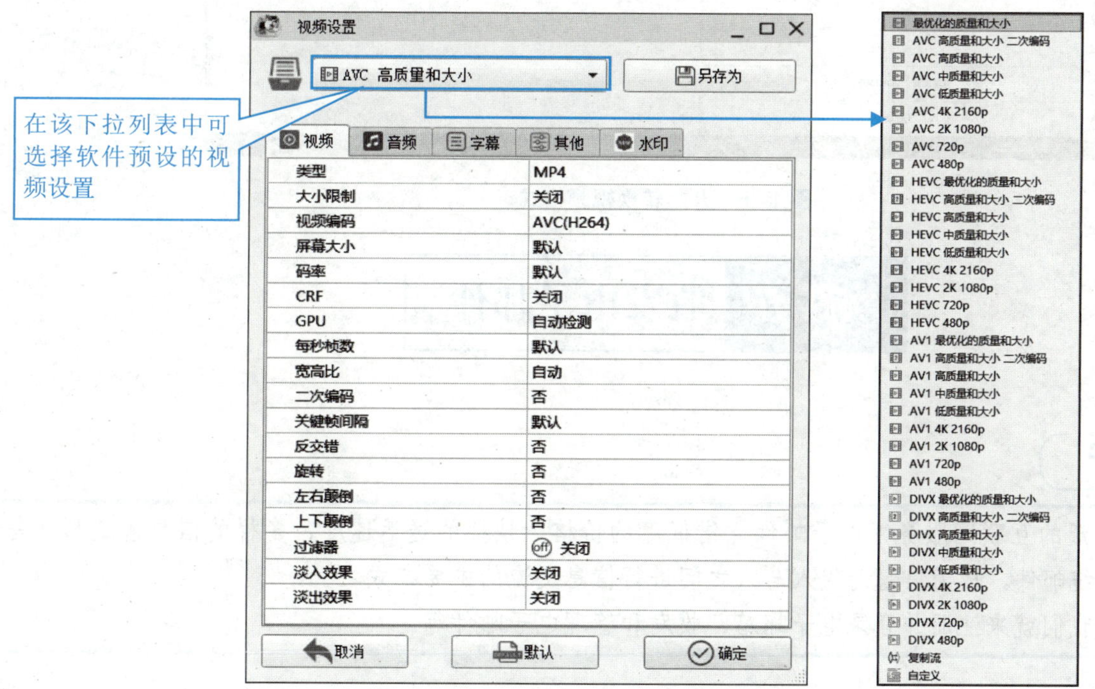

图 1-25 输出设置

小提示

“视频设置”对话框中常用设置项的作用如下。

视频编码：用于设置视频所使用的编码，其中“MPEG4（DivX）”“MPEG4（Xivd）”和“AVC（H264）”编码是目前最常用的视频编码，这 3 种编码可在较大压缩比下保持较高的画质。

屏幕大小：用于设置视频的分辨率。注意，若源视频的分辨率较低，将该值设得较大后，会使视频文件的播放画面变大、画质变差。若无特殊要求，保持默认（源视频分辨率）即可。

码率（Kb/s）：用于设置视频数据每秒输出的数据量，在分辨率和编码相同的情况下，比特率越高，视频越清晰，同时占用的存储空间或网络带宽也越大，通常保持默认（源视频比特率）即可。

宽高比：用于设置视频画面的宽高比。传统显示器的宽高比为 4∶3，宽屏显示器的宽高比为 16∶9。选择“自动”选项，可根据播放窗口的尺寸自动调整视频的宽高比。

步骤 4▶ 返回“->MP4”对话框，单击“确定”按钮，然后单击工具栏中的“开始”按钮▶开始，即可开始转换视频格式，此时“开始”按钮▶开始会变为“暂停”按钮▮▮暂停，在“转换状态”列中可看到转换进度，如图 1-26 所示。等待一段时间，即可完成转换。

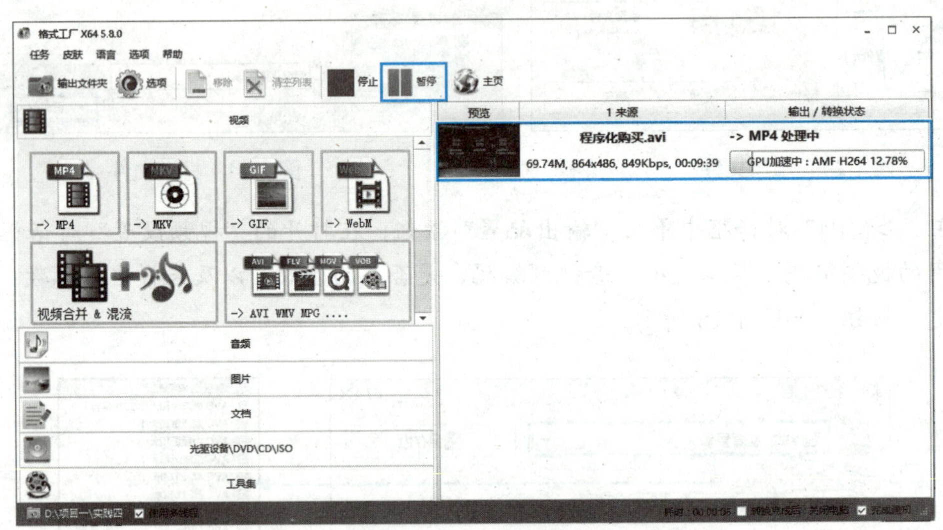

图 1-26 开始转换视频格式

实践五 收发电子邮件

实践描述

作为应用最广泛的互联网服务，电子邮件凭借低廉的价格、快捷的送达速度、多样的信息表达形式等优势逐渐取代了传统邮件，成为信息时代人与人之间进行信息交流的主要方式之一。

在本实践中，我们就来注册并登录电子邮箱、收发和管理电子邮件等。

实践步骤

一、注册并登录电子邮箱

步骤 1▶ 启动 IE 浏览器，在地址栏中输入“https://mail.163.com”并按“Enter”键，打开 163 网易免费邮（即网易邮箱）的“邮箱账号登录”界面，单击“注册网易邮箱”链接文字，如图 1-27 所示。

图 1-27 “邮箱账号登录”界面

步骤 2▶ 打开网易邮箱注册界面，输入邮箱地址、密码和手机号码信息，单击“立即注册”按钮，系统将弹出扫描二维码的操作提示，按提示完成验证。然后选中“同意《服务条款》《隐私政策》和《儿童隐私政策》”复选框，再次单击“立即注册”按钮，如图 1-28 所示。

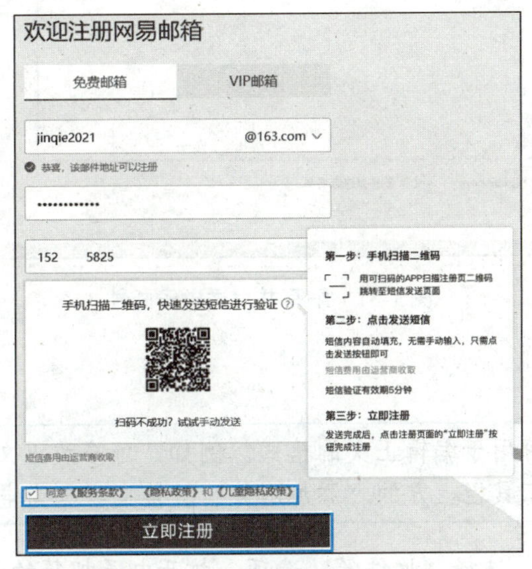

图 1-28 注册网易邮箱

步骤 3▶ 打开“新用户注册成功”界面，提示电子邮箱注册成功（见图 1-29），单击“进入邮箱”按钮，即可打开刚注册的电子邮箱首页，如图 1-30 所示。

图 1-29 电子邮箱注册成功

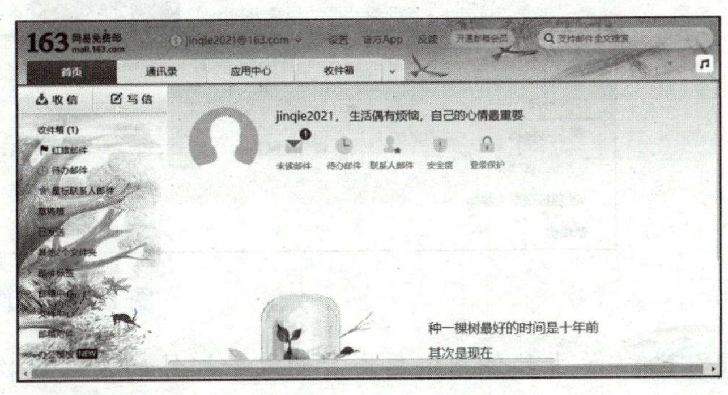

图 1-30 电子邮箱首页

二、收发和管理电子邮件

步骤 1▶ 单击电子邮箱首页左侧的“写信”按钮，打开写信界面，在“收件人”编辑框中输入收件人的电子邮件地址，在“主题”编辑框中输入电子邮件的主题，然后在下方的正文编辑框中输入电子邮件的内容，最后单击“发送”按钮，即可发送电子邮件，如图 1-31 所示。

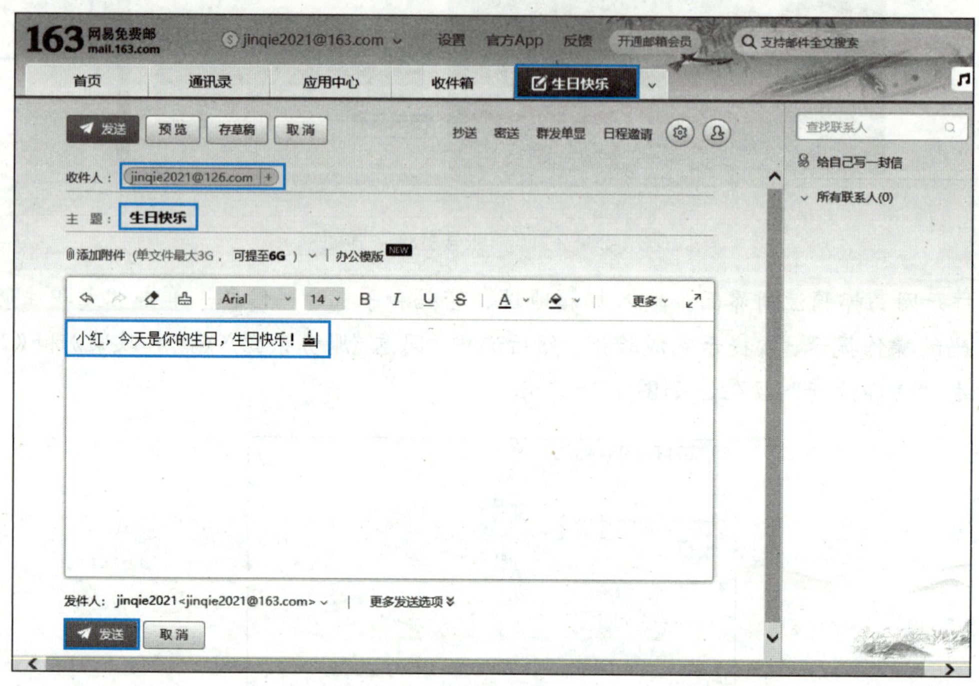

图 1-31　编写并发送电子邮件

小提示

正文编辑框上方为工具栏，可用于编辑正文的格式。例如，可修改正文中标题的字体和字号，以将其突出显示。此外，用户还可以单击工具栏上方的“添加附件”链接文字，为电子邮件附加音乐、视频等文件。

步骤 2▶ 返回电子邮箱首页，选择“收件箱”选项，打开电子邮箱的收件箱，查看收到的电子邮件，如图 1-32 所示。

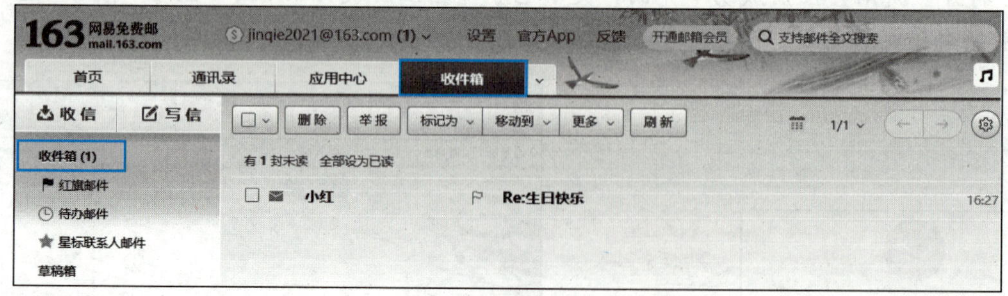

图 1-32　收件箱

步骤 3▶ 单击收件箱中要查看的电子邮件的主题或收件人，系统将打开电子邮件，将其内容显示出来，如图 1-33 所示。

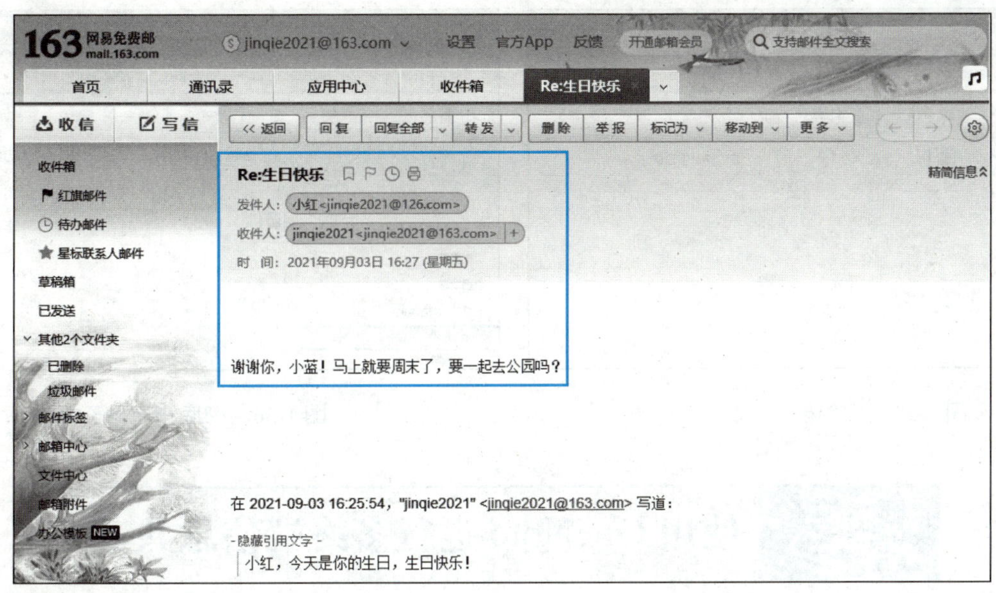

图 1-33 查看电子邮件的内容

小提示

若电子邮件中包含附件，则可单击附件名称的链接文字，以及“预览”“下载”等按钮进行查看或下载。

步骤 4▶ 要回复此电子邮件，可单击“回复”按钮，系统将自动创建一封回复主题的电子邮件，在正文编辑框中输入要回复的内容，然后单击“发送”按钮，如图 1-34 所示。

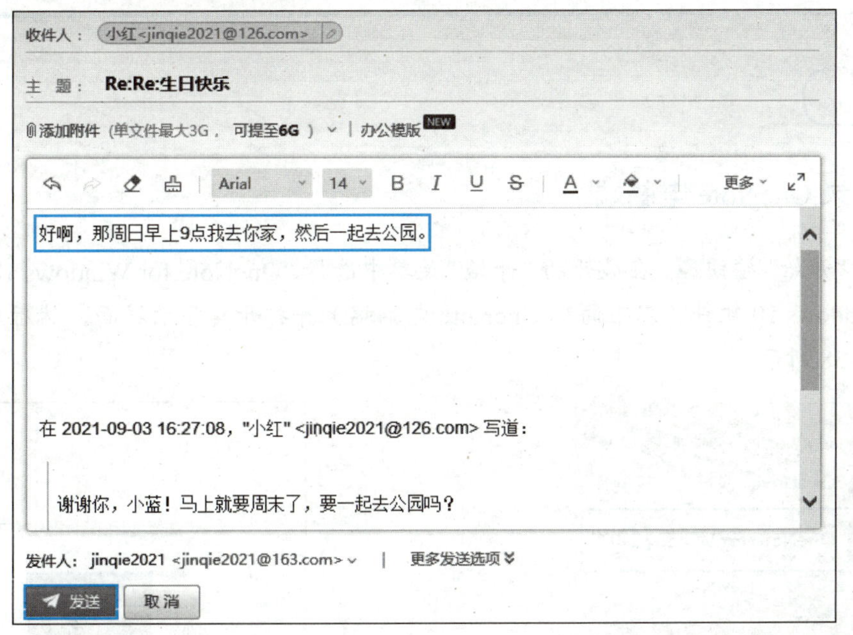

图 1-34 回复电子邮件

步骤 5▶ 若希望删除收件箱中的某封电子邮件，可选中此电子邮件前的复选框，然后单击“删除”按钮（见图 1-35），则此电子邮件将移至“其他 2 个文件夹”/“已删除”文件夹中。在“已删除”文件夹中选中电子邮件前的复选框，单击“彻底删除”按钮，可彻底删除此电子邮件，如图 1-36 所示。

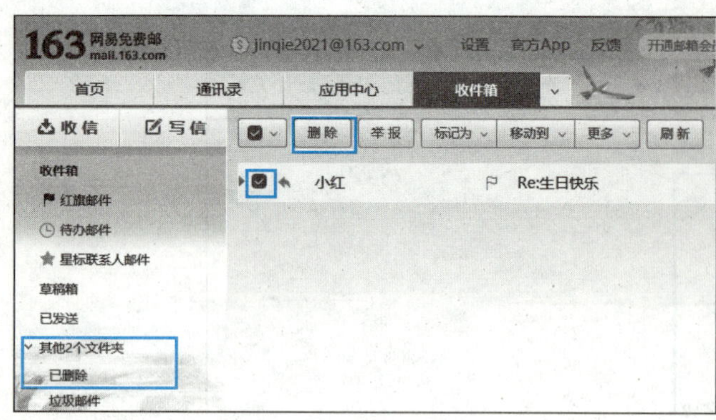

图 1-35　删除电子邮件

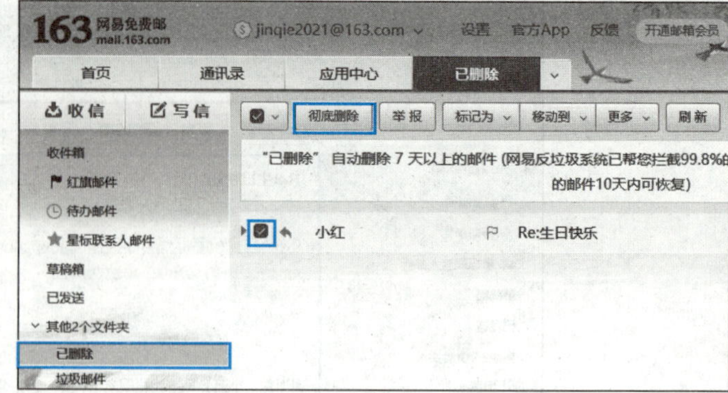

图 1-36　彻底删除电子邮件

实践六　使用 OneNote 进行多终端信息共享

实践描述

云笔记是一种基于云端同步技术的电子笔记本，它可以将本地的笔记实时备份到云端，用户只需登录同一账户，即可实现多终端的信息同步和共享。

在本实践中，我们将分别使用微软公司提供的云笔记软件 OneNote 的电脑端和手机端创建和管理笔记，体验云笔记实现多终端信息共享的过程。

实践步骤

一、注册并登录 OneNote 电脑端

步骤 1▶ 单击“开始”按钮，在展开的“开始”菜单中选择“OneNote for Windows 10”选项（见图 1-37），启动 OneNote for Windows 10 软件（以下简称 OneNote 电脑端）并打开其登录界面，然后单击“个人 Microsoft 账户”按钮，如图 1-38 所示。

图 1-37　启动 OneNote 电脑端

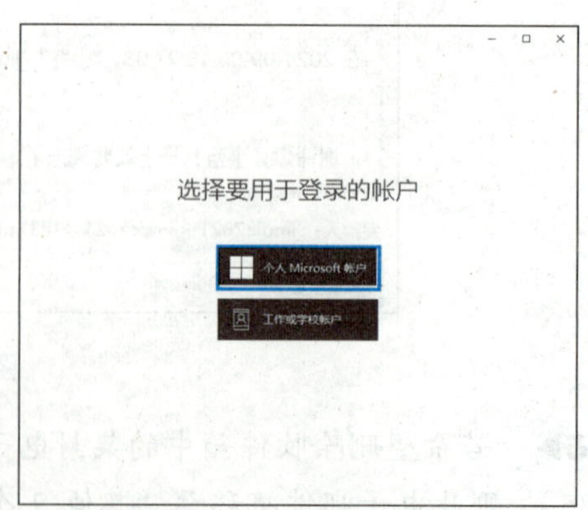

图 1-38　OneNote 电脑端的登录界面

步骤 2▶ 打开“登录”界面，单击“创建一个!”链接文字，如图 1-39 所示。

步骤 3▶ 打开“创建账户”界面，在“someone@example.com”编辑框中输入完整的电子邮件地址，然后单击“下一步”按钮，如图 1-40 所示。

步骤 4▶ 打开“创建密码”界面，在“创建密码”编辑框中输入 Microsoft 账户的密码，然后单击“下一步”按钮，如图 1-41 所示。

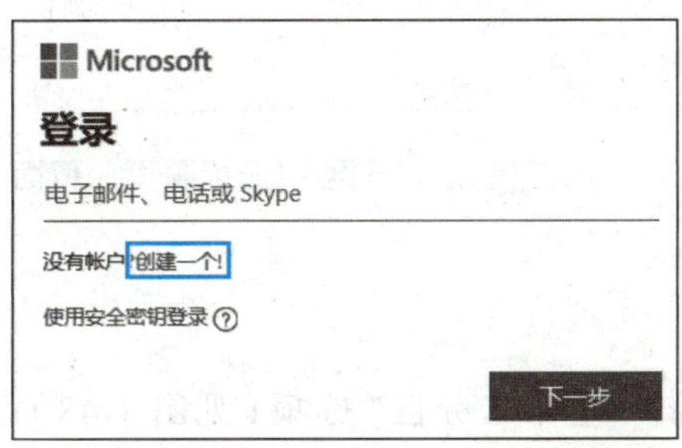

图 1-39 单击“创建一个!”链接文字

图 1-40 创建账户

图 1-41 创建密码

步骤 5▶ 打开“你的名字是什么？”界面，在“姓”和“名”编辑框中分别输入信息，然后单击“下一步”按钮，如图 1-42 所示。

步骤 6▶ 打开“你的出生日期是哪一天？”界面，在“国家/地区”下拉列表中已默认选择“中国”选项，在“出生日期”的“年”编辑框中输入年份，在“月”和“日”下拉列表中选择月份和日期，然后单击“下一步”按钮，如图 1-43 所示。

步骤 7▶ 打开“验证电子邮件”界面，在“输入代码”编辑框中输入注册邮箱中收到的验证码，然后单击“下一步”按钮，如图 1-44 所示。

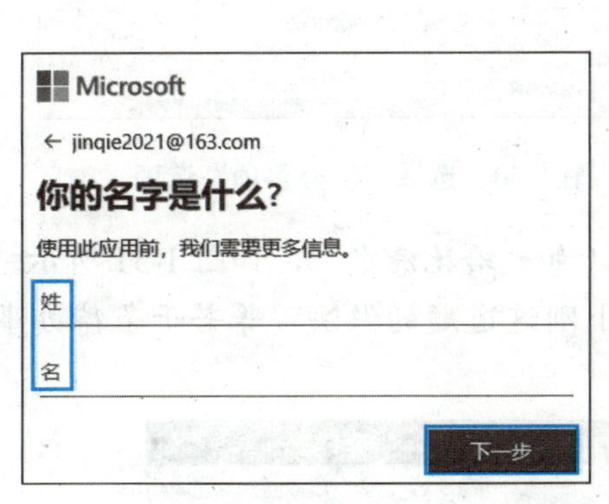

图 1-42 设置姓名

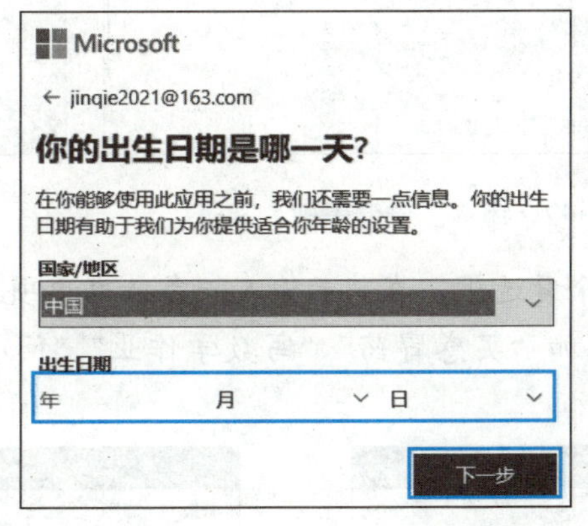

图 1-43 设置出生日期

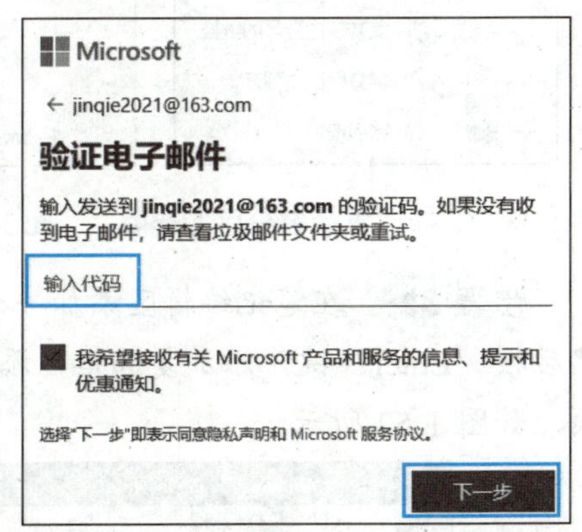

图 1-44 登录 OneNote 电脑端

步骤 8▶ 打开“在设备上的任何位置使用此账户”界面，单击“下一步”按钮，如图 1-45 所示。

步骤 9▶ 登录 OneNote 电脑端，进入软件自动创建的“× 的笔记本”（其中“×”为名，如此处为“蓝 的笔记本”）页面，如图 1-46 所示。然后选择“× 的笔记本”选项，展开“快速笔记”分区/“无标题页”页面，如图 1-47 所示。

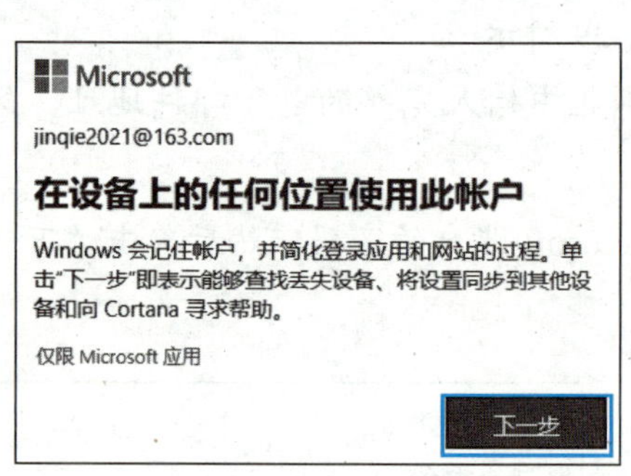

图 1-45 权限提示

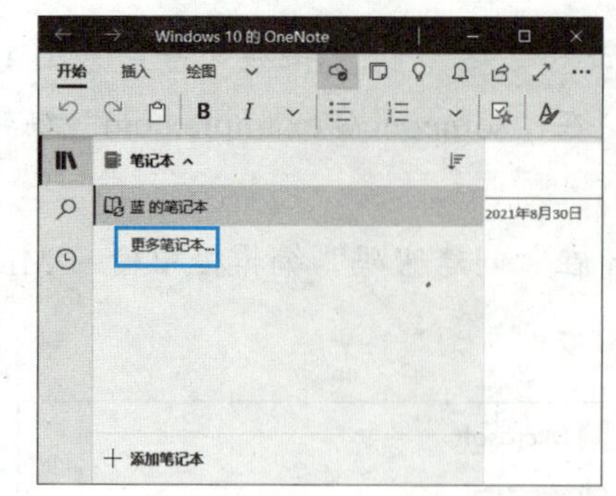

图 1-46 "× 的笔记本"页面

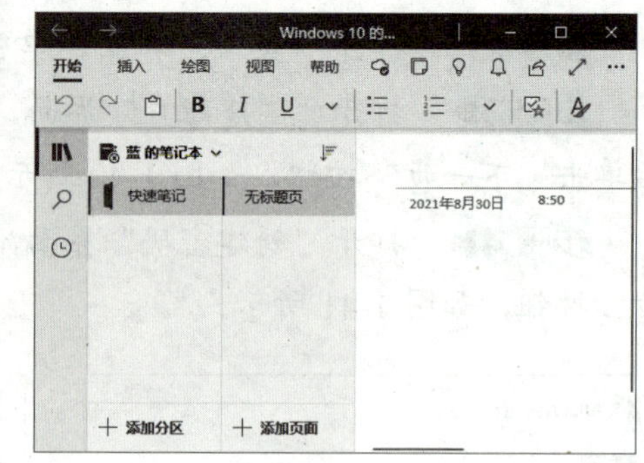

图 1-47 "快速笔记"分区/"无标题页"页面

二、在 OneNote 电脑端创建笔记

步骤 1▶ 重命名分区。右击"快速笔记"分区，在弹出的快捷菜单中选择"重命名分区"选项（见图 1-48），然后输入"生活日常"文本。

步骤 2▶ 在"无标题页"页面顶部的标题栏中输入"待办事项"文本，如图 1-49 所示。然后将插入点移动到标题栏下方的笔记编辑区，单击"开始"选项卡中的"标记此笔记"图标，在展开的下拉列表中选择"待办事项"选项，如图 1-50 所示。

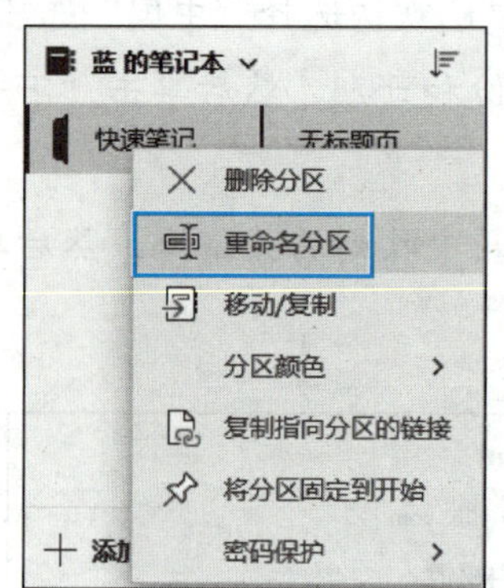

图 1-48 选择"重命名分区"选项

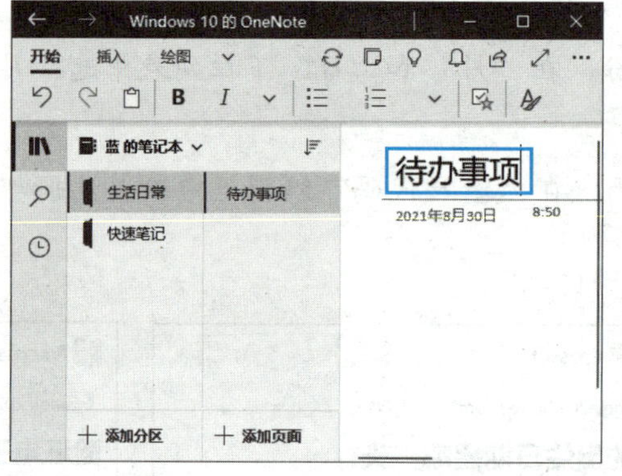

图 1-49 输入"待办事项"文字

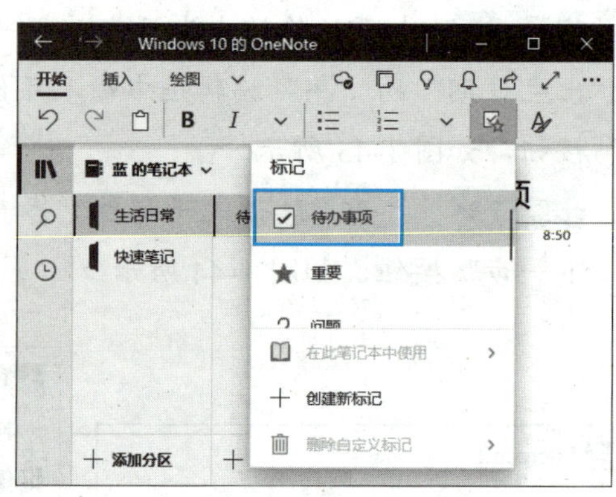

图 1-50 选择"待办事项"选项

步骤 3▶ 在笔记编辑区添加一个复选框，在其后输入一条待办事项（如"给花浇水"），如图 1-51 所示。然后按"Enter"键，添加复选框，添加"买感冒药""写数学作业""问小刚这道题的做法"等若干条待办事项，如图 1-52 所示。

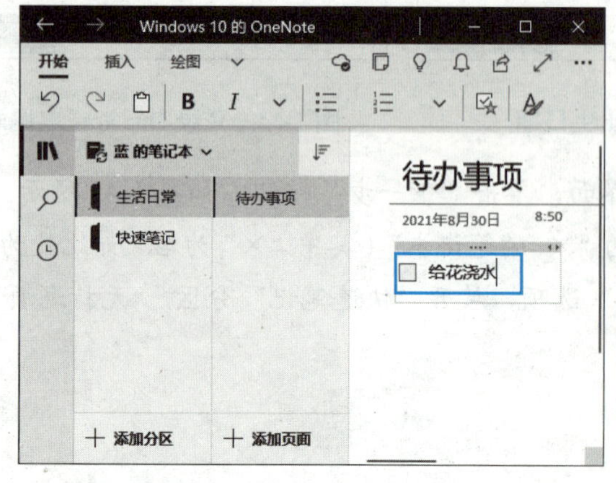

图 1-51 添加一条待办事项

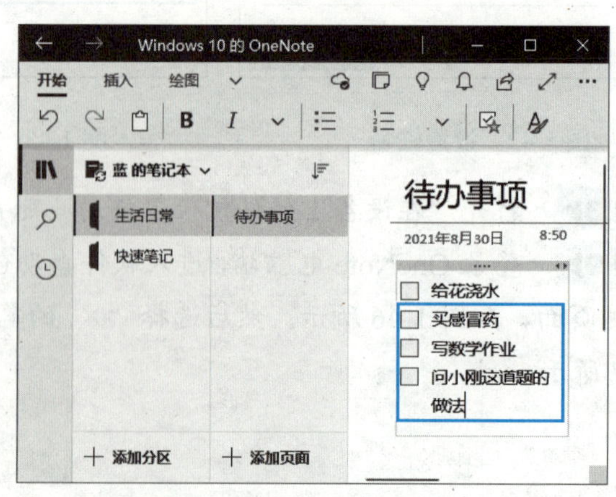

图 1-52 添加若干条待办事项

步骤 4▶ 添加图片以更好地描述待办事项。切换到“插入”选项卡，单击“图片”按钮，在展开的下拉列表中选择“来自文件”选项，如图 1-53 所示。

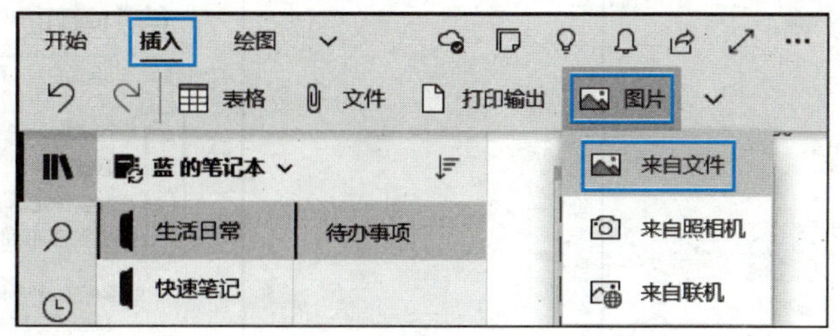

图 1-53 选择“来自文件”选项

步骤 5▶ 打开“打开”对话框，选择要插入的图片，然后单击“打开”按钮（见图 1-54），即可将图片插入 OneNote 笔记本中，如图 1-55 所示。

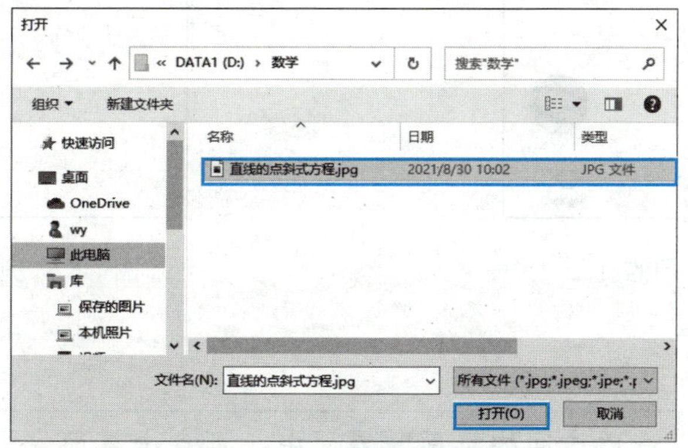

图 1-54 选择要插入的图片

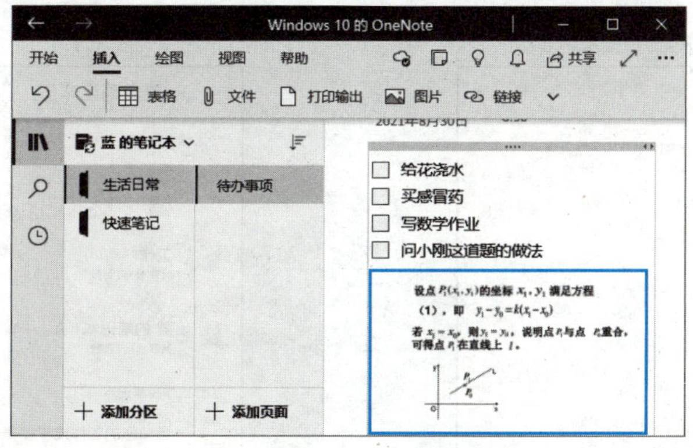

图 1-55 插入图片

步骤 6▶ OneNote 电脑端会将当前笔记自动同步至云端，右上角的“页面同步状态”图标将切换为，表示同步完成。

三、在 OneNote 手机端查看并管理笔记

步骤 1▶ 在手机上安装 OneNote App。安装完成后，点击桌面上的图标启动 App，用与电脑端相同的账号登录 App，进入“最近访问的页面”界面，用户可在其中查看其他终端最近访问的页面，如图 1-56 所示。

步骤 2▶ 选择“待办事项”选项，打开由 OneNote 电脑端同步到手机端的待办事项清单，点击待办事项前的复选框，表示此待办事项已完成，如图 1-57 所示。

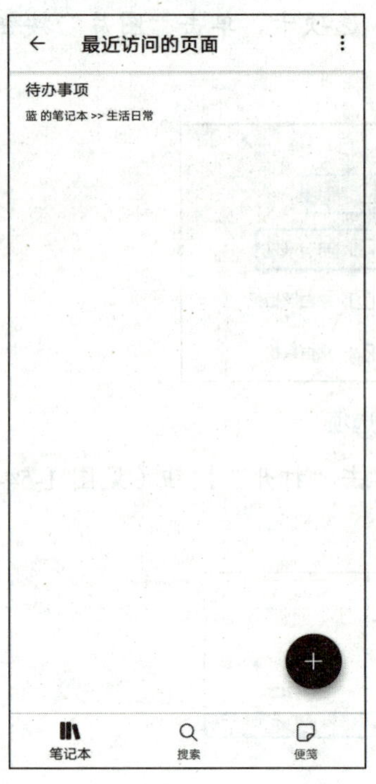

图 1-56 “最近访问的页面”界面

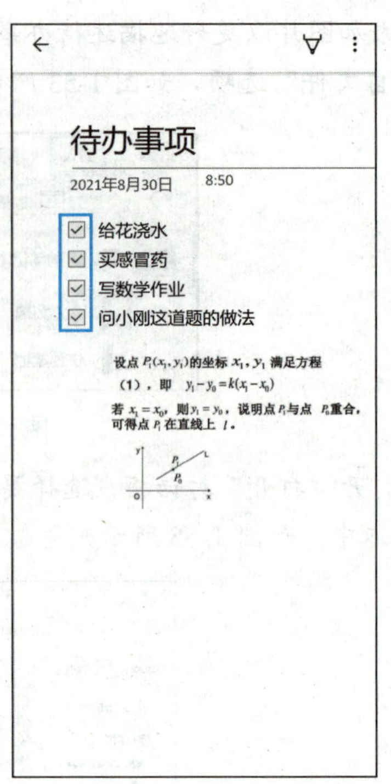

图 1-57 完成待办事项

小提示

如果要打开的笔记不在“最近访问的页面”界面中，可点击界面左上角的“返回”按钮，打开“OneNote”界面（见图 1-58），点击“更多笔记本”按钮，打开“更多笔记本”界面（见图 1-59），在其中点击要打开的笔记本即可。

图 1-58 “OneNote”界面

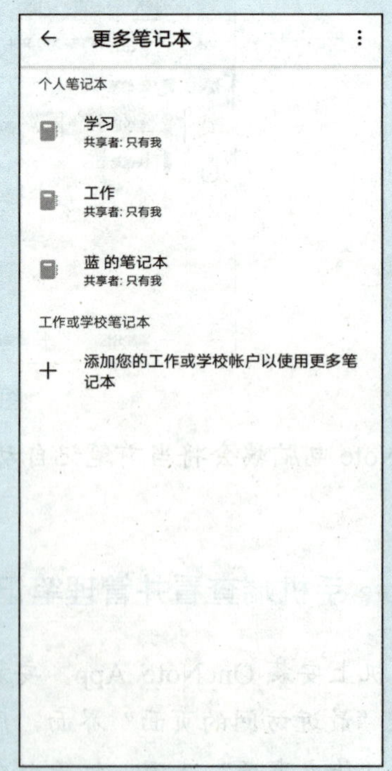

图 1-59 “更多笔记本”界面

步骤 3▶ 点击界面左上角的“返回”按钮，返回“最近访问的页面”界面，长按“待办事项”笔记，然后点击右上方的“删除”按钮，在弹出的“要删除页吗？”对话框中点击“删除”按钮，即可将此笔记删除，如图 1-60 所示。

步骤 4▶ 点击“最近访问的页面”界面左下角的“+”按钮，App 将在当前笔记本下自动创建“快速笔记”分区/“无标题页”页面。在标题栏中输入“课堂笔记”，然后点击笔记编辑区，会自动弹出输入法及其上方的工具栏，如图 1-61 所示。

步骤 5▶ 点击工具栏中的“文件”按钮（见图 1-61），打开“最近”界面，在此界面中点击要插入的文件，如“项目一.pptx”文件，将其插入笔记编辑区，如图 1-62 所示。

步骤 6▶ 点击工具栏中的“编号”按钮（见图 1-61），段首会出现编号“1.”，在其后输入内容（如“认识计算机”）后，按输入法上的回车键，在新的段首会自动出现编号“2.”。

步骤 7▶ 使用与步骤 6 相同的方法，依次添加“了解计算机中信息的表示与存储”“使用操作系统”“计算机网络与 Internet”等内容，如图 1-63 所示。

图 1-60　删除笔记　　图 1-61　在 OneNote 手机端创建笔记　　图 1-62　插入文件　　图 1-63　添加文本内容

步骤 8▶ 点击界面左上角的“返回”按钮，回到“最近访问的页面”界面，向下拖动界面，会出现图标，表示正在将笔记同步到云端。

步骤 9▶ 打开 OneNote 电脑端，在“蓝 的笔记本”/“生活日常”分区中可看到“待办事项”页面已删除，且在当前笔记本中新增了一个“快速笔记”分区/“课堂笔记”页面，如 1-64 所示。

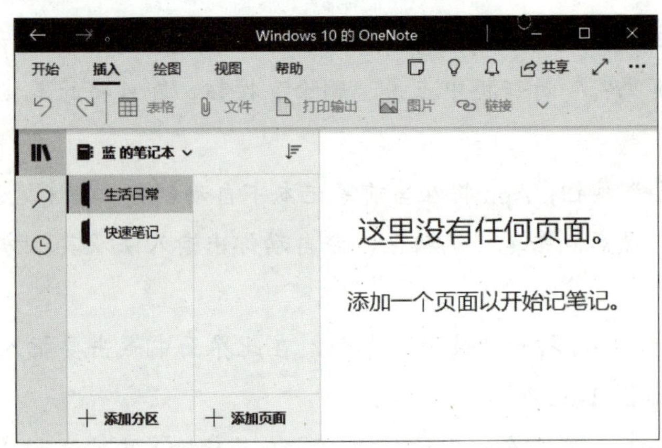

（a）“生活日常”分区

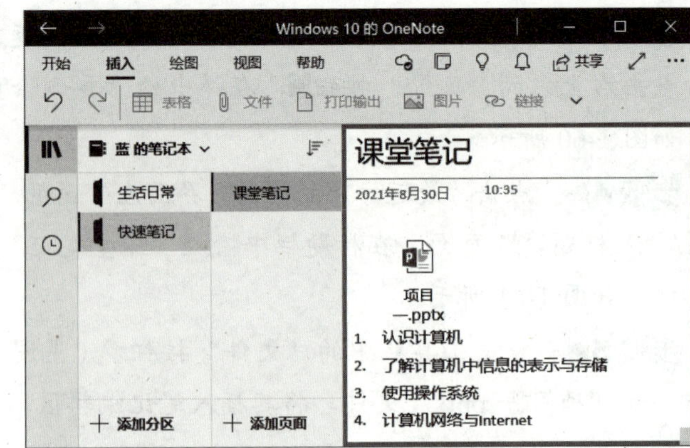

（b）“快速笔记”分区

图 1-64 在 OneNote 电脑端同步云端笔记

小提示

OneNote 不仅可以在电脑端和手机端实现信息共享，还可以在网页端、平板电脑端等实现信息共享。

习题精选

一、选择题

（1）世界上公认的第一台通用电子计算机是（　　）。

A．ENIAC　　B．EDVAC

C．EDSAC　　D．UNIVAC

（2）第一代电子计算机的逻辑元件是（　　）。

A．晶体管　　B．电子管

C．集成电路　　D．继电器

（3）第四代计算机是（　　）。

A．电子管计算机　　B．晶体管计算机

C．集成电路计算机　　D．超大规模集成电路计算机

（4）现代微机采用的主要元件是（　　）。

A．电子管　　B．晶体管

C．中小规模集成电路　　D．大规模、超大规模集成电路

（5）下列关于计算机主要特性的说法中，错误的是（　　）。

A．处理速度快，计算精度高　　B．存储容量大

C．没有逻辑判断能力　　D．网络和通信功能强

（6）早期的计算机主要用来进行（　　）。

A．科学计算　　B．系统仿真

C．自动控制　　D．动画设计

(7) 利用计算机完成网络课程的学习属于（　　）。

A. 办公自动化　　B. 计算机仿真
C. 远程教育　　D. 多媒体娱乐

(8) 通过淘宝网进行网购活动是计算机系统支持下的（　　）。

A. 数据交换　　B. 电子商务
C. 网上银行　　D. 电子政务

(9) 通常个人计算机属于（　　）。

A. 小型计算机　　B. 巨型机算机
C. 大型计算机　　D. 微型计算机

(10) 我国自主研制的计算机“神威・太湖之光”属于（　　）。

A. 超级计算机　　B. 大型计算机
C. 小型计算机　　D. 微型计算机

(11) 用计算机进行地震预测方面的计算，属于计算机在（　　）领域的应用。

A. 数据处理　　B. 过程控制
C. 科学计算　　D. 计算机辅助教学

(12) 计算机辅助领域中，CAD 是指（　　）。

A. 计算机辅助制造　　B. 计算机辅助设计
C. 计算机辅助教学　　D. 计算机辅助测试

(13) 计算机在实现工业生产自动化方面的应用属于（　　）。

A. 自动控制　　B. 人工智能
C. 信息处理　　D. 数值计算

(14) 核爆炸和地震灾害之类的仿真模拟属于计算机在（　　）方面的应用。

A. 计算机仿真　　B. 科学计算
C. 数据处理　　D. 实时控制

(15) 计算机辅助教学的英文缩写是（　　）。

A. CAD　　B. CAE
C. CAM　　D. CAI

(16) 微型计算机硬件系统最核心的部件是（　　）。

A. I/O 接口　　B. CPU
C. 内存储器　　D. I/O 设备

(17) 微型计算机中，运算器的主要功能是进行（　　）。

A. 算术运算　　B. 逻辑运算
C. 初等函数运算　　D. 算术运算和逻辑运算

(18) 微型计算机中，控制器的基本功能是（　　）。

A. 进行算术运算和逻辑运算　　B. 存储各种控制信息
C. 保持各种控制状态　　D. 控制计算机各部件协调一致地工作

(19) 在微型计算机硬件系统中，主机的主要组成部件是（　　）。

A. 运算器和控制器　　B. CPU 和硬盘
C. CPU 和显示器　　D. CPU 和内存储器

（20）以下不属于微型计算机特点的是（　　）。

A．体积小　　B．使用不方便

C．灵活性大　　D．性价比高

（21）计算机的计算精度取决于机器字长，字长可分为（　　）等。

A．4 位、8 位、10 位　　B．8 位、16 位、32 位

C．4 位、8 位、16 位、25 位　　D．8 位、16 位、30 位

（22）微型计算机系统的中央处理器通常是指（　　）。

A．控制器和运算器　　B．内存储器和运算器

C．内存储器和控制器　　D．内存储器、控制器和运算器

（23）微型计算机的中央处理器又称为（　　）。

A．GPU　　B．ENIAC

C．CAD　　D．CPU

（24）微型计算机 CPU 的主频主要影响计算机的（　　）。

A．存储容量　　B．运算速度

C．售卖价格　　D．总线宽度

（25）在计算机术语中经常用 RAM 表示（　　）。

A．只读存储器　　B．随机存储器

C．硬盘　　D．可编程只读存储器

（26）CPU 不能直接访问的存储器是（　　）。

A．RAM　　B．硬盘

C．ROM　　D．Cache

（27）在下列存储设备中，存取速度最快的是（　　）。

A．内存　　B．硬盘

C．U 盘　　D．光盘

（28）断电后存储的信息会丢失的是（　　）。

A．硬盘　　B．ROM

C．光盘　　D．RAM

（29）计算机的内存储器比外存储器（　　）。

A．更便宜　　B．存储容量更大

C．存取速度快　　D．昂贵但能存储更多信息

（30）在微型计算机系统中，鼠标属于（　　）。

A．输出设备　　B．输入设备

C．控制器　　D．存储设备

（31）下列不属于微型计算机输入设备的是（　　）。

A．键盘　　B．鼠标

C．扫描仪　　D．打印机

（32）下列设备中，不能作为微型计算机输出设备的是（　　）。

A．显示器　　B．打印机

C．键盘　　D．显卡

（33）下列各组设备中，全部不属于输出设备的一组是（　　）。

A．键盘、硬盘、打印机　　B．键盘、扫描仪、鼠标

C．键盘、鼠标、显示器　　D．硬盘、打印机、键盘

（34）下列设备中属于输出设备的是（　　）。

A．图形扫描仪　　B．键盘

C．打印机　　D．条形码阅读器

（35）下列设备中属于输出设备的是（　　）。

A．键盘　　B．鼠标

C．扫描仪　　D．显示器

（36）下列软件中属于系统软件的是（　　）。

A．WPS Office　　B．QQ

C．Excel　　D．编译程序

（37）操作系统的主要功能是（　　）。

A．对计算机的所有资源进行控制和管理　　B．对源程序进行编译

C．对用户数据文件进行管理　　D．对汇编语言程序进行翻译

（38）计算机软件系统包括应用软件和（　　）。

A．操作系统　　B．文字处理软件

C．程序设计语言　　D．系统软件

（39）下列（　　）操作系统不是微软公司开发的操作系统。

A．Windows XP　　B．Windows 10

C．Linux　　D．Windows Vista

（40）从软件分类的角度看，Windows 10 属于（　　）。

A．数据库　　B．字处理软件

C．应用软件　　D．系统软件

（41）在 Windows 10 中，“任务栏”的作用之一是（　　）。

A．显示系统的所有功能　　B．只显示最活跃的窗口名

C．只显示正在后台工作的窗口名　　D．实现窗口之间的切换

（42）某学校的办公自动化软件属于（　　）。

A．系统软件　　B．专家系统　　C．应用软件　　D．编译程序

（43）在 Windows 10 中，安装应用程序的正确方法是（　　）。

A．把应用程序光盘上的数据直接复制到硬盘上

B．在“此电脑”窗口中找到应用程序的安装程序，双击运行安装程序

C．在“此电脑”窗口双击“控制面板”，在“控制面板”窗口中单击“程序和功能”图标

D．单击桌面的“开始”按钮，然后双击“所有程序”选项

（44）以下在 Windows 10 操作系统中安装应用程序的方法中，错误的是（　　）。

A．使用“运行”菜单命令

B．用鼠标左键单击程序文件进行安装

C．在右键快捷菜单中选择“打开”选项

D．双击安装程序文件

（45）在 Windows 10 中，单击任务栏上的“开始”按钮，再单击“开始”菜单中的“关机”按钮，结果是（　　）。

A．重启系统　　B．关闭计算机

C．切换用户　　D．锁定系统

（46）在 Windows 10 中，关闭对话框的正确方法是（　　）。

A．单击“最小化”按钮　　B．单击鼠标右键

C．单击“关闭”按钮　　D．单击鼠标左键

（47）在 Windows 10 中，任务栏中不显示（　　）。

A．正在运行的程序　　B．系统正在运行的所有程序和进程

C．日期和时间　　D．系统后台运行的程序和进程

（48）在 Windows 10 中，无法删除的是（　　）。

A．“开始”菜单　　B．“音乐”文件夹中的文件

C．D 盘中的文件夹　　D．自行安装的应用程序

（49）在 Windows 10 的桌面上单击鼠标右键，将弹出一个（　　）。

A．窗口　　B．对话框

C．快捷菜单　　D．工具栏

（50）在 Windows 10 中管理软硬件资源的是（　　）。

A．操作系统　　B．资源管理器

C．控制面板　　D．CPU

（51）利用控制面板中的“程序和功能”命令（　　）。

A．可以删除 Windows 激活凭证

B．可以删除 Windows 上的应用程序

C．可以删除 Word 文档模板

D．可以删除程序的快捷方式

（52）在 Windows 10 个性化设置窗口中不能设置的是（　　）。

A．桌面背景　　B．窗口颜色

C．分辨率　　D．系统声音

（53）用户在运行某些应用程序时，若程序运行界面在屏幕上显示不完整时，正确的做法是（　　）。

A．升级 CPU 或内存

B．更改窗口的字体、大小、颜色

C．升级硬盘

D．更改系统显示属性，重新设置分辨率

（54）在 Windows 10 中要添加或删除一种输入法，可以在（　　）项目中设置。

A．Word 2010　　B．设置

C．资源管理器　　D．此电脑

（55）在 Windows 10 系统中，“日期和时间”对话框中能设置自动更新准确时间的选项卡是（　　）选项卡。

A．“日期和时间”　　B．“附加时钟”

C．“Internet 时间”　　D．“更改时区”

（56）下列汉字输入法中，重码率比较低的是（　　）。

A．智能 ABC 输入法　　B．全拼输入法

C．搜狗拼音输入法　　D．五笔字型输入法

（57）以下输入法中，（　　）是 Windows 10 自带的中文输入法。

A．搜狗拼音输入法　　B．QQ 拼音输入法

C．万能五笔输入法　　D．微软拼音输入法

（58）五笔字型输入法属于（　　）。

A．拼音输入法　　B．形码输入法

C．音形码输入法　　D．复合型输入法

（59）在 Windows 10 中，按（　　）组合键可实现中文和英文输入的切换。

A．“Ctrl+Shift”　　B．“Ctrl+Alt”

C．“Ctrl+空格”　　D．“Ctrl+Tab”

（60）按（　　）组合键可切换输入法。

A．“Ctrl+Alt”　　B．“Alt+Shift”

C．“Alt+Enter”　　D．“Ctrl+Shift”

（61）在（　　）范围内的计算机网络可称为局域网。

A．一栋办公楼　　B．一座城市

C．一个国家　　D．全球

（62）Internet 实现了分布在世界各地的各类网络的互联，其最基础和核心的协议是（　　）。

A．HTTP　　B．TCP/IP

C．HTML　　D．FTP

（63）下列关于电子邮件服务的说法中，错误的是（　　）。

A．电子邮件是通过互联网传递的邮件

B．电子邮件必须投递到电子邮箱中

C．电子邮件地址是一串固定格式的字符

D．电子邮件地址的格式是“域名@用户名”

（64）数据在计算机内部传输、处理和存储时，采用的数制是（　　）。

A．十进制　　B．二进制　　C．八进制　　D．十六进制

（65）下列关于信号的说法中，错误的是（　　）。

A．信号根据传输形式的不同可分为模拟信号和数字信号

B．模拟信号在时间上连续不间断，数值的幅度大小也连续不断变化

C．数字信号在时间轴上离散，数值的幅度大小也是不连续的，可用 0 或 1 表示

D．传统的音频信号和视频信号属于数字信号，计算机信号属于模拟信号

（66）下列不属于计算机病毒传播途径的是（　　）。

A．互联网　　B．U 盘　　C．鼠标　　D．电子邮件

（67）下列不属于计算机病毒特点的是（　　）。

A．破坏性　　B．防御性　　C．潜伏性　　D．传染性

（68）利用计算机集成文字、声音、图像和视频等媒体，主要应用了（　　）。

A．多媒体技术　　B．虚拟技术　　C．智能技术　　D．网络技术

（69）下列属于合法 IP 地址的是（　　）。

A．158.257.0.1　　B．133,23,1,2

C．202.234.17.28　　D．202.202.1

（70）将二进制数 11011 转换为十进制数，其结果是（　　）。

A．27　　B．25　　C．11　　D．31

二、填空题

（1）＿＿＿＿＿＿是一种能对各种信息进行存储和高速处理的电子机器。

（2）世界上公认的第一台通用电子计算机是＿＿＿＿＿＿。

（3）根据所用元器件的不同，计算机经历了＿＿＿＿＿＿、＿＿＿＿＿＿、中小规模集成电路、大规模及＿＿＿＿＿＿＿＿＿4 个发展阶段。

（4）目前最快的计算机的最高运算速度已超过 40 亿亿次每秒，这充分体现了计算机的＿＿＿＿＿＿＿＿特点。

（5）目前较流行的计算机大多为＿＿＿位字长。

（6）计算机内部的运算都是在＿＿＿＿的控制之下自动完成的，不需要人工干预。

（7）按照规模大小和功能强弱，可以将计算机分为＿＿＿＿＿计算机、＿＿＿＿＿计算机、＿＿＿＿＿计算机和＿＿＿＿＿计算机等。

（8）＿＿＿＿＿＿＿＿是当今使用最广泛的一类计算机。

（9）＿＿＿＿＿＿＿是计算机最早的应用领域。

（10）某企业的信息管理系统是计算机在＿＿＿＿＿＿＿领域的应用。

（11）世界最大的计算机网络是＿＿＿＿＿＿。

（12）中央处理器也称＿＿＿＿＿，由＿＿＿＿＿和＿＿＿＿＿＿组成。

（13）＿＿＿＿＿是计算机中其他组件的载体，在各组件中起着协调工作的作用。

（14）＿＿＿＿＿＿用于暂时存放需要 CPU 处理的数据，根据作用的不同，可分为＿＿＿＿＿＿存储器（RAM）和＿＿＿＿＿＿存储器（ROM）。

（15）＿＿＿＿＿＿是指除计算机内存以外的存储器。

（16）硬盘分为＿＿＿＿＿和＿＿＿＿＿＿两种。其中，在两者存储容量相同的情况下，＿＿＿＿＿硬盘的价格一般较高。

（17）＿＿＿＿＿是目前应用较广泛的移动存储设备。

（18）＿＿＿＿＿＿是指向计算机输入命令和信息的设备，是计算机与用户或其他设备通信的桥梁。

（19）显示器是典型的＿＿＿＿＿＿，这种设备可以将计算机的处理过程或处理结果展现出来。

（20）＿＿＿＿是计算机的灵魂，是计算机具体功能的体现。

（21）计算机软件系统主要分为＿＿＿＿＿＿和＿＿＿＿＿＿两大类。

（22）＿＿＿＿＿＿是控制和管理计算机软硬件资源的平台。

（23）可以直接在计算机上执行的语言是＿＿＿＿＿＿。

（24）从应用软件服务对象的角度来看，可将其分为＿＿＿＿＿＿和＿＿＿＿＿＿两类。

（25）＿＿＿＿＿＿操作系统是微软公司在 20 世纪 90 年代发布的图形化工作界面操作系统。

（26）＿＿＿＿＿是苹果公司开发的移动设备操作系统。

（27）____________操作系统是一款基于 Linux 操作系统发展而来的开源操作系统，主要应用于移动设备。

（28）Windows 10 系统桌面上和文件资源管理器中伴有名称的小型图片称为_________。

（29）在 Windows 10 系统中，_______________包括时钟、扬声器、网络、输入法及一些程序通知的图标。

（30）______________是利用键盘，根据一定的编码规则来输入汉字的一种方法。

（31）计算机网络根据所覆盖地理范围的大小可分为广域网、_______和_______。

（32）域名系统是互联网使用的命名系统，用来把便于人们使用的_______转换为其对应的_______。

（33）Internet 提供的典型服务包括____________、____________、____________及____________。

（34）将二进制数（110100101）$_2$转换为十六进制数等于__________。

（35）一个 IP 地址分为________和________两部分

三、判断题

（1）21 世纪是信息化的时代。 （ ）

（2）无线电技术是信息技术的核心。 （ ）

（3）ENIAC 是世界上公认的第一台通用电子计算机，它采用晶体管作为基本元器件，其诞生奠定了电子计算机的发展基础，开辟了信息时代。 （ ）

（4）第四代计算机的主要元器件是中小规模集成电路。 （ ）

（5）计算机的特点包括运算速度快、计算精度高、存储功能强、具有独立思考能力和自动化程度高。 （ ）

（6）神威·太湖之光是我国自主研制的大型计算机。 （ ）

（7）微型计算机的特点是体积小、功耗低、性价比高。 （ ）

（8）科学计算是计算机最早的应用领域。 （ ）

（9）CAD 是计算机辅助的一种，意为计算机辅助教学。 （ ）

（10）人工智能是计算机应用的新领域，这方面的研究和应用已全面成熟。 （ ）

（11）计算机硬件系统是指在计算机系统中看得见、摸得着的物理装置。 （ ）

（12）总线用于在计算机的各个部件之间传输信息。 （ ）

（13）CPU 即中央处理器，它是计算机重要的输入设备。 （ ）

（14）一般来说，CPU 的主频越高，计算机的运算速度越快。 （ ）

（15）计算机在处理数据时，首先需要将数据从外存储器中调入内存。 （ ）

（16）计算机关机后，存储在只读存储器中的信息会自动消失。 （ ）

（17）与机械硬盘相比，固态硬盘的数据存取速度更快，但单位容量价格也相对更高。 （ ）

（18）硬盘是计算机中主要的存储部件，通常用于存放暂时性的数据和程序。 （ ）

（19）扫描仪是计算机的输入设备，可以将喜欢的图片扫描到计算机中存储。 （ ）

（20）在内存中存储的信息可以永久保存。 （ ）

（21）光盘需要光驱来读取/写入内容。 （ ）

（22）U 盘是目前应用较广泛的移动存储设备，可即插即用，十分方便。 （ ）

（23）键盘、鼠标、扫描仪和打印机都是常用的输入设备。 （ ）

（24）软件是计算机的灵魂，其地位要比硬件重要得多。 （ ）

（25）操作系统既不是软件，也不是硬件，它是介于计算机软硬件之间的资源管理平台。 （ ）

（26）Office、Photoshop、WinRAR 等都属于应用软件中的通用软件。（ ）

（27）Windows 操作系统是目前最流行的计算机操作系统之一。（ ）

（28）UNIX 操作系统是开源的操作系统。（ ）

（29）Linux 操作系统支持多线程、多 CPU。（ ）

（30）iOS 是由苹果公司开发的移动设备操作系统，对所有移动设备都具有良好的兼容性。（ ）

（31）Windows 10 系统桌面上和文件资源管理器中的图标可以代表程序、文件、文件夹、快捷方式或其他项目。（ ）

（32）在 Windows 10 系统的“此电脑”窗口中可以实现对计算机中文件和文件夹的管理。（ ）

（33）设置桌面主题、桌面背景、合适的显示器分辨率、系统日期和时间等，是 Windows 10 系统的独有功能。（ ）

（34）通过“开始”菜单可启动和卸载计算机上的所有应用程序。（ ）

（35）拼音输入法很容易上手，但其缺点是重码率高，输入效率通常低于五笔字型输入法。（ ）

（36）字符编码就是用十进制数表示字符的规则与方法。（ ）

（37）计算机内部采用二进制的方式存储和处理数据。（ ）

（38）计算机病毒不会导致正常情况下可以运行的程序却突然因内存不足而不能运行。（ ）

（39）计算机病毒可以通过 U 盘传染给其他计算机。（ ）

（40）可以用二进制数 1 或 0 表示的信号是模拟信号。（ ）

四、简答题

（1）计算机是什么？它经历了哪些发展阶段？

（2）计算机的特点是什么？它分为哪几类？

（3）计算机的应用领域主要有哪些？

（4）计算机系统由什么组成？计算机主机内有哪些部件？计算机常用外部设备有哪些？

（5）请指出表 1-1 中各硬件的名称及功能，并将答案填在图示下方。

表 1-1 计算机硬件

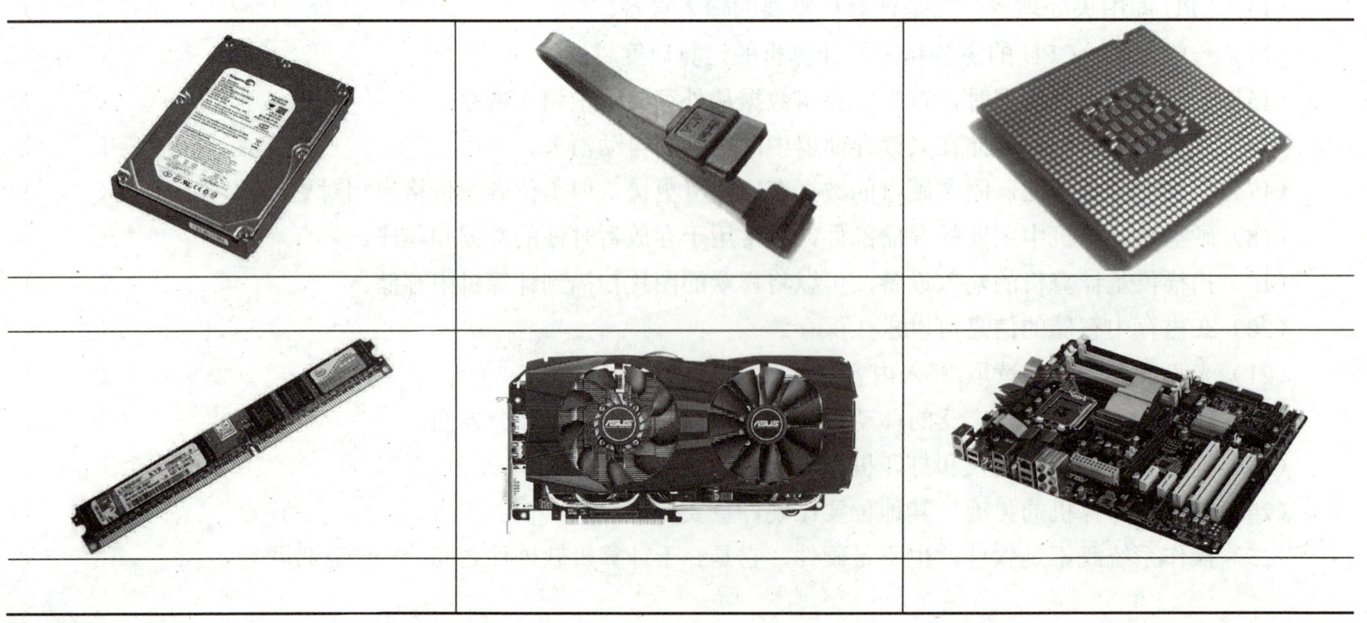

（6）CPU 在计算机中的作用是什么？它主要有哪些性能指标？

（7）硬盘和内存的区别是什么？

（8）简要说明操作系统的功能。

（9）目前常用的操作系统有哪些？

（10）Windows 10 桌面主要由哪几部分组成？

（11）单击“开始”按钮，将弹出一个什么菜单？利用它可以做什么？

（12）简述将十进制转换为二进制的方法。

（13）简述计算机机病毒的预防方法。

五、操作题

（1）在 Windows 10 中完成以下操作。

① 启动 Windows 10 系统，打开“开始”菜单。

② 调整桌面图标至自己满意的位置。

③ 移动任务栏的位置，改变任务栏的大小，掌握任务栏的使用方法。

④ 双击桌面上的“此电脑”图标，打开“此电脑”窗口，单击标题栏右侧的按钮执行最大化、最小化、恢复和关闭窗口等操作。

⑤ 将分辨率设置成“1024×768”。

⑥ 更换 Windows 主题为“鲜花”。

⑦ 使用“开始”菜单打开记事本程序。

（2）中文录入。用 Windows 10 自带的微软拼音输入法在“记事本”程序中录入以下文本内容，并将文档保存为“桂林山水.txt”。

人们都说：“桂林山水甲天下。”我们乘着木船荡漾在漓江上，来观赏桂林的山水。

我看见过波澜壮阔的大海，观赏过水平如镜的西湖，却从没看见过漓江这样的水。漓江的水真静啊，静得让你感觉不到它在流动；漓江的水真清啊，清得可以看见江底的沙石；漓江的水真绿啊，绿得仿佛那是一块无瑕的翡翠。船桨激起微波，扩散出一道道水纹，才让你感觉到，船在前进，岸在后移。

（3）英文录入。用搜狗输入法在“记事本”程序中录入以下文本内容，并将文档保存为“When Your Are Old.txt”

When you are old
When you are old and grey and full of sleep,
And nodding by the fire, take down this book,
And slowly read, and dream of the soft look
Your eyes had once, and of their shadows deep;
How many loved your moments of glad grace,
And loved your beauty with love false or true,
But one man loved the pilgrim Soul in you,
And loved the sorrows of your changing face;
And bending down beside the glowing bars,
Murmur, a little sadly, how Love fled
And paced upon the mountains overhead

And hid his face amid a crowd of stars.

（4）在 Windows 10 中安装腾讯 QQ 软件。

（5）文件夹及文件操作题，共 5 个小题。

① 在 D 盘根目录下创建“Test”文件夹。

② 在“D:\Test”文件夹下创建“Left”和“Right”文件夹，并在“Left”文件夹下新建“Word.txt”文件。

③ 将“D:\Text\Left”文件夹下的“Word.txt”文件复制并粘贴到“D:\Text\Right”文件夹下。

④ 将“D:\Text\Right”文件夹下的“Word.txt”文件重命名为“document.txt”。

⑤ 将“D:\Text\Left”文件夹下的“Word.txt”文件删除。

（6）使用 IE 浏览器打开“http://www.cqnu0001.com”网站，浏览“少儿编程\python 编程”网页，将该页面中“python 少儿编程之基础语法（一）”的内容以“python.txt”作为文件名保存到“web”文件夹下。

（7）打开网易邮箱网站，注册一个 126 电子邮箱，使用新注册的账号和密码登录网易邮箱，并给李爱华（liaihua66@163.com）发送一封电子邮件，邮件主题为“新邮件”，内容为“我的新邮箱”。

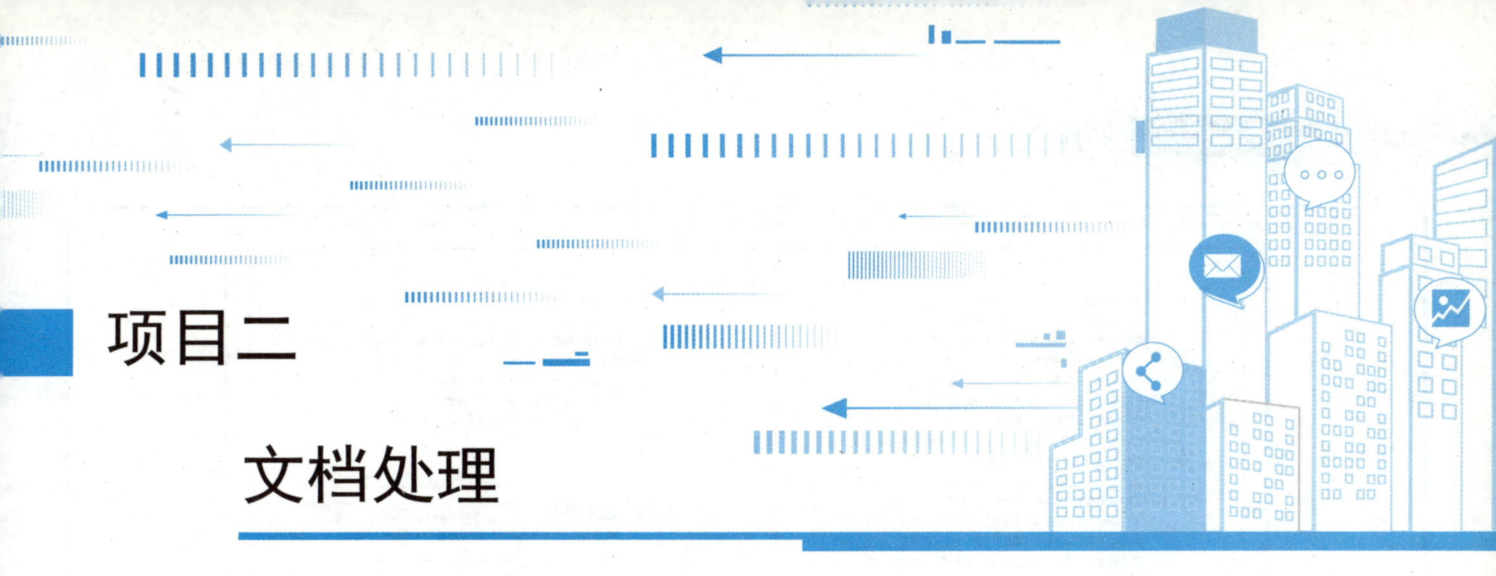

项目二

文档处理

实践一 制作满意度调查问卷

实践描述

本实践通过制作如图 2-1 所示的满意度调查问卷，练习新建、保存、打开文档，设置文档页面，输入与编辑文本，设置文档的字符格式、段落格式、边框和底纹，以及打印文档等操作。

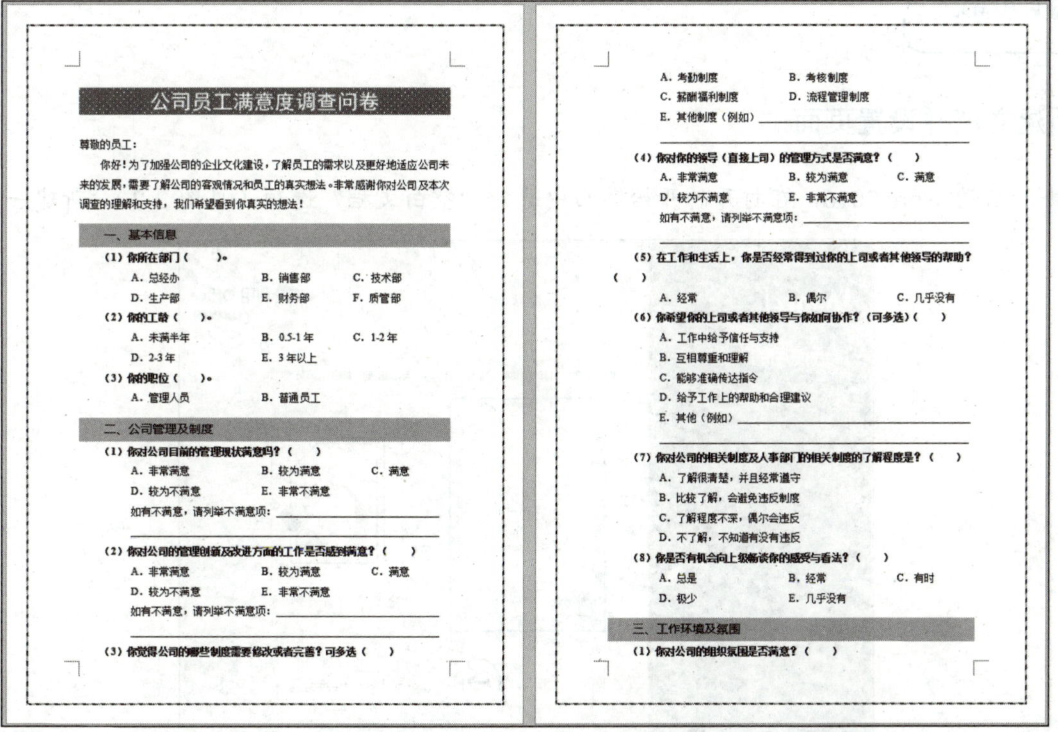

公司员工满意度调查问卷

尊敬的员工：

你好！为了加强公司的企业文化建设，了解员工的需求以及更好地适应公司未来的发展，需要了解公司的客观情况和员工的真实想法。非常感谢你对公司及本次调查的理解和支持，我们希望看到你真实的想法！

一、基本信息

（1）你所在部门（　　）。

A. 总经办　　B. 销售部　　C. 技术部

D. 生产部　　E. 财务部　　F. 质管部

（2）你的工龄（　　）。

A. 未满半年　　B. 0.5-1 年　　C. 1-2 年

D. 2-3 年　　E. 3 年以上

（3）你的职位（　　）。

A. 管理人员　　B. 普通员工

二、公司管理及制度

（1）你对公司目前的管理现状满意吗？（　　）

A. 非常满意　　B. 较为满意　　C. 满意

D. 较为不满意　　E. 非常不满意

如有不满意，请列举不满意项：________

（2）你对公司的管理创新及改进方面的工作是否感到满意？（　　）

A. 非常满意　　B. 较为满意　　C. 满意

D. 较为不满意　　E. 非常不满意

如有不满意，请列举不满意项：________

（3）你觉得公司的哪些制度需要修改或者完善？可多选（　　）

A. 考勤制度　　B. 考核制度

C. 薪酬福利制度　　D. 流程管理制度

E. 其他制度（例如）________

（4）你对你的领导（直接上司）的管理方式是否满意？（　　）

A. 非常满意　　B. 较为满意　　C. 满意

D. 较为不满意　　E. 非常不满意

如有不满意，请列举不满意项：________

（5）在工作和生活上，你是否经常得到过你的上司或者其他领导的帮助？（　　）

A. 经常　　B. 偶尔　　C. 几乎没有

（6）你希望你的上司或者其他领导与你如何协作？（可多选）（　　）

A. 工作中给予信任与支持

B. 互相尊重和理解

C. 能够准确传达指令

D. 给予工作上的帮助和合理建议

E. 其他（例如）________

（7）你对公司的相关制度及人事部门的相关制度的了解程度是？（　　）

A. 了解很清楚，并且经常遵守

B. 比较了解，会避免违反制度

C. 了解程度不深，偶尔会违反

D. 不了解，不知道有没有违反

（8）你是否有机会向上级畅谈你的感受与看法？（　　）

A. 总是　　B. 经常　　C. 有时

D. 极少　　E. 几乎没有

三、工作环境及氛围

（1）你对公司的组织氛围是否满意？（　　）

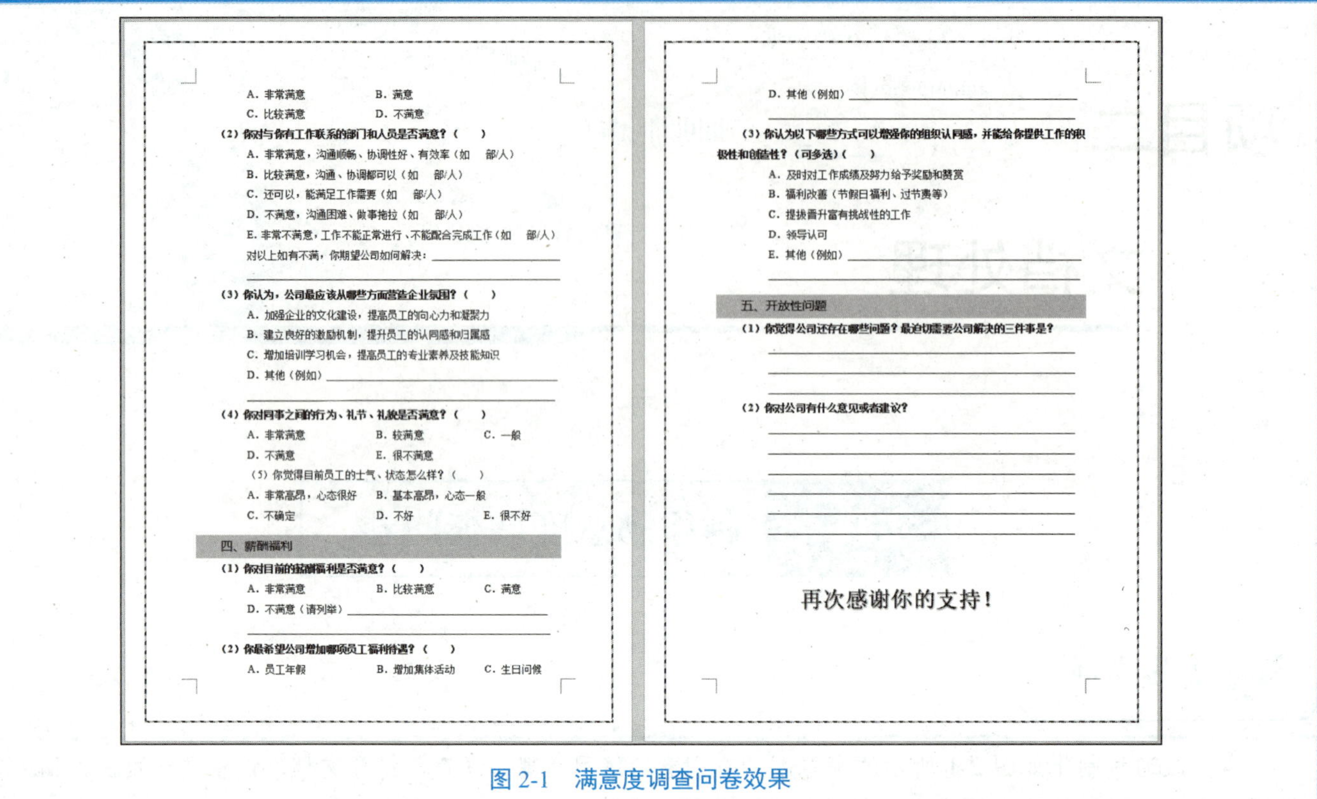
A. 非常满意　　B. 满意
C. 比较满意　　D. 不满意
(2) 你对与你有工作联系的部门和人员是否满意？（　　）
A. 非常满意，沟通顺畅、协调性好、有效率（如　部/人）
B. 比较满意，沟通、协调都可以（如　部/人）
C. 还可以，能满足工作需要（如　部/人）
D. 不满意，沟通困难、做事拖拉（如　部/人）
E. 非常不满意，工作不能正常进行、不能配合完成工作（如　部/人）
对以上如有不满，你期望公司如何解决：________
(3) 你认为，公司最应该从哪些方面营造企业氛围？（　　）
A. 加强企业的文化建设，提高员工的向心力和凝聚力
B. 建立良好的激励机制，提升员工的认同感和归属感
C. 增加培训学习机会，提高员工的专业素养及技能知识
D. 其他（例如）________
(4) 你对同事之间的行为、礼节、礼貌是否满意？（　　）
A. 非常满意　　B. 较满意　　C. 一般
D. 不满意　　E. 很不满意
(5) 你觉得目前员工的士气、状态怎么样？（　　）
A. 非常高昂，心态很好　　B. 基本高昂，心态一般
C. 不确定　　D. 不好　　E. 很不好

四、薪酬福利

(1) 你对目前的薪酬福利是否满意？（　　）
A. 非常满意　　B. 比较满意　　C. 满意
D. 不满意（请列举）________
(2) 你最希望公司增加哪项员工福利待遇？（　　）
A. 员工年假　　B. 增加集体活动　　C. 生日问候

D. 其他（例如）________
(3) 你认为以下哪些方式可以增强你的组织认同感，并能给你提供工作的积极性和创造性？（可多选）（　　）
A. 及时对工作成绩及努力给予奖励和赞赏
B. 福利改善（节假日福利、过节费等）
C. 提拔晋升富有挑战性的工作
D. 领导认可
E. 其他（例如）________

五、开放性问题

(1) 你觉得公司还存在哪些问题？最迫切需要公司解决的三件事是？
____
(2) 你对公司有什么意见或者建议？
____

再次感谢你的支持！

图 2-1　满意度调查问卷效果

实践步骤

一、新建文档并设置页面

步骤 1▶ 启动 Word 2016，在打开的开始界面中选择“空白文档”选项（见图 2-2），新建一个空白文档。

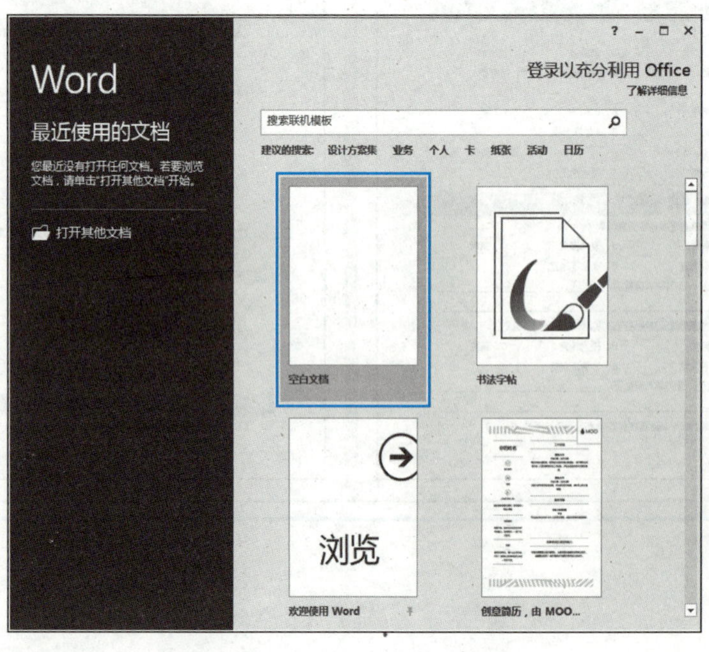

图 2-2　选择“空白文档”选项

步骤 2▶ 单击快速访问工具栏中的“保存”按钮，或按“Ctrl+S”组合键，打开“另存为”界面，单击“浏览”按钮，如图 2-3 所示。

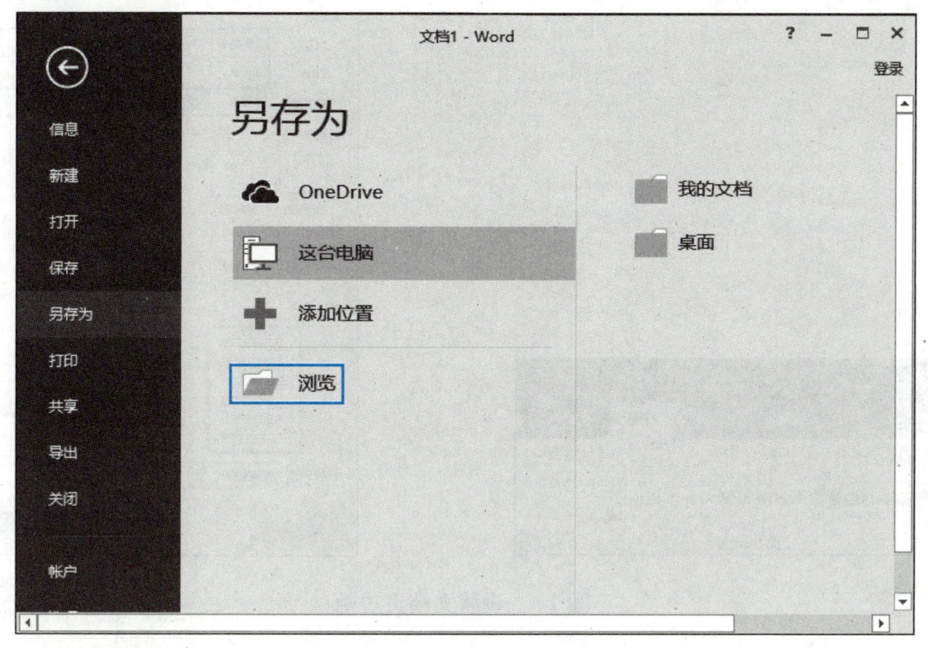

图 2-3 “另存为”界面

步骤 3▶ 打开“另存为”对话框，在其中选择文档的保存位置，如本书配套素材“项目二”/“实践一”文件夹，然后在“文件名”编辑框中输入文档名称“满意度调查问卷”，最后单击“保存”按钮，如图 2-4 所示。

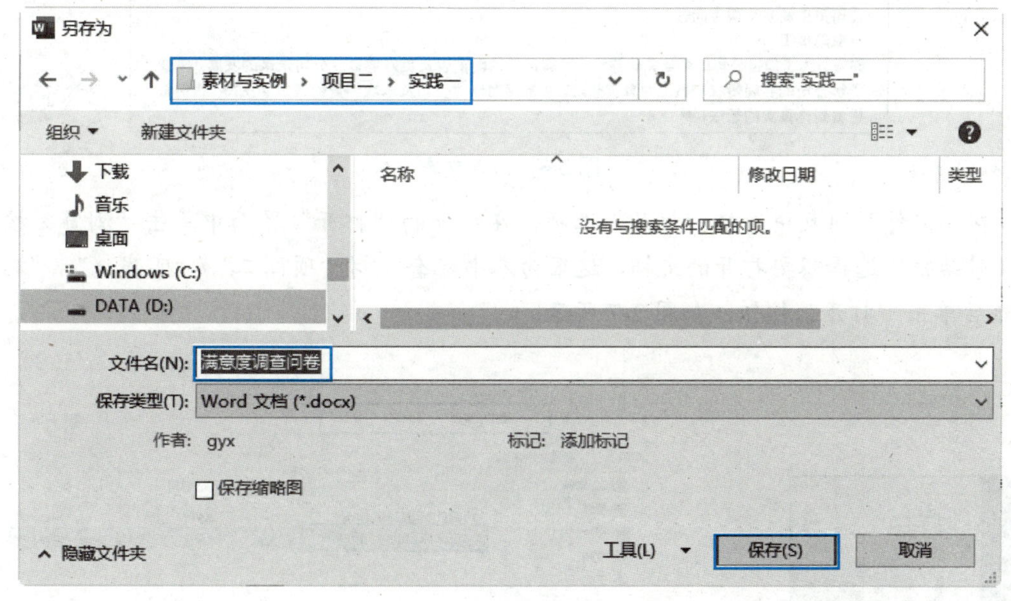

图 2-4 保存文档

步骤 4▶ 单击“布局”选项卡“页面设置”组右下角的对话框启动器按钮，打开“页面设置”对话框，在“页边距”选项卡中设置文档的上、下页边距均为 2.6 厘米，左、右页边距均为 3 厘米，其他保持默认，然后单击“确定”按钮，如图 2-5 所示。

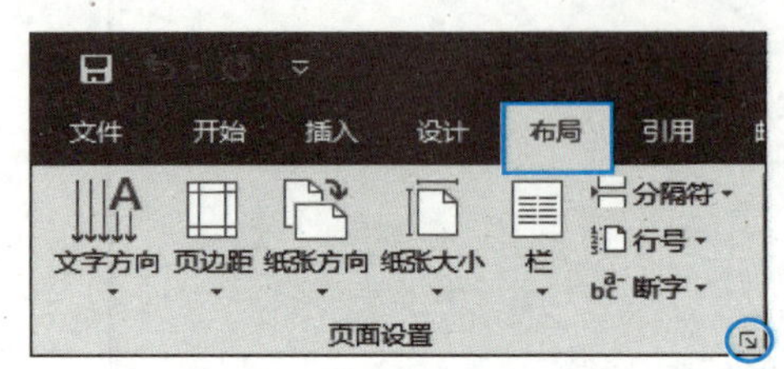

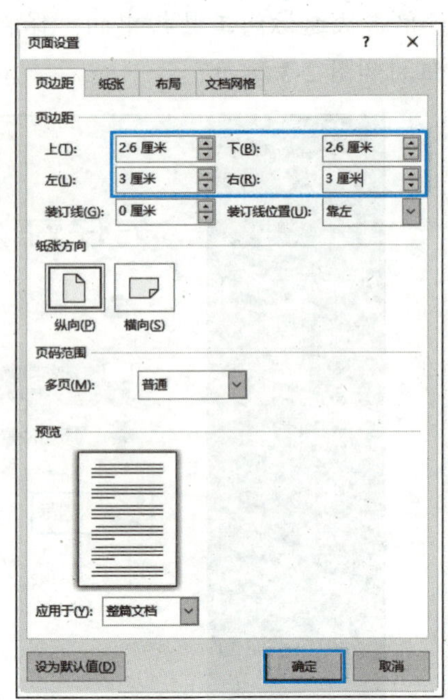

图 2-5 设置文档页边距

二、输入与编辑文本

步骤 1▶ 在文档中输入标题和调查问卷篇首语，如图 2-6 所示。

公司员工满意度调查问卷

尊敬的员工：

你好！为了加强公司的企业文化建设，了解员工的需求以及更好地适应公司未来的发展，需要了解公司的客观情况和员工的真实想法。非常感谢你对公司及本次调查的理解和支持，我们希望看到你真实的想法！

图 2-6 输入文本

步骤 2▶ 在“文件”列表中选择“打开”选项，在打开的“打开”界面中单击“浏览”按钮，打开“打开”对话框，在对话框中选择想要打开的文档，这里为本书配套素材“项目二”/“实践一”/“满意度调查问卷内容”文档，然后单击“打开”按钮，如图 2-7 所示。

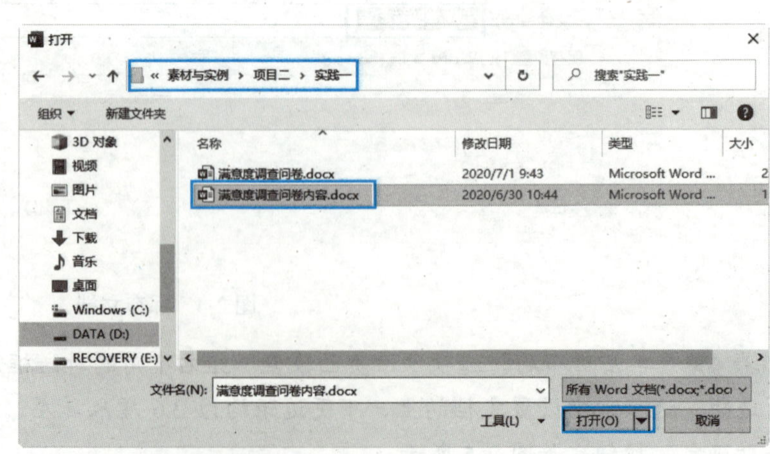

图 2-7 打开素材文档

步骤 3▶ 在打开的文档中按“Ctrl+A”组合键全选文档内容，然后单击“开始”选项卡“剪贴板”组中的“复制”按钮复制选择的文本，如图 2-8 所示。

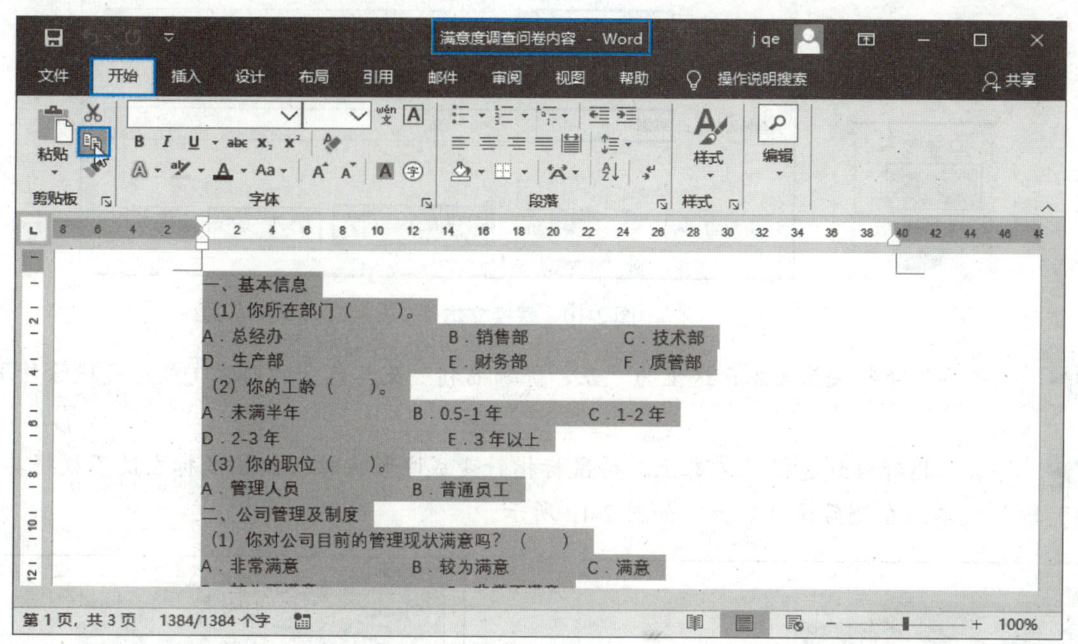

图 2-8 复制文本

步骤 4▶ 返回“满意度调查问卷”文档，在文档的最后按“Enter”键插入一个新段落，然后单击“开始”选项卡“剪贴板”组中的“粘贴”按钮粘贴复制的文本，如图 2-9 所示。

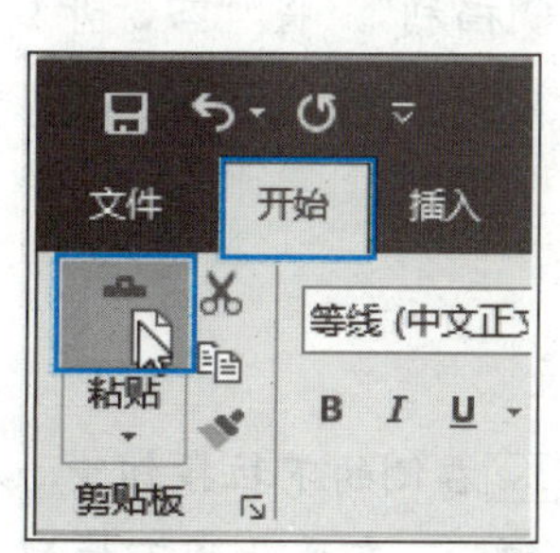

公司员工满意度调查问卷
尊敬的员工：
你好！为了加强公司的企业文化建设，了解员工的需求以及更好地适应公司未来的发展，需要了解公司的客观情况和员工的真实想法。非常感谢你对公司及本次调查的理解和支持，我们希望看到你真实的想法！
一、基本信息
（1）你所在部门（····）。
A．总经办 B．销售部 C．技术部
D．生产部 E．财务部 F．质管部
（2）你的工龄（····）。
A．未满半年 B．0.5-1 年 C．1-2 年
D．2-3 年 E．3 年以上
（3）你的职位（····）。
A．管理人员 B．普通员工
二、公司管理及制度
（1）你对公司目前的管理现状满意吗？（····）
A．非常满意 B．较为满意 C．满意
D．较为不满意 E．非常不满意
如有不满意，请列举不满意项：________________

图 2-9 粘贴文本

步骤 5▶ 在文档的开始位置单击，然后单击“开始”选项卡“编辑”组中的“替换”按钮，打开“查找和替换”对话框，在“查找内容”编辑框中输入“其它”，在“替换为”编辑框中输入“其他”，单击“全部替换”按钮（见图 2-10），在弹出的完成操作提示对话框中单击“确定”按钮，最后关闭“查找和替换”对话框。

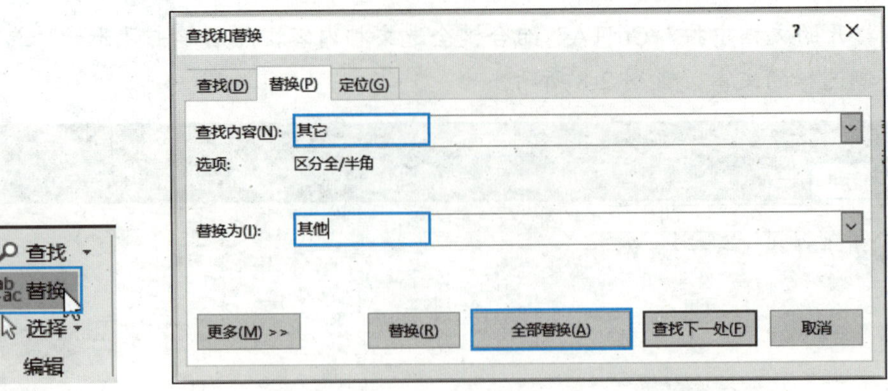

图 2-10　替换文本

步骤 6▶　选择要移动的段落文本，这里为“五、薪酬福利”及其包含的内容（最后一段除外），如图 2-11 所示。

步骤 7▶　将鼠标指针移到选择的文本上，待鼠标指针变成形状时，按住鼠标左键不放将其拖到“四、开放性问题”段落文本的左侧后释放鼠标，如图 2-12 所示。

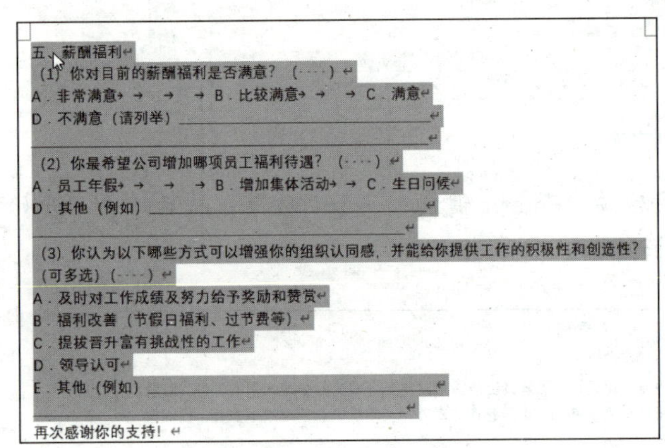

图 2-11　选择要移动的文本

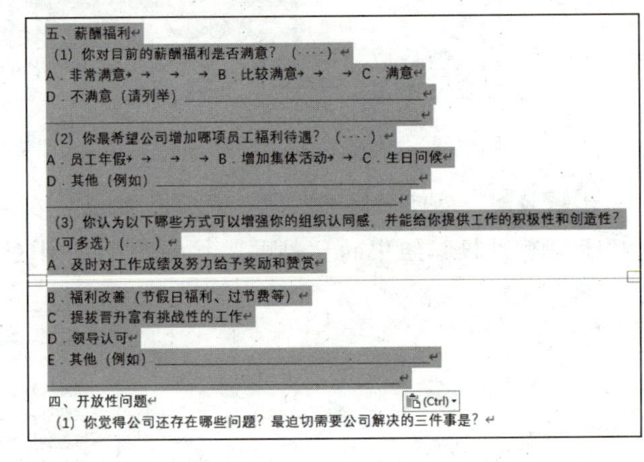

图 2-12　移动文本

步骤 8▶　修改移动后文本的序号，即将“五、薪酬福利”改为“四、薪酬福利”，将“四、开放性问题”改为“五、开放性问题”。

三、设置文档格式

步骤 1▶　选择标题文本所在段落，如图 2-13 所示。

步骤 2▶　单击“开始”选项卡“字体”组中“字体”下拉列表框 等线 (中文正 右侧的下拉按钮，在展开的下拉列表中选择“黑体”选项，单击“字号”下拉列表框 五号 右侧的下拉按钮，在展开的下拉列表中选择“小一”选项，如图 2-14 所示。

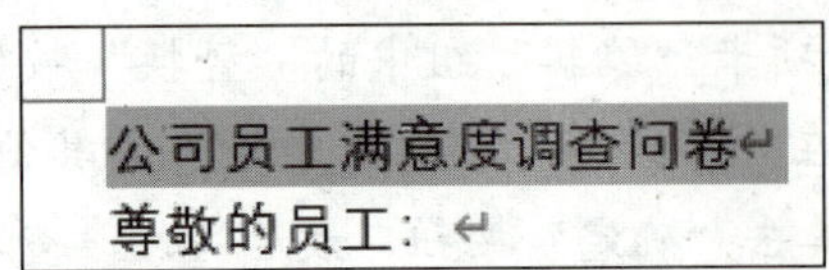

图 2-13　选择标题文本所在段落

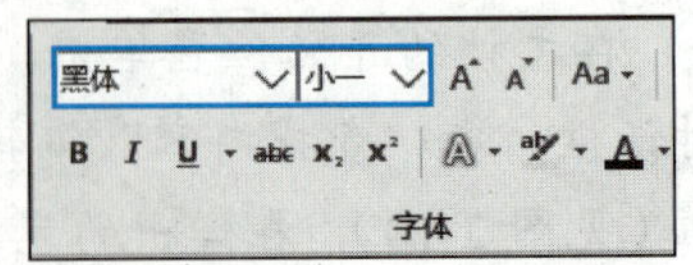

图 2-14　设置标题段落的字体和字号

步骤 3▶ 保持标题段落的选中状态，在“开始”选项卡的“段落”组中单击“居中”按钮☰，然后在“布局”选项卡的“段落”组中设置标题段落的段前和段后间距均为 1.5 行，如图 2-15 所示。

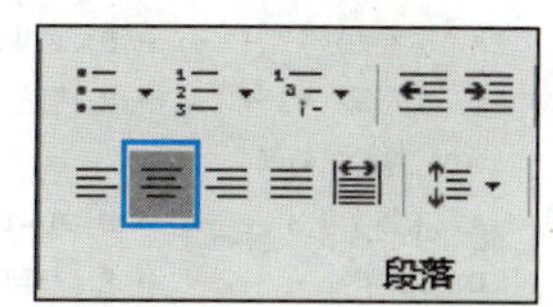

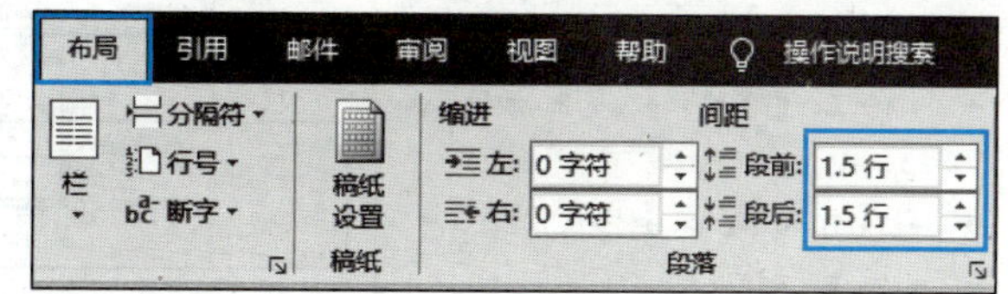

图 2-15　设置标题段落的对齐方式、段前和段后间距

步骤 4▶ 选择文档中除标题外的其他内容，然后单击“开始”选项卡“字体”组右下角的对话框启动器按钮◳，打开“字体”对话框的“字体”选项卡，在“中文字体”下拉列表中选择“宋体”选项，在“西文字体”下拉列表中选择“Times New Roman”选项，在“字号”列表框中选择“小四”选项，最后单击“确定”按钮，如图 2-16 所示。

步骤 5▶ 保持内容的选中状态，单击“开始”选项卡“段落”组右下角的对话框启动器按钮◳，打开“段落”对话框的“缩进和间距”选项卡，在“特殊”下拉列表中选择“首行”选项，保持“缩进值”为“2 字符”，在“行距”下拉列表中选择“1.5 倍行距”选项，单击“确定”按钮，如图 2-17 所示。最后取消“尊敬的员工:”段落的首行缩进格式。

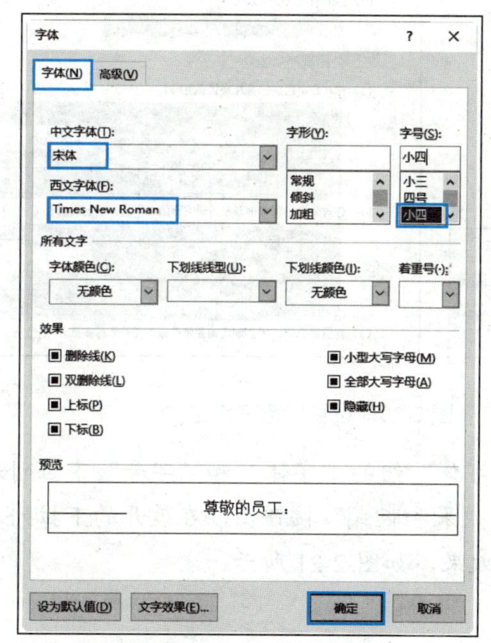

图 2-16　设置内容的中文和西文字体、字号

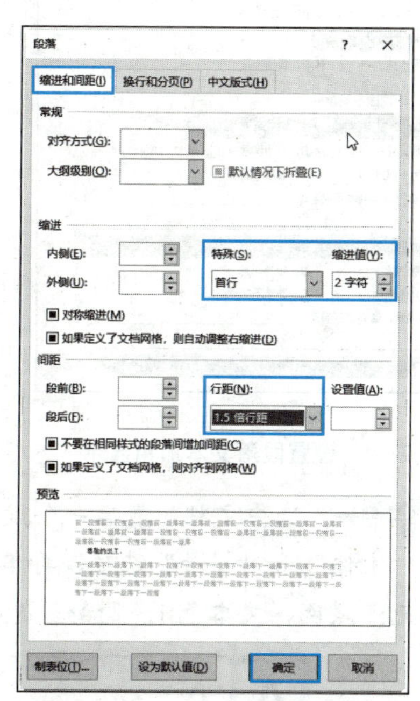

图 2-17　设置段落的缩进和行距

步骤 6▶ 选择文档中编号“一、……”所在段落，然后按住“Ctrl”键的同时选择文档中编号“二、……”至“五、……”所在段落，分别在“字体”和“字号”下拉列表中选择“微软雅黑”和“四号”选项，并在“布局”选项卡的“段落”组中设置段前间距为 0.5 行，如图 2-18 所示。

步骤 7▶ 使用同样的方法，选中文档中编号“(1)……”至“(8)……”所在段落，在“开始”选项卡的“字体”组中单击“加粗”按钮**B**，将问卷题目加粗显示，如图 2-19 所示。

步骤 8▶ 选中问卷题目下的各选择项，在“布局”选项卡的“段落”组中设置其左缩进为 1.24 厘米，如图 2-20 所示（可根据需要调整设置左缩进后下画线的长度）。

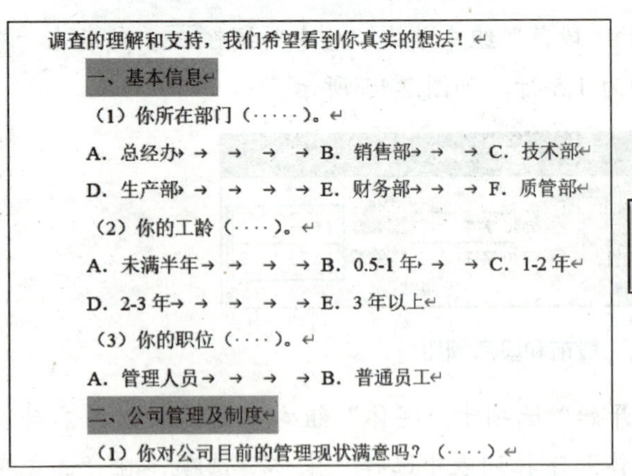

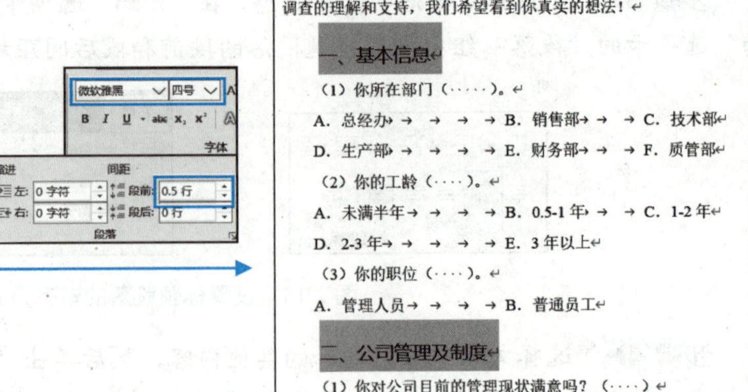

图 2-18　设置选中段落的字体、字号和段前间距

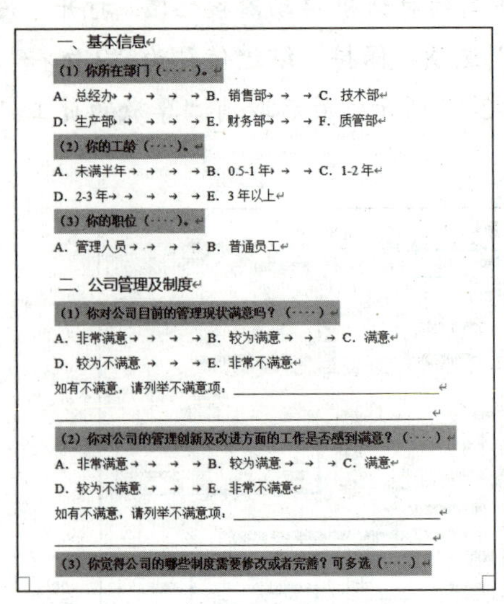

图 2-19　设置段落文本加粗显示

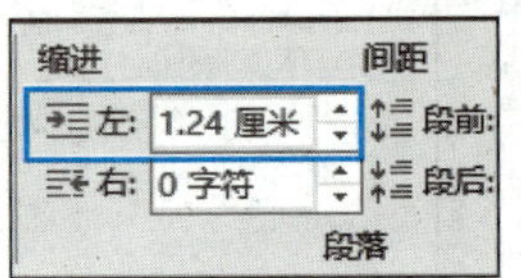

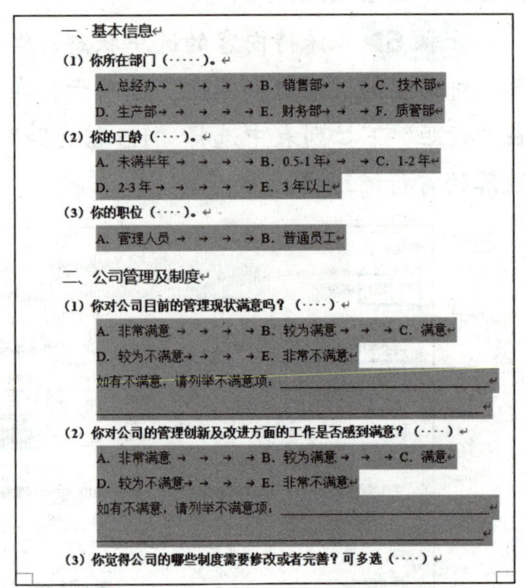

图 2-20　设置段落左缩进

步骤 9▶　选中文档的最后一个段落，在“开始”选项卡“字体”组的“字体”和“字号”下拉列表中分别选择“宋体”和“一号”选项，再单击“字体”组中的“文本效果和版式”按钮，在展开的下拉列表中选择“填充：黑色，文本色 1；阴影”选项，对所选文本应用文本效果，如图 2-21 所示。

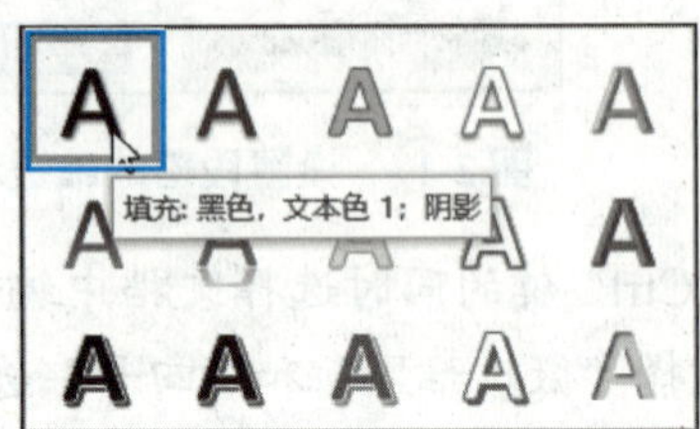

再次感谢你的支持！

图 2-21　应用文本效果

步骤 10▶　保持段落的选中状态，然后单击“开始”选项卡“段落”组中的“居中”按钮，再在“布局”选项卡的“段落”组中设置其段前间距为 3 行。

四、设置边框和底纹

步骤 1▶ 选中文档的标题段落，然后单击“开始”选项卡“段落”组中的“边框”下拉按钮，在展开的下拉列表中选择“边框和底纹”选项（见图 2-22），打开“边框和底纹”对话框。

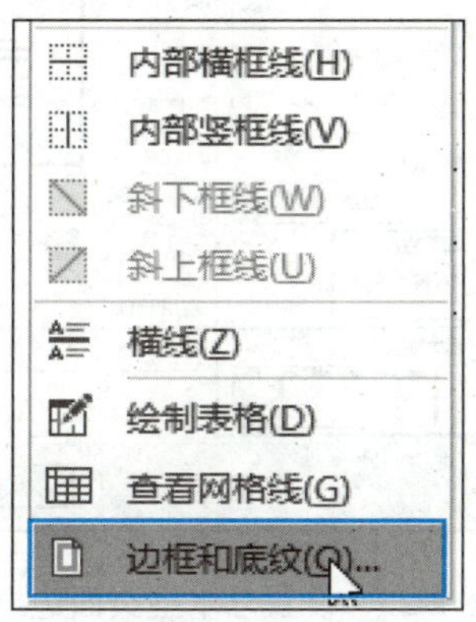

图 2-22 选择“边框和底纹”选项

步骤 2▶ 在“底纹”选项卡的“填充”下拉列表中选择“蓝色，个性色 5”选项，在“样式”下拉列表中选择“5%”选项，在“颜色”下拉列表中选择“白色，背景 1”选项，然后单击“确定”按钮，如图 2-23 所示。最后将标题文本的字体颜色改为“白色，背景 1”。

步骤 3▶ 配合“Ctrl”键选择文档中编号“一、……”至“五、……”所在段落，同样打开“边框和底纹”对话框的“底纹”选项卡，在“填充”下拉列表中选择“蓝色，着色 5，淡色 60%”选项，如图 2-24 所示。

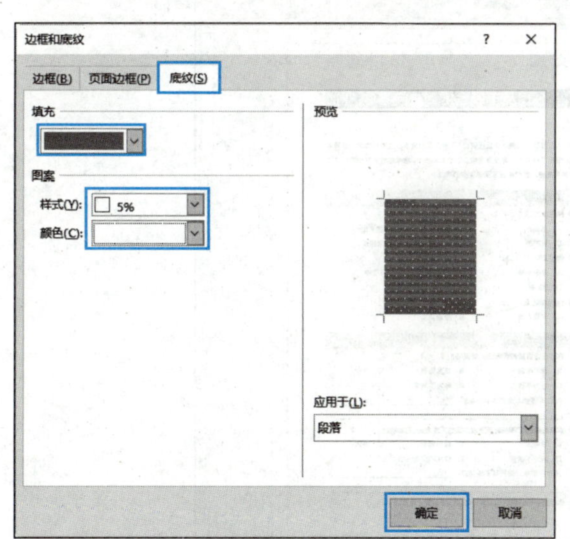

图 2-23 设置标题段落的底纹

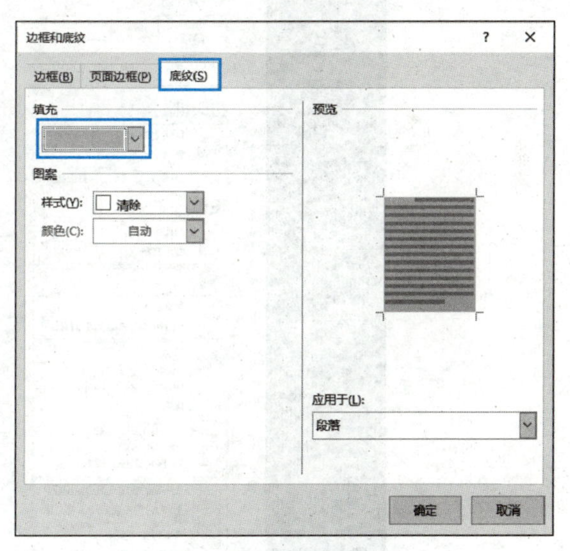

图 2-24 设置其他段落的底纹

步骤 4▶ 切换到“页面边框”选项卡，在“艺术型”下拉列表中选择“ ”选项，并设置其宽度为“10 磅”，然后单击“确定”按钮（见图 2-25），为文档添加一个艺术型页面边框。至此，满意度调查问卷制作完毕，再次保存文档。

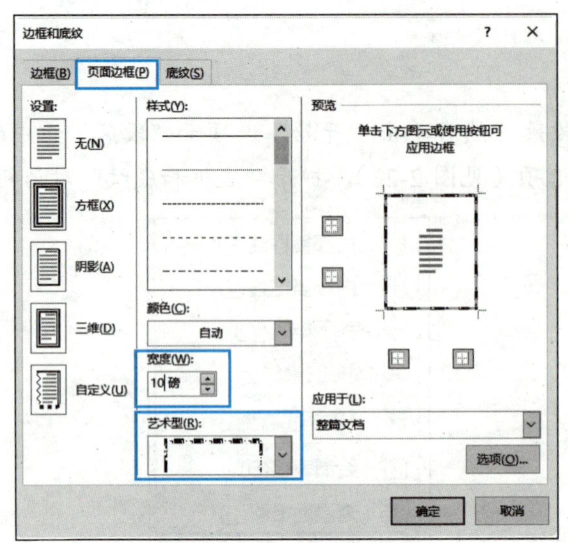

图 2-25　设置艺术型页面边框

五、打印文档

步骤 1▶ 在“文件”列表中选择“打印”选项，进入文档的打印预览窗口，从中可看到为文档设置的格式、当前文档的页数等，如图 2-26 所示。

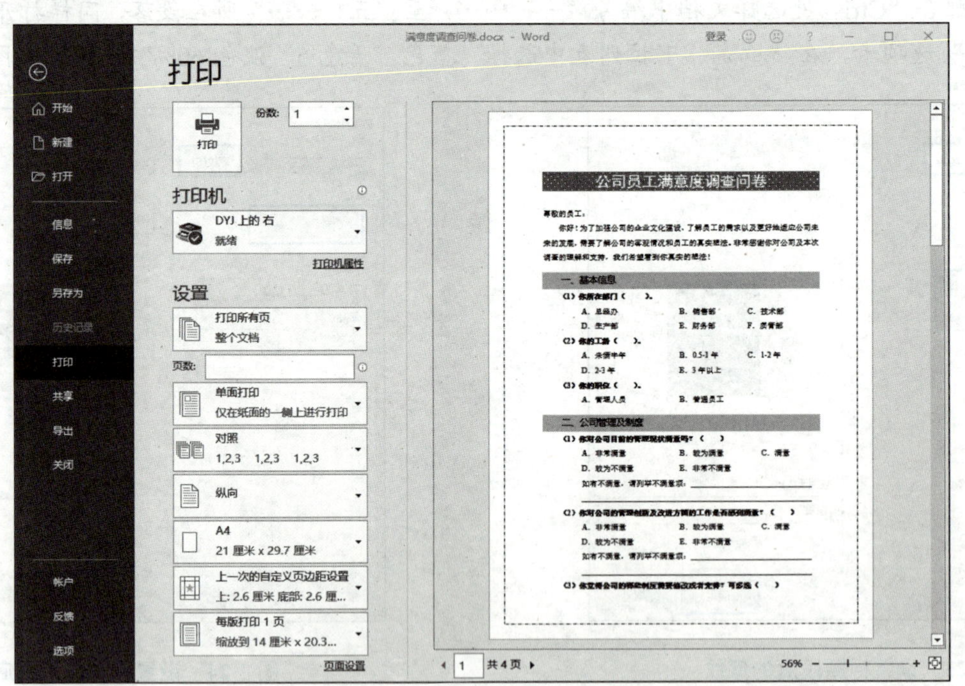

图 2-26　文档的打印预览窗口

步骤 2▶ 单击窗口下方的“上一页”按钮◀或“下一页”按钮▶，可查看当前页的上一页或下一页的打印效果。

步骤 3▶ 预览无误后，在“份数”编辑框中输入要打印的文档份数，在“打印机”下拉列表中选择可使用的打印机，然后单击“打印”按钮，可按要求打印文档。

实践二 制作校园活动宣传单

实践描述

本实践通过制作如图 2-27 所示的校园活动宣传单，练习在文档中插入与编辑图片、形状、艺术字和文本框等操作。

图 2-27　校园活动宣传单效果

实践步骤

一、使用艺术字

步骤 1▶ 新建“校园活动宣传单”文档，然后在“布局”选项卡的“页面设置”组中设置文档的页边距为窄，纸张方向为横向。

步骤 2▶ 单击“插入”选项卡“文本”组中的“艺术字”按钮，在展开的下拉列表中选择如图 2-28 所示的艺术字样式，并在出现的编辑框中输入艺术字文本“运动强健体魄　责任铸就辉煌”，然后利用“开始”选项卡的“字体”组设置艺术字的字符格式为华文行楷、初号。

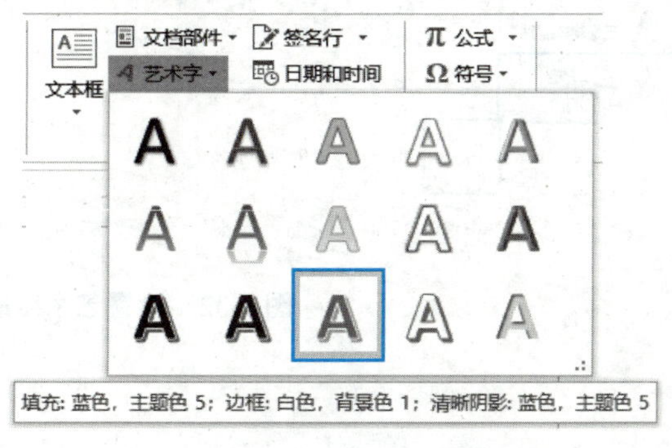

图 2-28　选择艺术字样式

步骤 3▶ 保持艺术字的选中状态，然后单击“绘图工具/格式”选项卡“艺术字样式”组中的“文本填充”下拉按钮，在展开的下拉列表中选择“深红”选项，如图 2-29 所示。

步骤 4▶ 单击艺术字右侧的“布局选项”按钮，或在“绘图工具/格式”选项卡“排列”组中单击“环绕文字”按钮，在展开的下拉列表中选择“嵌入型”环绕方式（见图 2-30），然后利用“开始”选项卡的“段落”组设置艺术字居中对齐。

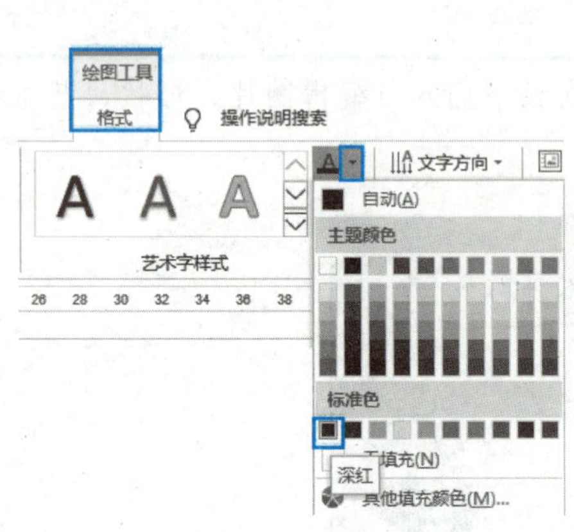

图 2-29 设置艺术字的文本填充颜色

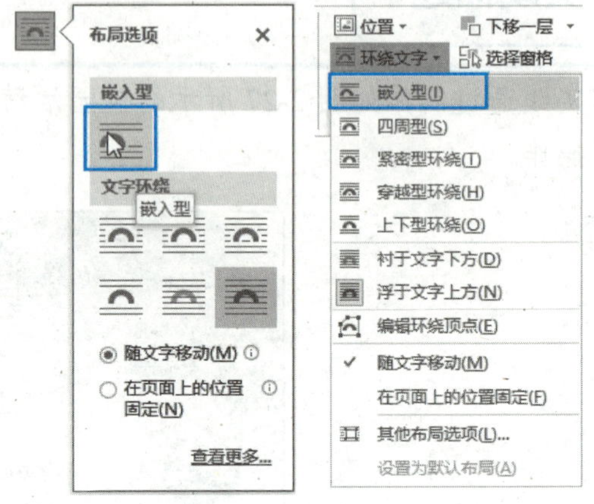

图 2-30 设置艺术字的环绕方式

小 提 示

艺术字、形状和文本框的默认环绕方式是“浮于文字上方”，图片的默认环绕方式是“嵌入型”。

步骤 5▶ 单击“插入”选项卡“文本”组中的“艺术字”按钮，在展开的下拉列表中选择如图 2-31 所示的艺术字样式，然后修改艺术字文本为“第 15 届春季运动会”，并利用“开始”选项卡设置其字符格式为黑体、72 磅。

步骤 6▶ 保持艺术字的选中状态，设置艺术字的环绕方式为嵌入型并居中对齐。

步骤 7▶ 在“绘图工具/格式”选项卡“艺术字样式”组中单击“文字效果”下拉按钮，在展开的下拉列表中选择“转换”/“曲线：上”选项，如图 2-32 所示。

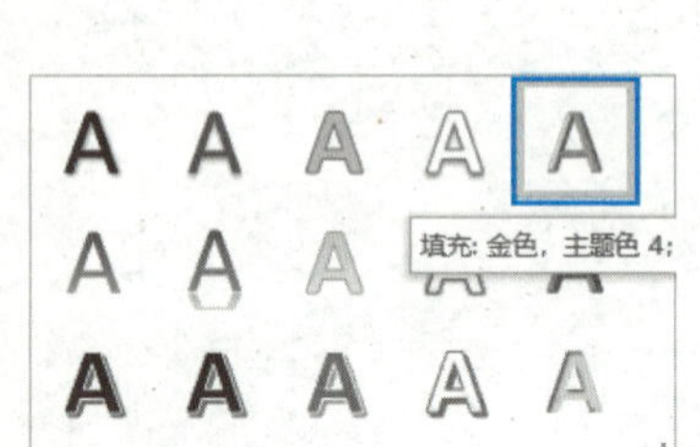

图 2-31 选择艺术字样式

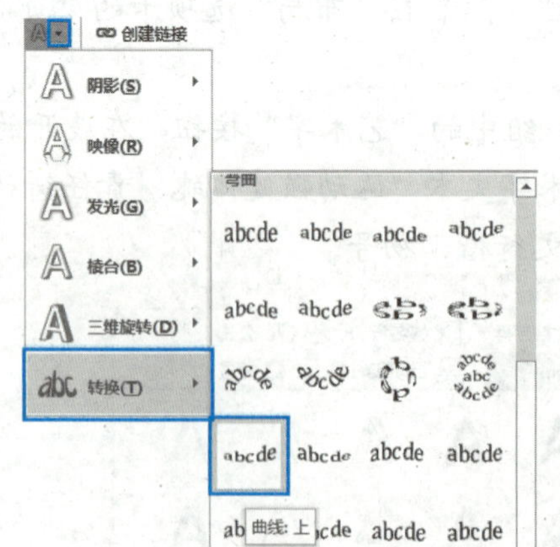

图 2-32 设置艺术字的转换效果

二、使用文本框

步骤 1▶ 单击“插入”选项卡“文本”组中的“文本框”按钮，在展开的下拉列表中选择“绘制横排文本框”选项，然后在文档的中部位置拖动绘制一个横排文本框，再在其中输入运动会内容，如图 2-33 所示。

步骤 2▶ 利用“开始”选项卡设置文本框中文本的字符格式为微软雅黑、二号、加粗。

步骤 3▶ 选中文本框，在“绘图工具/格式”选项卡的“形状样式”组中单击“形状填充”下拉按钮，在展开的下拉列表中选择“无填充”选项；单击“形状轮廓”下拉按钮，在展开的下拉列表中选择“无轮廓”选项（见图 2-34），将文本框的填充颜色和轮廓取消。

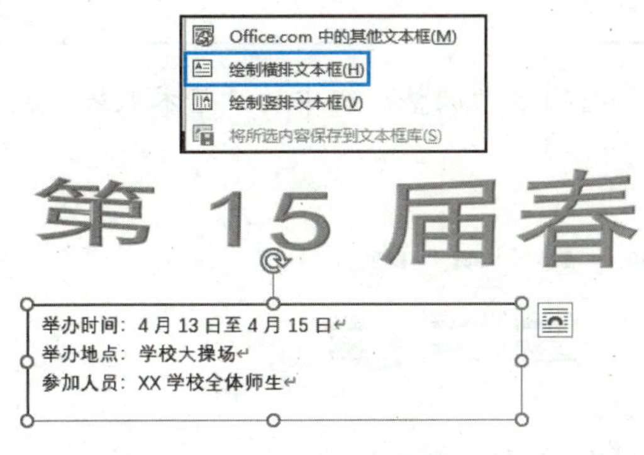

图 2-33　利用文本框输入文本

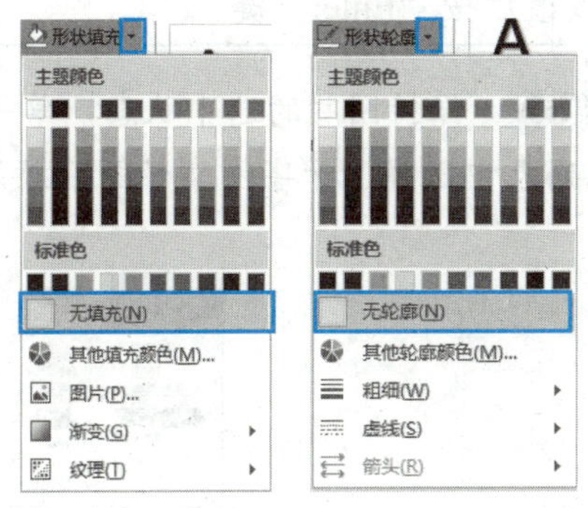

图 2-34　取消文本框的填充颜色和轮廓

步骤 4▶ 将鼠标指针移到文本框右下角的控制点或者边框四周的控制点上，待鼠标指针变成双向箭头形状时按住鼠标左键并拖动，直到将文本框中的所有文本显示出来。

步骤 5▶ 将鼠标指针移至文本框边框上，当鼠标指针呈✥形状时按住鼠标左键将其拖动到合适位置。

三、使用图片

步骤 1▶ 单击“插入”选项卡“插图”组中的“图片”按钮，在展开的下拉列表中选择“此设备”选项，如图 2-35 所示。

步骤 2▶ 打开“插入图片”对话框，找到本书配套素材“项目二”/“实践二”/“宣传单背景”图片，然后单击“插入”按钮（见图 2-36），将其插入到文档中。

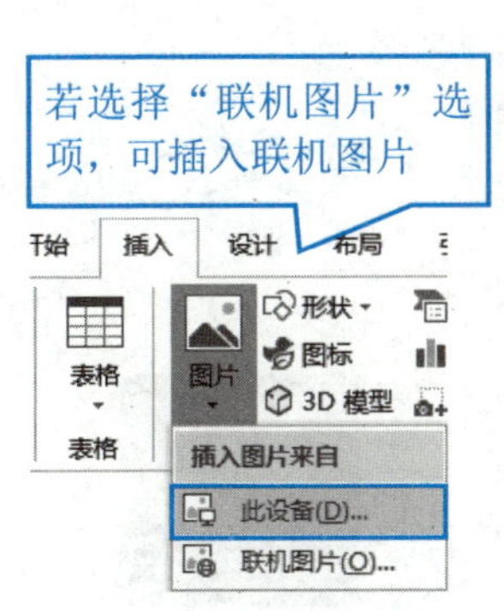

图 2-35　选择“此设备”选项

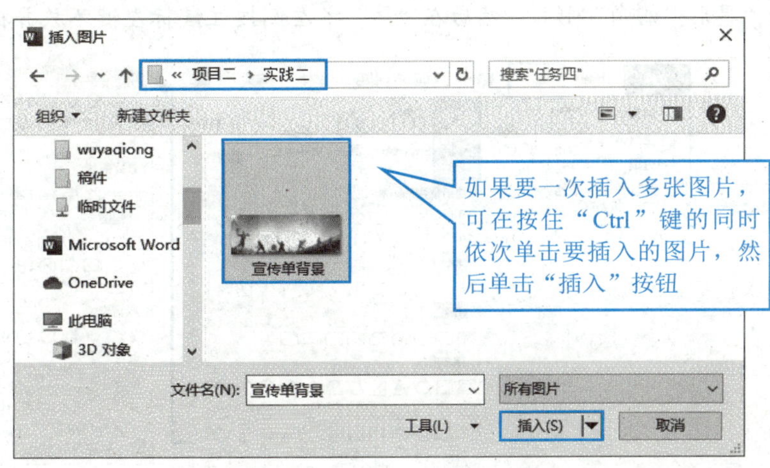

图 2-36　选择要插入的图片

步骤 3▶ 保持图片的选中状态，单击“图片工具/格式”选项卡“排列”组中的“环绕文字”按钮，在展开的下拉列表中选择“衬于文字下方”选项，将图片置于文本的下方。

步骤 4▶ 将鼠标指针移至图片上，待其变为✥形状时按住鼠标左键将图片拖动到文档页面的左上角，然后向右拖动图片右侧中部的控制点到页面右侧后释放鼠标，再向下拖动图片下方中部的控制点到页面底部后释放鼠标，将图片的大小调整为与页面相同。

小提示

要精确调整图片的大小，可在“图片工具/格式”选项卡“大小”组中的“高度”和“宽度”编辑框中直接输入数值后按“Enter”键。

步骤 5▶ 保持图片的选中状态，单击“图片工具/格式”选项卡“调整”组中的“艺术效果”按钮，在展开的下拉列表中选择“十字图案蚀刻”效果，如图 2-37 所示。

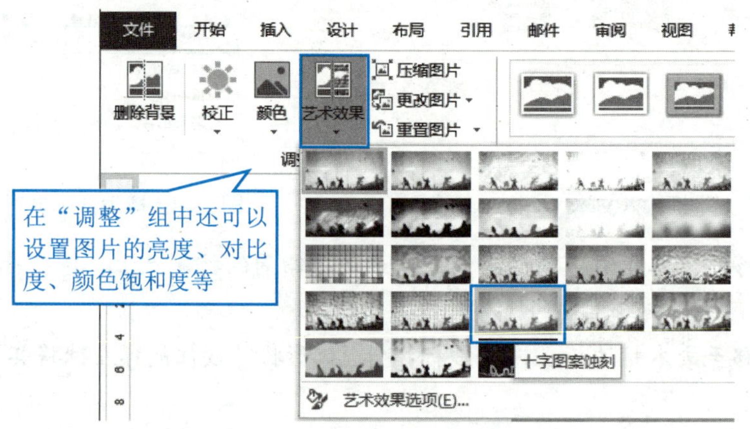

图 2-37 设置图片的艺术效果

四、使用形状

步骤 1▶ 单击“插入”选项卡“插图”组中的“形状”按钮，在展开的下拉列表中选择“星与旗帜”类别中的“星形：四角”形状，然后在“第”字左侧按住鼠标左键不放并拖动，绘制一个四角星形，如图 2-38 所示。

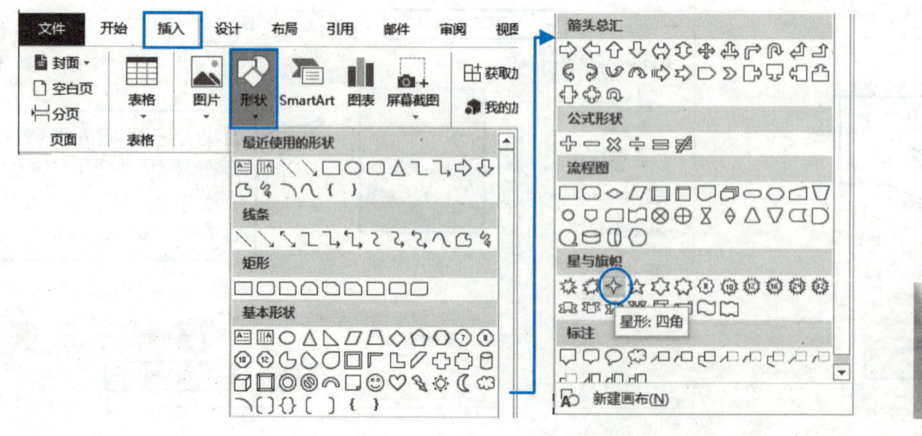

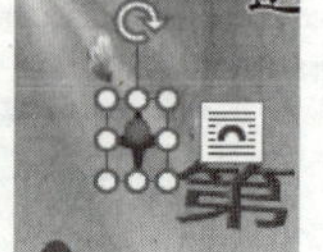

图 2-38 绘制四角星形

小技巧

选择要绘制的形状后按住“Shift”键的同时在文档编辑区拖动鼠标，可绘制具有一定规则的图形。例如，选择“椭圆”形状后，按住“Shift”键的同时在文档编辑区拖动鼠标，可绘制正圆形。

步骤 2▶ 保持四角星形的选中状态，在“绘图工具/格式”选项卡的“大小”组中调整形状的高度为 1.5 厘米，宽度为 1.2 厘米。然后在“形状样式”组中单击“形状填充”下拉按钮，在展开的下拉列表中选择“黄色”选项；单击“形状轮廓”下拉按钮，在展开的下拉列表中选择“橙色，个性色 2，深色 25%”选项，再次打开“形状轮廓”下拉列表，选择“粗细”/“2.25 磅”选项，如图 2-39 所示。

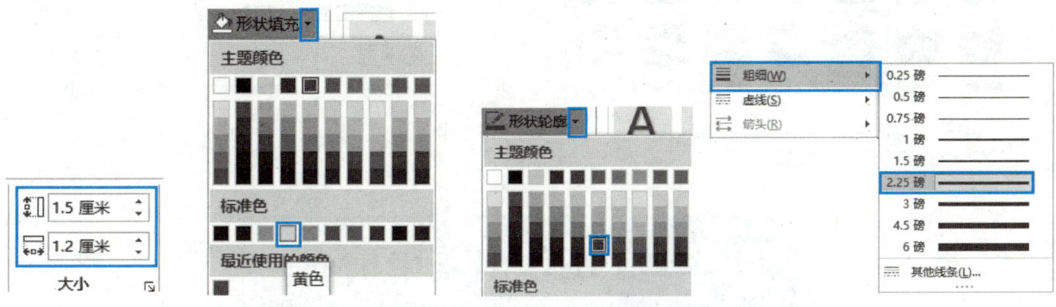

图 2-39　设置形状的大小、填充和轮廓

步骤 3▶ 选中设置好格式的四角星形，按住“Ctrl”键的同时向右拖动至艺术字的右侧，复制一个四角星形，如图 2-40 所示。

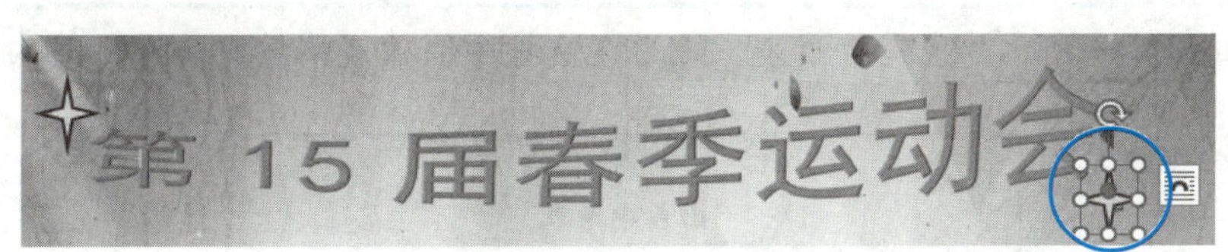

图 2-40　复制形状

步骤 4▶ 单击“插入”选项卡“插图”组中的“形状”按钮，在展开的下拉列表中选择“标注”类别中的“思想气泡：云”形状，然后在文档的右侧绘制云形气泡，并在其中输入文本“友谊第一 比赛第二”，如图 2-41 所示。

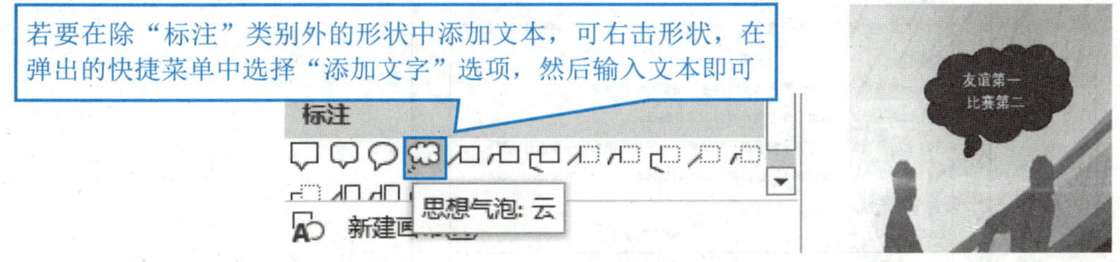

图 2-41　绘制形状并输入文本

步骤 5▶ 保持云形气泡的选中状态，然后单击“绘图工具/格式”选项卡“形状样式”组中的“其他”按钮∨，在展开的下拉列表中选择“强烈效果-橙色，强调颜色 2”样式，如图 2-42 所示。

步骤 6▶ 选中绘制的两个四角星形和云形气泡，单击“绘图工具/格式”选项卡“排列”组中的“组合”按钮，在展开的下拉列表中选择“组合”选项（见图 2-43），将绘制的形状组合在一起。至此，校园活动宣传单制作完毕，再次保存文档。

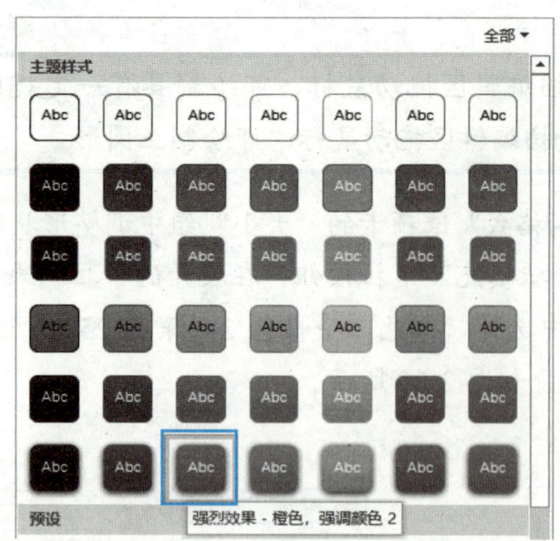

图 2-42　设置形状样式

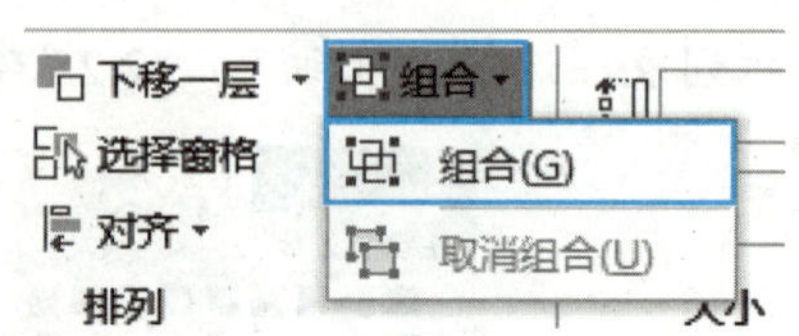

图 2-43　组合形状

实践三　制作出差申请表

实践描述

本实践通过制作如图 2-44 所示的出差申请表，练习在文档中创建表格并对其进行结构调整及美化等操作。

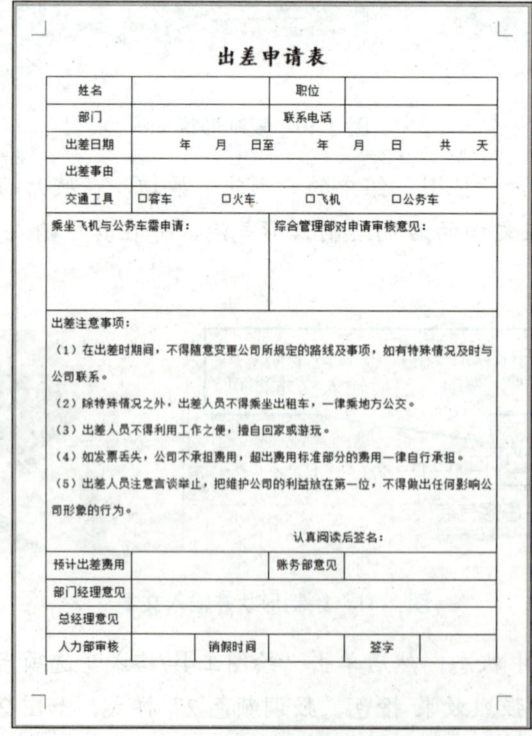

出差申请表

姓名			职位		
部门			联系电话		
出差日期	年　月　日至　年　月　日　共　天				
出差事由					
交通工具	□客车　□火车　□飞机　□公务车				
乘坐飞机与公务车需申请：			综合管理部对申请审核意见：		
出差注意事项： （1）在出差时期间，不得随意变更公司所规定的路线及事项，如有特殊情况及时与公司联系。 （2）除特殊情况之外，出差人员不得乘坐出租车，一律乘地方公交。 （3）出差人员不得利用工作之便，擅自回家或游玩。 （4）如发票丢失，公司不承担费用，超出费用标准部分的费用一律自行承担。 （5）出差人员注意言谈举止，把维护公司的利益放在第一位，不得做出任何影响公司形象的行为。 认真阅读后签名：					
预计出差费用			账务部意见		
部门经理意见					
总经理意见					
人力部审核		销假时间		签字	

图 2-44　出差申请表效果

实践步骤

一、新建文档并设置页面

步骤 1▶ 新建一个空白文档，将其以“出差申请表”为名保存。

步骤 2▶ 在“布局”选项卡的“页面设置”组中单击“页边距”按钮，在展开的下拉列表中选择“窄”选项，如图 2-45 所示。

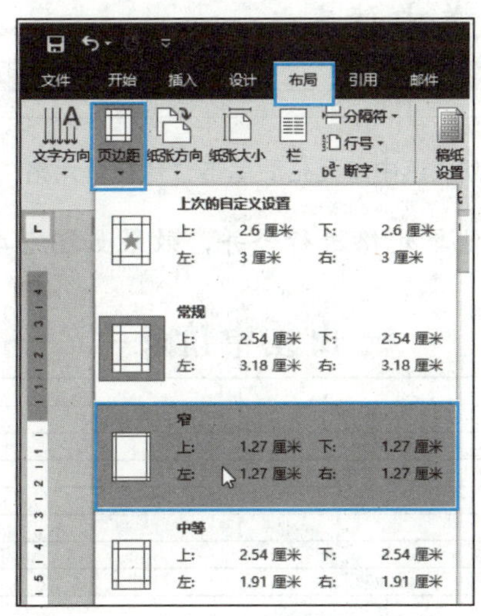

图 2-45 设置文档页边距

步骤 3▶ 输入表格标题文本“出差申请表”，然后利用“开始”选项卡设置其格式为楷体、一号、加粗、居中对齐。

二、创建表格

步骤 1▶ 在标题文本的右侧按“Enter”键，插入一个新段落，然后单击“开始”选项卡“字体”组中的“清除所有格式”按钮，清除段落自带的格式。

步骤 2▶ 单击“插入”选项卡“表格”组中的“表格”按钮，在展开的下拉列表中选择“插入表格”选项，打开“插入表格”对话框，设置表格的列数为 6、行数为 11，其他保持默认，如图 2-46 所示。

步骤 3▶ 单击“确定”按钮，即可创建一个 6 列 11 行的表格，如图 2-47 所示。

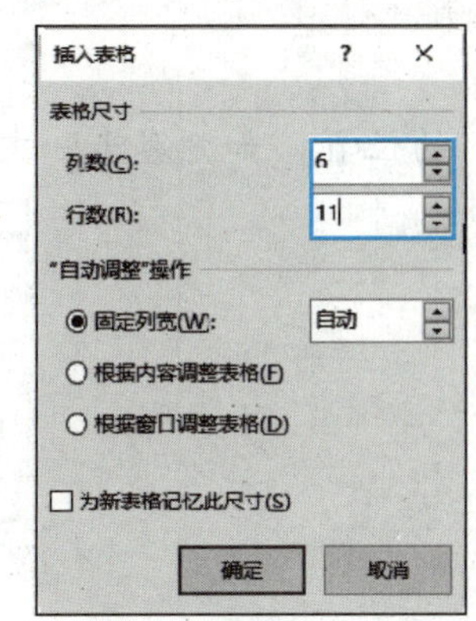

图 2-46 设置表格列数和行数

出差申请表

图 2-47 创建的表格

三、合并单元格

步骤 1▶ 将鼠标指针移到表格第 1 行的第 2 个单元格中，然后按住鼠标左键并向右拖动到该行的第 3 个单元格后释放鼠标，选中这两个单元格，再单击“表格工具/布局”选项卡“合并”组中的“合并单元格”按钮，将所选的两个单元格合并，如图 2-48 所示。

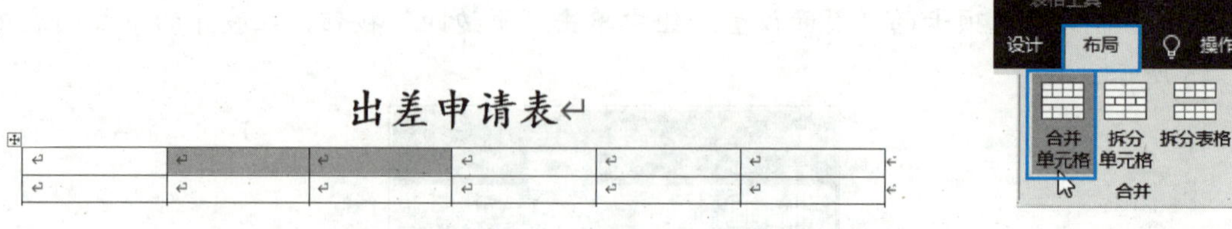

图 2-48　选中单元格后单击“合并单元格”按钮

步骤 2▶ 使用同样的方法，将其他单元格进行合并，效果如图 2-49 所示。

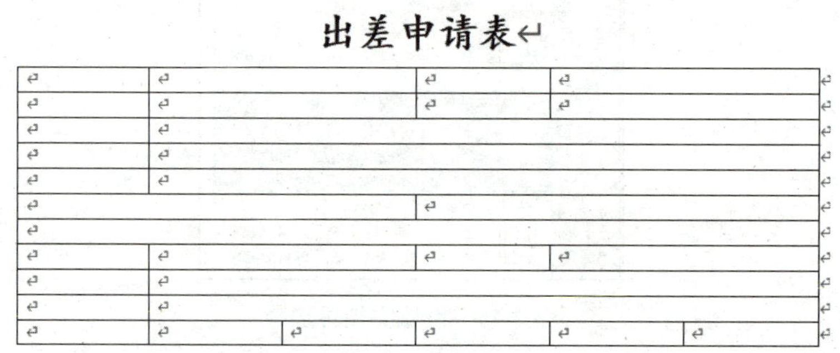

图 2-49　合并其他单元格

四、输入表格内容并设置其格式

步骤 1▶ 在要输入内容的单元格中单击，然后输入所需内容，如图 2-50 所示。

姓名		职位	
部门		联系电话	
出差日期	年　月　日至　年　月　日　共　天		
出差事由			
交通工具	客车　火车　飞机　公务车		

图 2-50　输入表格内容

步骤 2▶ 单击“交通工具”右侧单元格中要输入特殊符号“□”的位置，如“客车”文本的左侧，如图 2-51 所示。

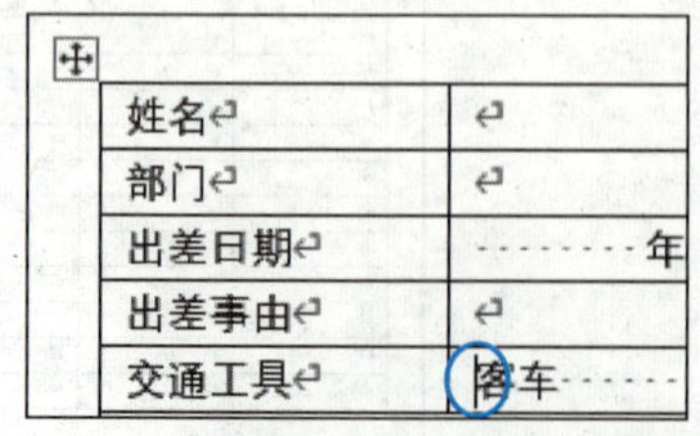

图 2-51　确定要插入特殊符号的位置

步骤 3▶ 单击“插入”选项卡“符号”组中的“符号”按钮，在展开的下拉列表中选择“其他符号”选项，打开“符号”对话框，保持“字体”编辑框中“(普通文本)”选项的选中状态，然后在“子集”下拉列表中选择“几何图形符”选项，并在下方的符号列表中选择要输入的符号“□”，即可在插入点处插入该符号，如图 2-52 所示。然后将该符号复制到其他交通工具文本的左侧。

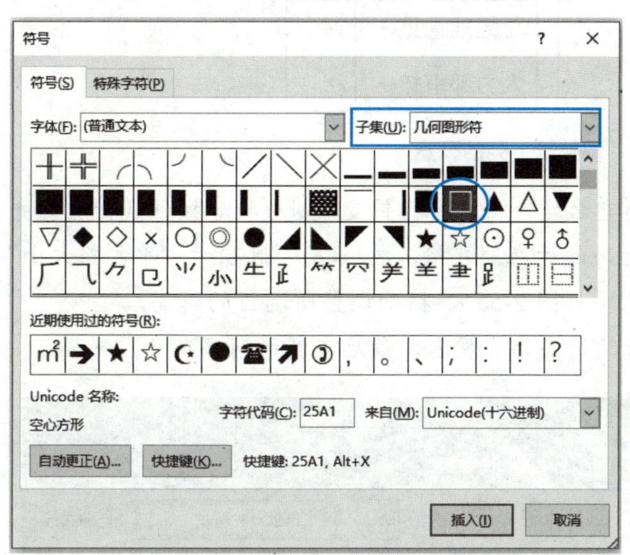

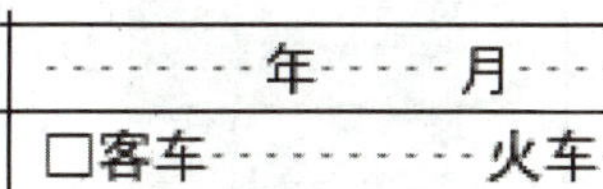

图 2-52 利用“符号”对话框输入特殊符号

步骤 4▶ 使用同样的方法，在表格的其他单元格中输入文本，如图 2-53 所示。

姓名			职位		
部门			联系电话		
出差日期	年 月 日至 年 月 日 共 天				
出差事由					
交通工具	□客车 □火车 □飞机 □公务车				
乘坐飞机与公务车需申请：			综合管理部对申请审核意见：		
出差注意事项： （1）在出差时期间，不得随意变更公司所规定的路线及事项，如有特殊情况及时与公司联系。 （2）除特殊情况之外，出差人员不得乘坐出租车，一律乘地方公交。 （3）出差人员不得利用工作之便，擅自回家或游玩。 （4）如发票丢失，公司不承担费用，超出费用标准部分的费用一律自行承担。 （5）出差人员注意言谈举止，把维护公司的利益放在第一位，不得做出任何影响公司形象的行为。 认真阅读后签名：					
预计出差费用			账务部意见		
部门经理意见					
总经理意见					
人力部审核		销假时间		签字	

图 2-53 输入其他文本

步骤 5▶ 单击表格左上角的⊞按钮，选中整个表格，然后在“开始”选项卡的“字体”组中设表格文本的字符格式为宋体、四号。

五、调整列宽和行高

步骤 1▶ 将鼠标指针移到表格最后 4 行第 1 列单元格右侧的边框线上，待鼠标指针变成+||+形状时，按住鼠标左键向右拖动，待相关单元格中的文本在一行中显示后停止拖动，以调整第 1 列的列宽，如图 2-54 所示。

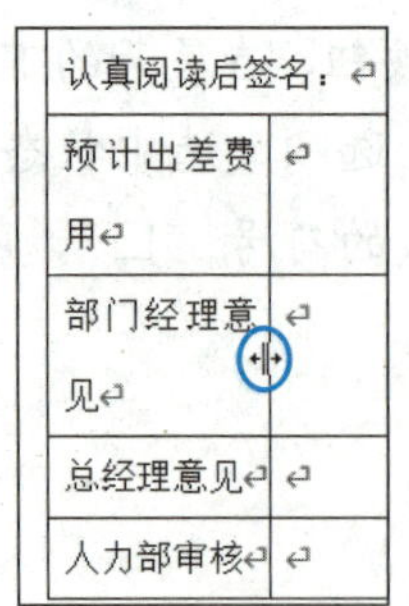

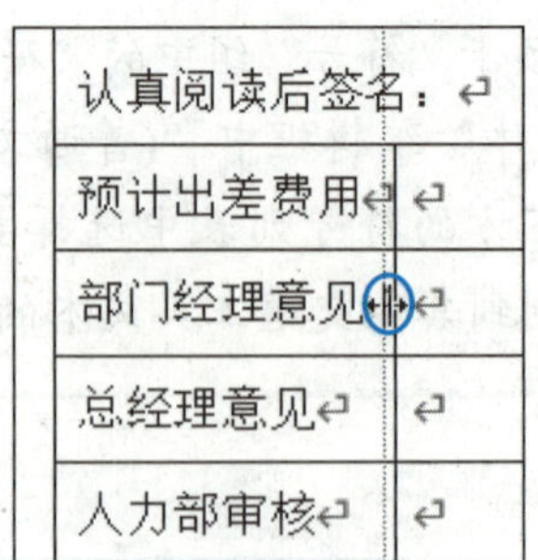

图 2-54　调整第 1 列的列宽

步骤 2▶　将鼠标指针移到表格第 1 行左侧的空白处，待鼠标指针变成↗形状后按住鼠标左键并向下拖动，到第 5 行后释放鼠标，选中表格的第 1 行至第 5 行，然后在“表格工具/布局”选项卡“单元格大小”组的“高度”编辑框中输入“1 厘米”并按“Enter”键确认（见图 2-55），精确调整所选行的行高。

步骤 3▶　使用同样的方法，调整表格第 6 行的行高为 4 厘米，最后 4 行的行高为 1 厘米。

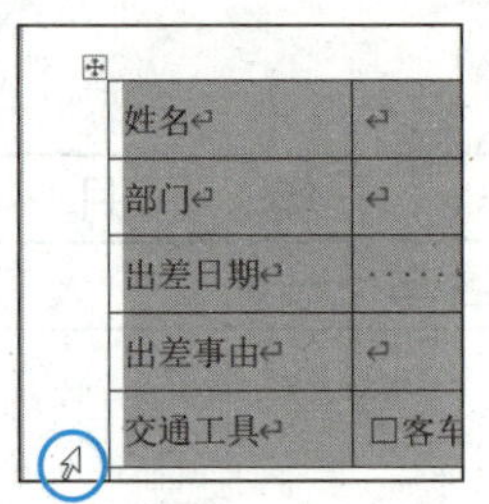

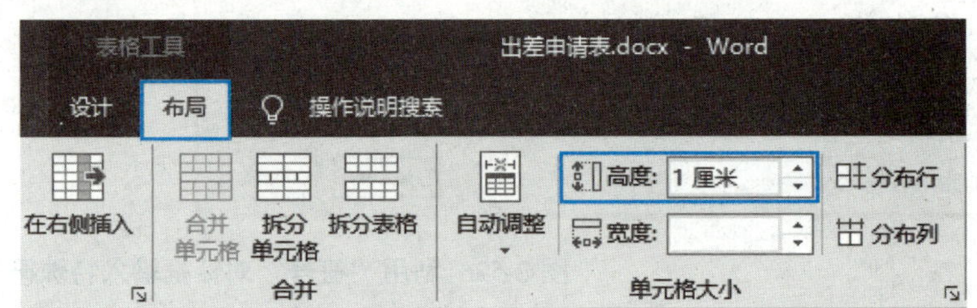

图 2-55　精确调整多行的行高

六、设置表格及其内容的对齐方式

步骤 1▶　单击表格左上角的⊞按钮，选中整个表格，然后单击“开始”选项卡“段落”组中的“居中”按钮☰，调整表格在页面居中对齐。

步骤 2▶　在表格中选中要设置对齐方式的单元格，然后在“表格工具/布局”选项卡的“对齐方式”组中单击“水平居中”按钮☰，如图 2-56 所示。

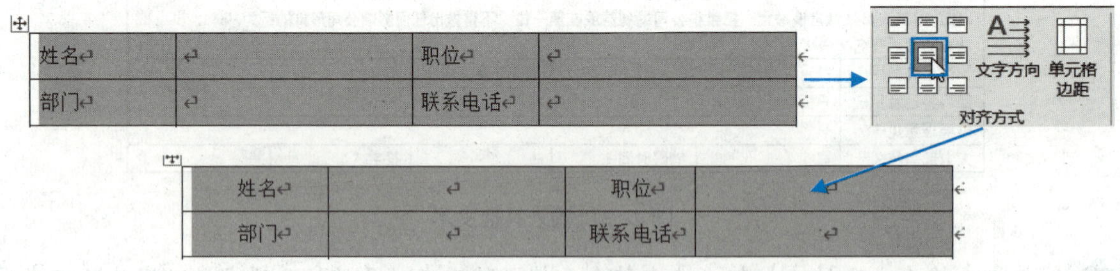

图 2-56　设置表格内容的对齐方式

步骤 3▶　使用同样的方法，参照如图 2-44 所示的效果设置表格其他单元格内容的对齐方式。注意：调整“认真阅读后签名:”段落的对齐方式时，直接在该段落文本的左侧输入空格即可。

七、设置表格边框

步骤 1▶　选中整个表格，然后单击“表格工具/设计”选项卡“边框”组中的“笔画粗细”按钮 0.5 磅 ———，

在展开的下拉列表中选择“1.5 磅”选项，如图 2-57 所示。

步骤 2▶ 单击“边框”下拉按钮，在展开的下拉列表中选择“外侧框线”选项（见图 2-58），为表格添加 1.5 磅粗的外框线。至此，出差申请表制作完毕，再次保存文档。

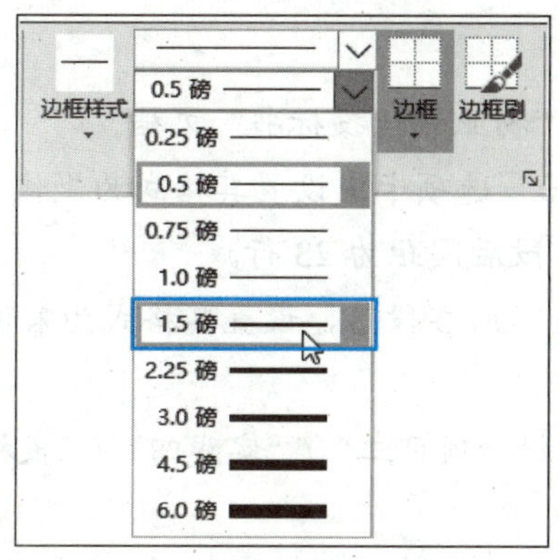

图 2-57 设置边框粗细

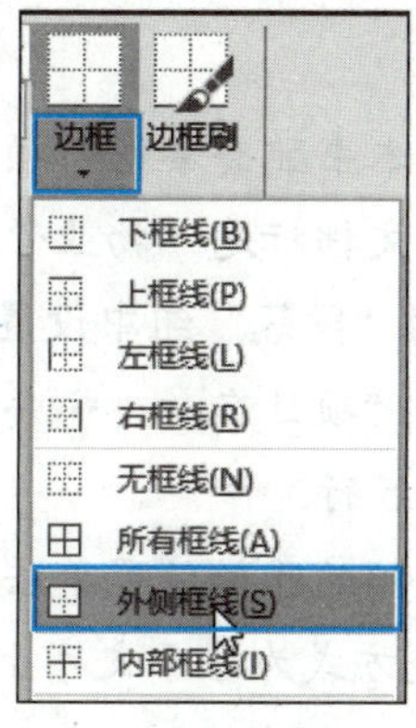

图 2-58 选择边框的应用范围

实践四 编排物业管理投标书

实践描述

本实践通过制作如图 2-59 所示的物业管理投标书，练习制作文档封面，在文档中插入分隔符，应用与修改样式，设置文档不同节的页眉和页脚，为文档提取目录，以及设置密码保护文档等操作。

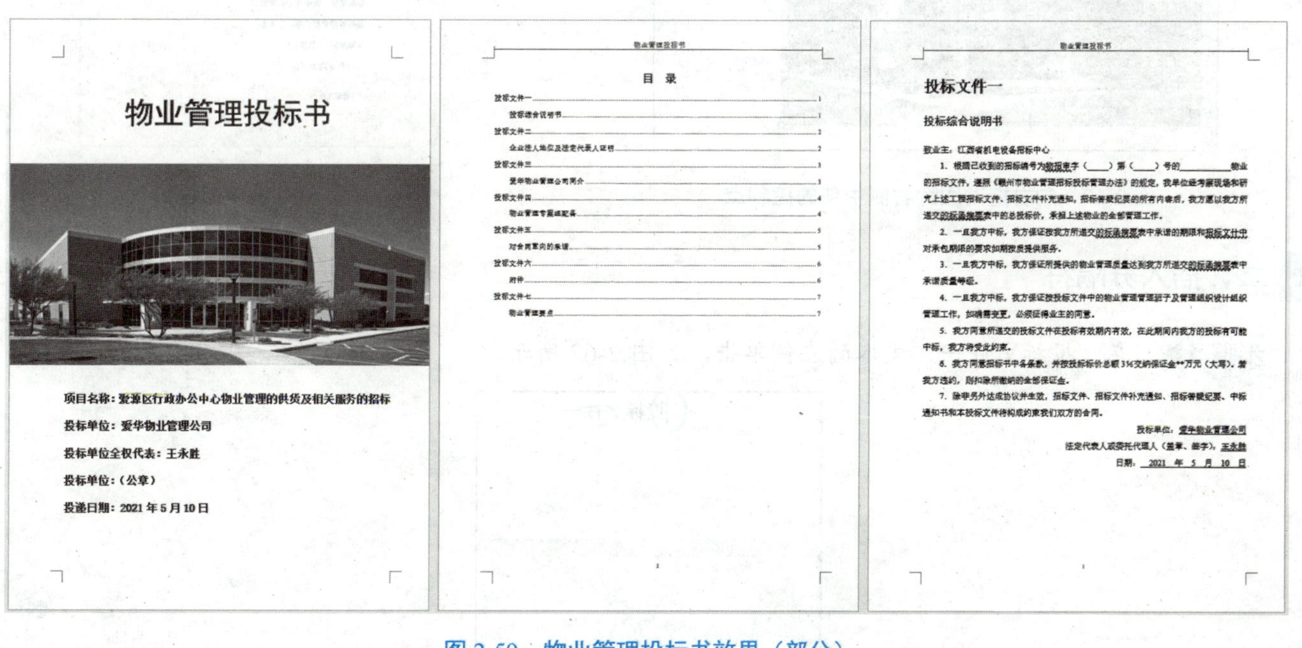

物业管理投标书

项目名称：婺源区行政办公中心物业管理的供货及相关服务的招标

投标单位：爱华物业管理公司

投标单位全权代表：王永胜

投标单位：(公章)

投递日期：2021 年 5 月 10 日

物业管理投标书

目 录

投标文件一......1
投标综合说明书......1
投标文件二......2
企业法人地位及法定代表人证明......2
投标文件三......3
爱华物业管理公司简介......3
投标文件四......4
物业管理专题组配备......4
投标文件五......5
对合同草案的承诺......5
投标文件六......6
附件......6
投标文件七......7
物业管理要点......7

物业管理投标书

投标文件一

投标综合说明书

致业主：江西省机电设备招标中心

1. 根据已收到的招标编号为赣招建字（____）第（____）号的__________物业的招标文件，遵照《赣州市物业管理招标投标管理办法》的规定，我单位经考察现场和研究上述工程招标文件、招标文件补充通知，招标答疑纪要的所有内容后，我方愿以我方所递交的标函摘要表中的总投标价，承担上述物业的全部管理工作。

2. 一旦我方中标，我方保证按我方所递交的标函摘要表中承诺的期限和招标文件中对承包期限的要求如期按质提供服务。

3. 一旦我方中标，我方保证所提供的物业管理质量达到我方所递交的标函摘要表中承诺质量等级。

4. 一旦我方中标，我方保证按投标文件中的物业管理管理班子及管理组织设计组织管理工作，如确需变更，必须征得业主的同意。

5. 我方同意所递交的投标文件在投标有效期内有效，在此期间内我方的投标有可能中标，我方将受此约束。

6. 我方同意招标书中各条款，并按投标标价总额 3%交纳保证金**万元（大写）。若我方违约，则扣除所缴纳的全部保证金。

7. 除非另外达成协议并生效，招标文件、招标文件补充通知、招标答疑纪要、中标通知书和本投标文件将构成约束我们双方的合同。

投标单位：爱华物业管理公司

法定代表人或委托代理人（盖章、签字）：王永胜

日期：2021 年 5 月 10 日

图 2-59 物业管理投标书效果（部分）

实践步骤

一、制作封面

步骤 1▶ 打开本书配套素材“项目二”/“实践四”/“物业管理投标书”文档。

步骤 2▶ 选中文档标题“物业管理投标书”，在“开始”选项卡中设置其格式为黑体、初号、居中对齐，在“布局”选项卡的“段落”组中设置其段前间距为 3 行，段后间距为 23 行。

步骤 3▶ 选中“项目名称：……”至“……5 月 10 日”所在段落，设置其格式为宋体、加粗、三号、段前和段后间距均为 0.5 行。

步骤 4▶ 在文档的开始位置单击，然后将本书配套素材“项目二”/“实践四”/“投标书封面图”插入文档中，并设置其环绕方式为浮于文字上方。

步骤 5▶ 将图片移到页面的左边缘，然后向右拖动图片右侧中部的控制点（见图 2-60），到页面右边缘后释放鼠标，以调整图片的宽度与页面宽度相等。

步骤 6▶ 将图片移到标题的下方，使其效果大致如图 2-61 所示。

图 2-60 向右拖动图片右侧中部的控制点

图 2-61 调整图片位置

二、插入分隔符

步骤 1▶ 在“投标文件一”文本的左侧单击，如图 2-62 所示。

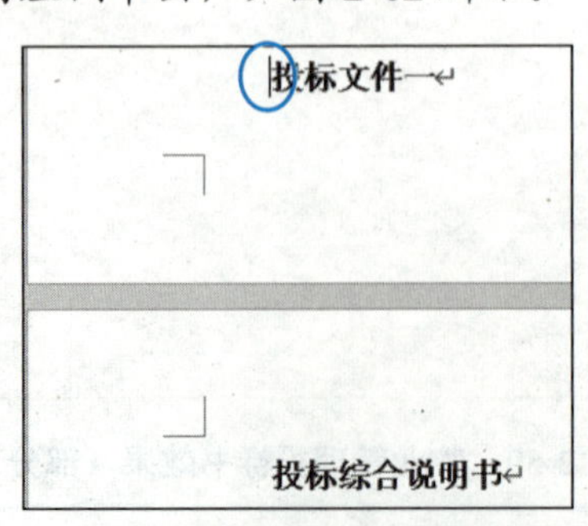

图 2-62 确定分节位置

步骤 2▶ 单击“布局”选项卡“页面设置”组中的“分隔符”按钮，在展开的下拉列表中选择“下一页”选项，此时在插入点处会插入一个分节符，并将分节符后的内容显示在下一页中，如图 2-63 所示。

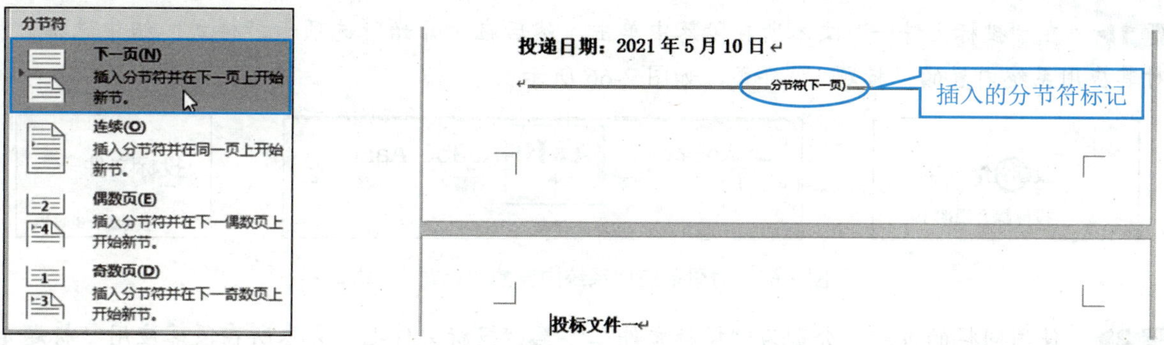

图 2-63 在文档中插入“下一页”分节符

步骤 3▶ 保持插入点位置不变，继续在“分隔符”下拉列表中选择“下一页”选项，插入一个空白页，用于放置目录，这样就将文档分为了封面、目录和正文 3 节，如图 2-64 所示。

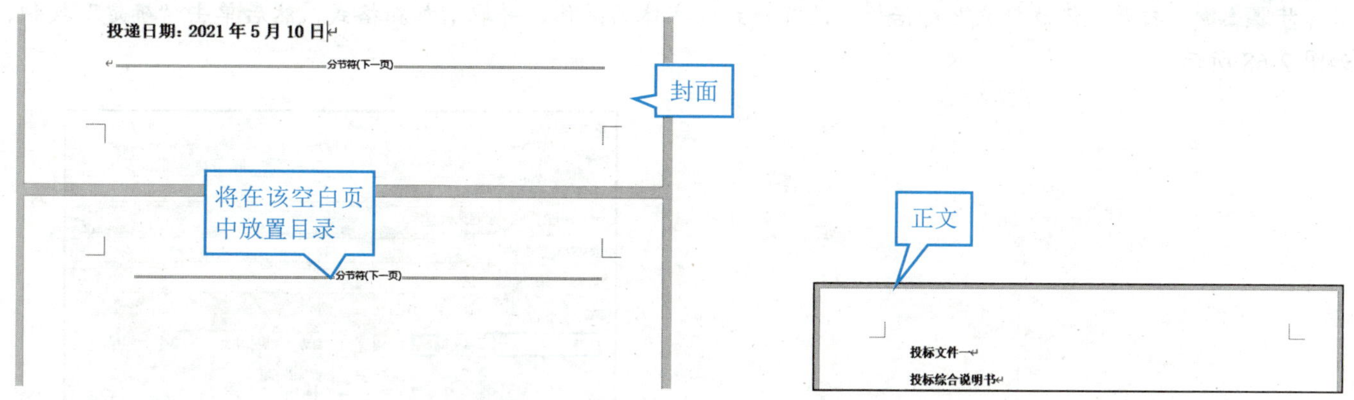

图 2-64 再次在文档中插入“下一页”分节符

步骤 4▶ 在“投标文件二”文本的左侧单击，然后在“分隔符”下拉列表中选择“分页符”选项，此时插入点后的内容将显示在下一页中，并在分页处显示一个虚线分页符，如图 2-65 所示。

步骤 5▶ 使用同样的方法，分别在“投标文件三”至“投标文件七”文本的左侧插入分页符，使各投标文件内容分别从新的一页开始。

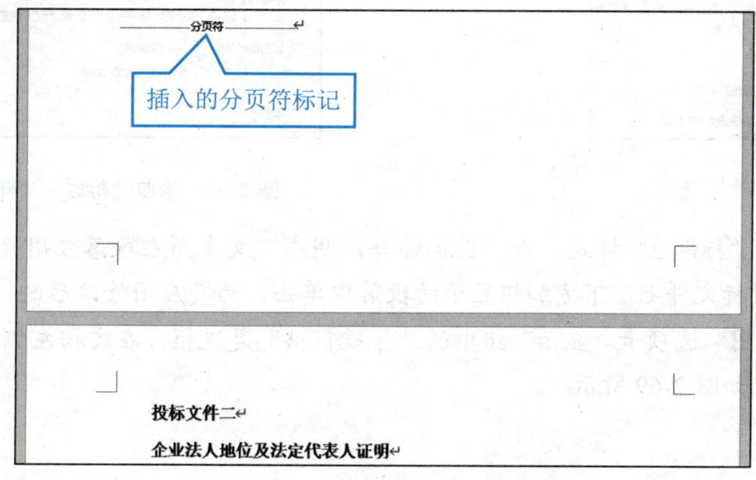

图 2-65 在文档中插入分页符

三、应用与修改样式

步骤 1▶ 在“投标文件一”文本所在段落中单击，然后在“开始”选项卡“样式”组中选择“标题 1”样式，对其应用系统内置的“标题 1”样式，如图 2-66 所示。

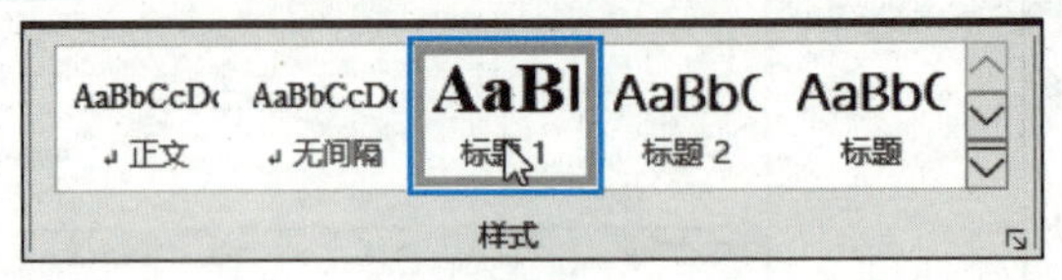

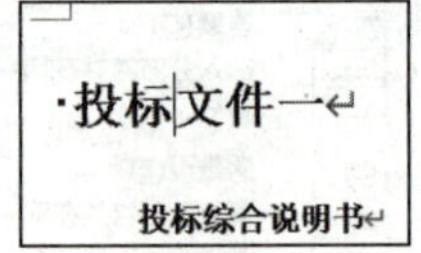

图 2-66　对段落应用系统内置的“标题 1”样式

步骤 2▶ 使用同样的方法，分别为“投标文件二”至“投标文件七”文本所在段落应用“标题 1”样式。

步骤 3▶ 在“投标文件一”下的“投标综合说明书”文本所在段落中单击，然后在“样式”组中选择“标题 2”样式。

步骤 4▶ 右击“样式”组中的“标题 2”样式名，在弹出的快捷菜单中选择“修改”选项，如图 2-67 所示。

步骤 5▶ 打开“修改样式”对话框，设置样式的字体为黑体，并取消加粗格式，然后单击“确定”按钮，如图 2-68 所示。

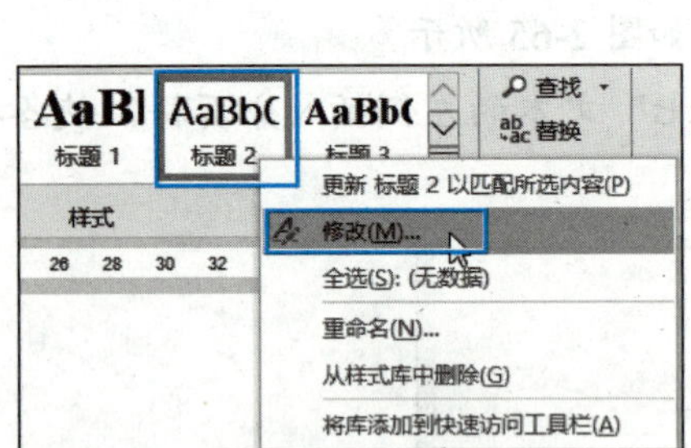

图 2-67　选择“修改”选项

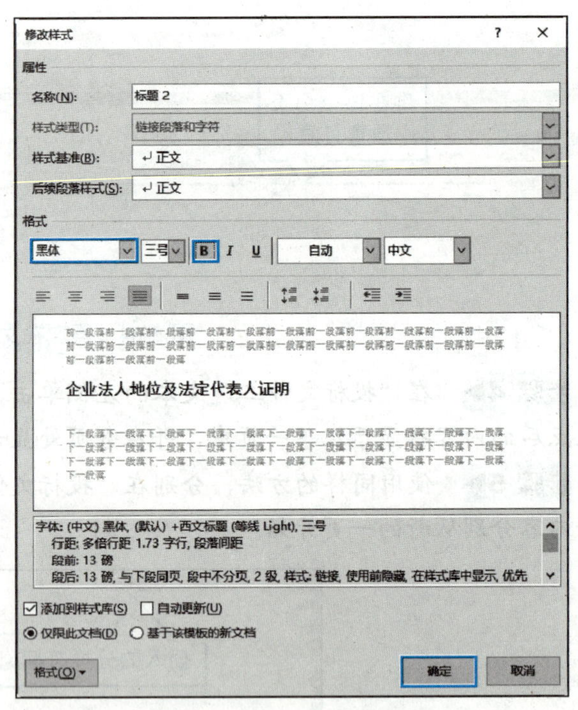

图 2-68　修改“标题 2”样式的字体和字形

步骤 6▶ 再次选择“标题 2”样式，为“投标综合说明书”文本所在段落应用修改后的样式。然后分别在“投标文件二”至“投标文件七”下方加粗显示的段落中单击，为其应用修改后的“标题 2”样式。

步骤 7▶ 选中“视图”选项卡“显示”组中的“导航窗格”复选框，在文档左侧打开“导航”任务窗格，从中可查看文档的标题，如图 2-69 所示。

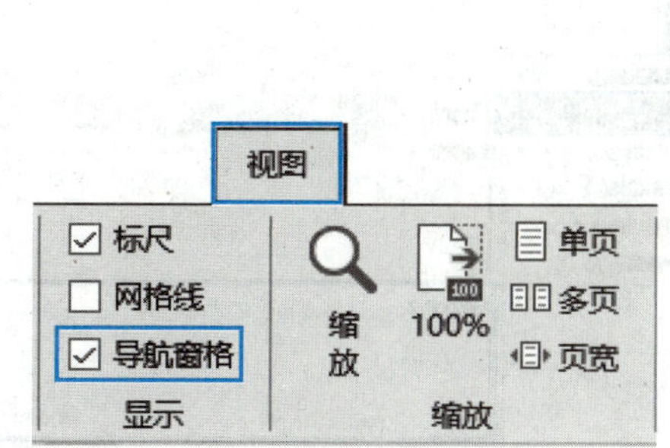

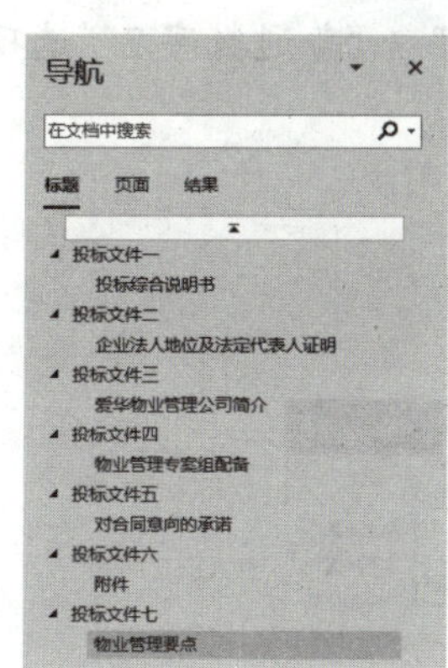

图 2-69　在“导航”任务窗格中查看文档标题

四、添加页眉和页脚

步骤 1▶ 在文档的封面页中单击，然后单击“插入”选项卡“页眉和页脚”组中的“页眉”按钮，在展开的下拉列表中选择“空白”选项，如图 2-70 所示。

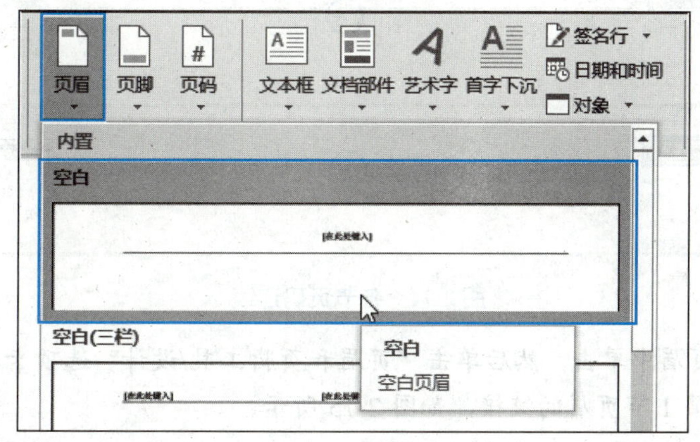

图 2-70　选择页眉样式

步骤 2▶ 在显示的“在此处键入”编辑框中输入页眉文本“物业管理投标书”，然后删除其下方的空行，并设置页眉文本的字号为五号，如图 2-71 所示。此时，可看到各节的页眉都是相同的。

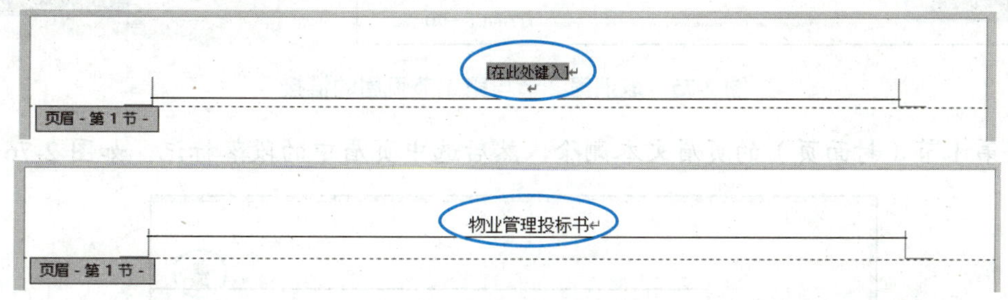

图 2-71　输入页眉文本并设置其字号

步骤 3▶ 单击“页眉和页脚工具/设计”选项卡“导航”组中的“转至页脚”按钮（见图 2-72），转到文档第 1 节的页脚处。

步骤 4▶ 单击“页眉和页脚工具/设计”选项卡“页眉和页脚”组中的“页码”按钮，在展开的下拉列表中选择“页面底端”/“普通数字 2”选项，如图 2-73 所示。

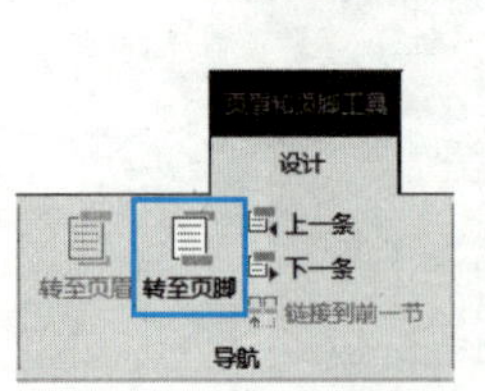

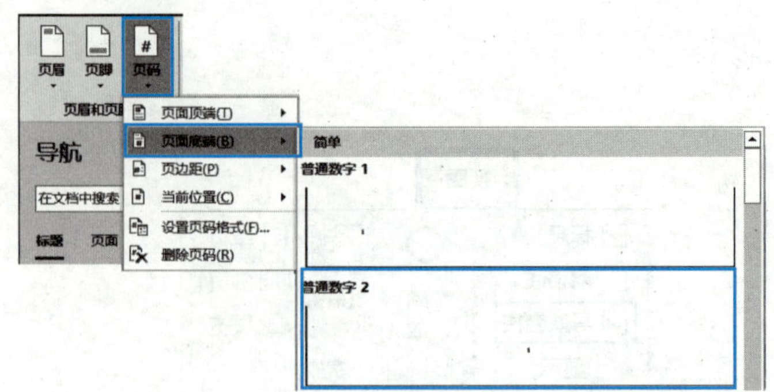

图 2-72　单击“转至页脚”按钮

图 2-73　选择“普通数字 2”页码样式

步骤 5▶　此时，可看到文档中各节的页码格式都相同，并且页码连续，如图 2-74 所示。

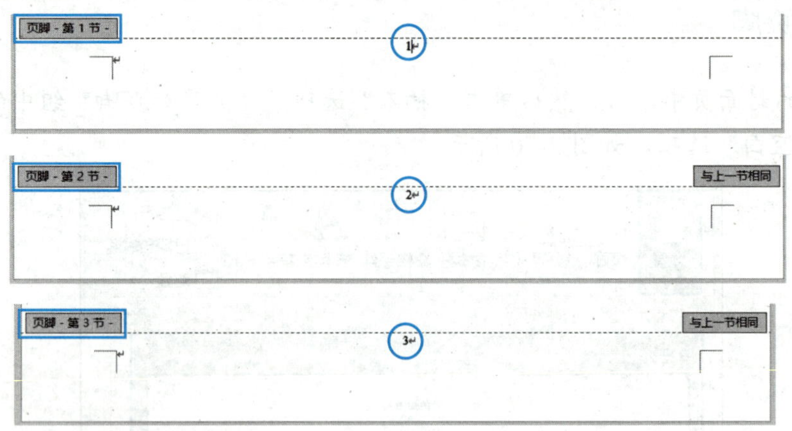

图 2-74　各节页码连续

步骤 6▶　在第 2 节的页眉中单击，然后单击“页眉和页脚工具/设计”选项卡“导航”组中的“链接到前一节”按钮，取消第 2 节与第 1 节页眉的链接，如图 2-75 所示。

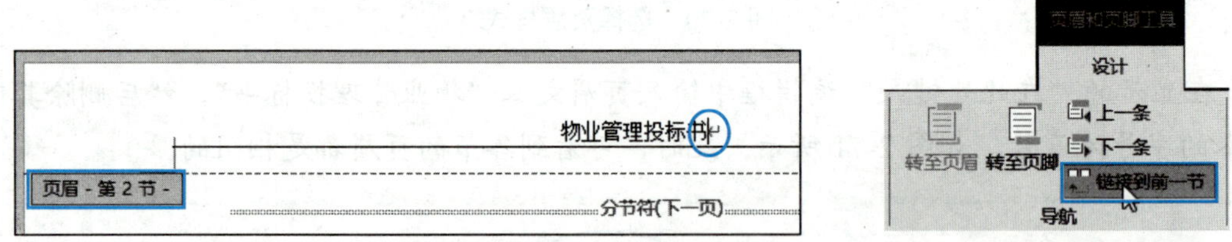

图 2-75　取消第 2 节与第 1 节页眉的链接

步骤 7▶　将第 1 节（封面页）的页眉文本删除，然后选中页眉中的段落标记，如图 2-76 所示。

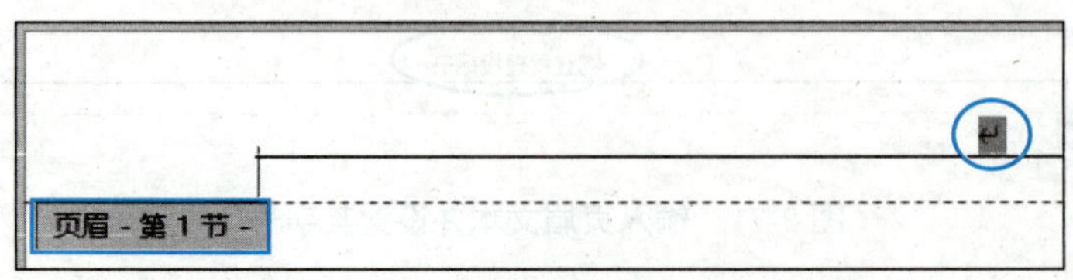

图 2-76　选中页眉中的段落标记

步骤 8▶ 在“开始”选项卡“段落”组的“边框”下拉列表中选择“无框线”选项，将页眉中的横线删除，如图 2-77 所示。

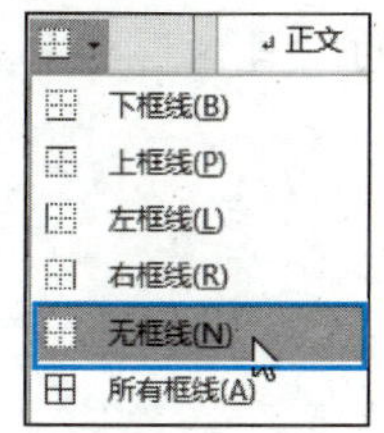

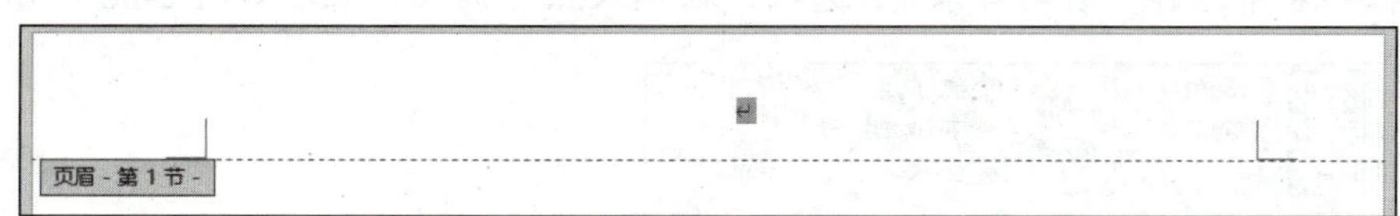

图 2-77　删除页眉中的横线

步骤 9▶ 在第 2 节的页脚中单击，然后单击“页眉和页脚工具/设计”选项卡“导航”组中的“链接到前一节”按钮，取消第 2 节与第 1 节页脚的链接，然后删除第 1 节的页码。

步骤 10▶ 在第 3 节的页脚中单击，同样单击“导航”组中的“链接到前一节”按钮，取消第 3 节与第 2 节页脚的链接。

步骤 11▶ 保持插入点不变，然后在“页码”下拉列表中选择“设置页码格式”选项，打开“页码格式”对话框，选中“起始页码”单选钮，将第 3 节的起始页码设置为 1，如图 2-78 所示。

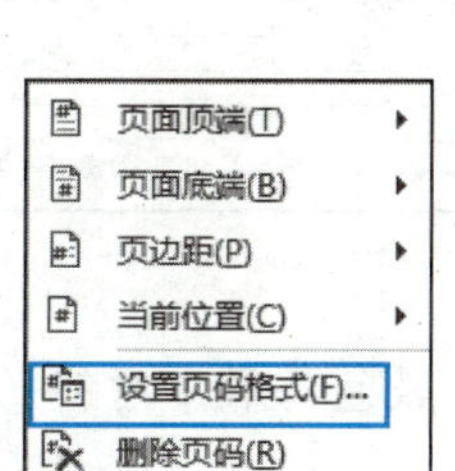

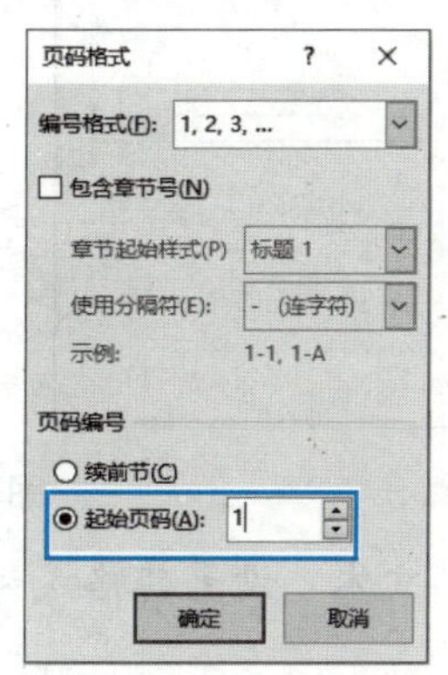

图 2-78　设置第 3 节的起始页码

步骤 12▶ 使用同样的方法，将第 2 节页码的编号格式设置为大写罗马数字，并设置起始页码为 Ⅰ，如图 2-79 所示。

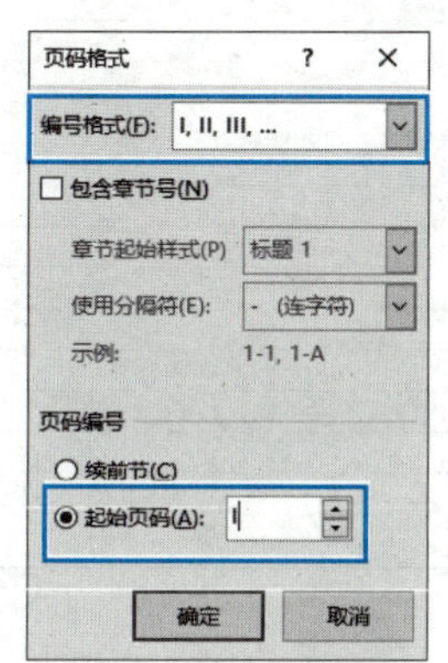

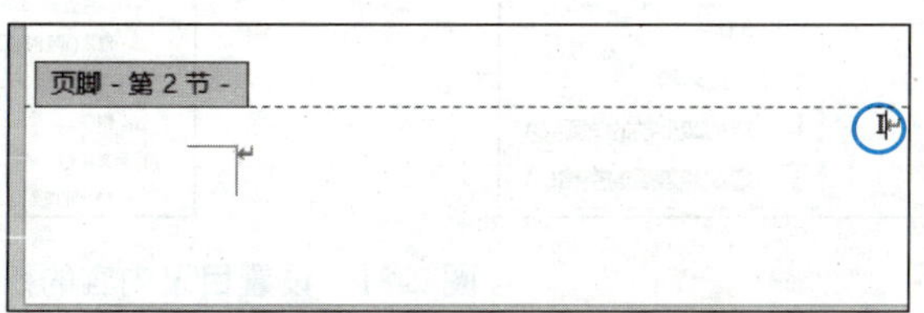

图 2-79　设置第 2 节的页码格式

五、提取目录

步骤 1▶ 在文档第 2 节的空白页中单击，然后单击“引用”选项卡“目录”组中的“目录”按钮，在展开的下拉列表中选择“自动目录 1”选项，在插入点处插入目录，如图 2-80 所示。

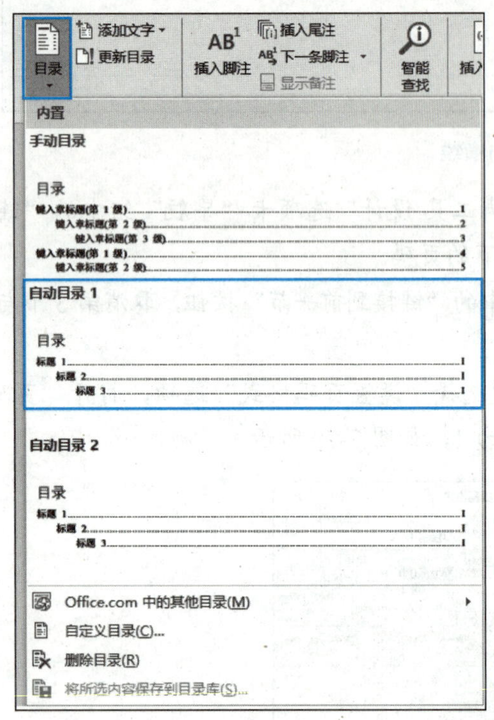

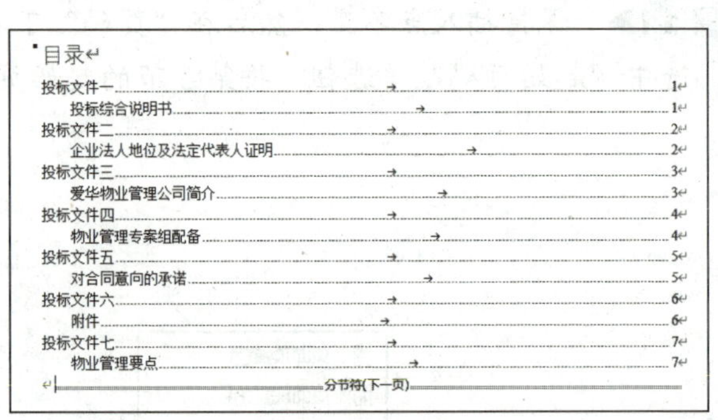
目录
投标文件一 1
投标综合说明书 1
投标文件二 2
企业法人地位及法定代表人证明 2
投标文件三 3
爱华物业管理公司简介 3
投标文件四 4
物业管理专案组配备 4
投标文件五 5
对合同意向的承诺 5
投标文件六 6
附件 6
投标文件七 7
物业管理要点 7
分节符(下一页)

图 2-80　插入目录

步骤 2▶ 选中“目录”文本，设置其格式为黑体、三号、黑色、居中对齐，并在“目录”两个字之间插入两个空格。

步骤 3▶ 选中目录内容，然后单击“开始”选项卡“段落”组中的“行和段落间距”按钮，在展开的下拉列表中选择“1.5”选项，设置目录内容的行距为 1.5 倍，如图 2-81 所示。

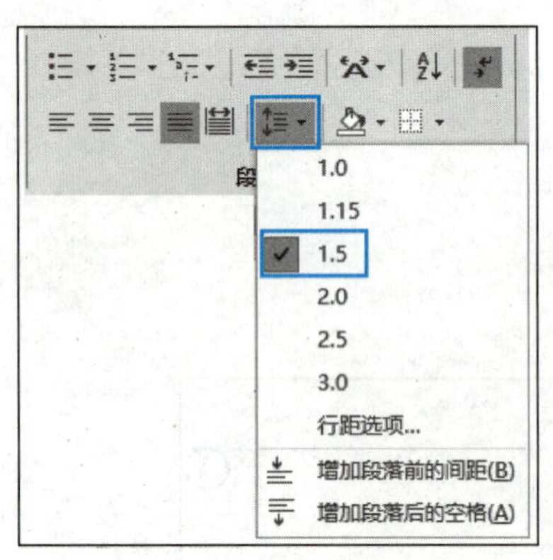

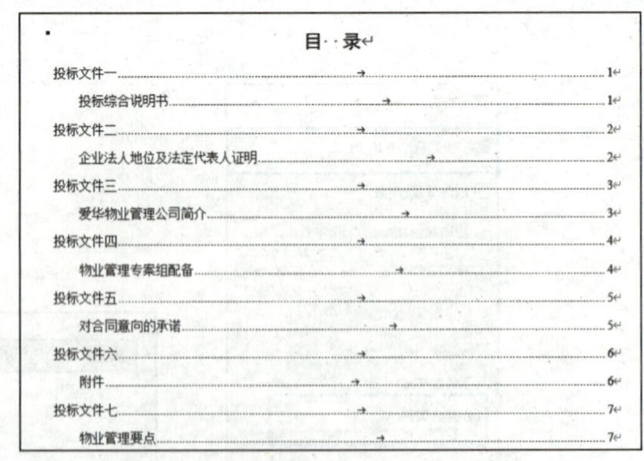
目　录
投标文件一 1
投标综合说明书 1
投标文件二 2
企业法人地位及法定代表人证明 2
投标文件三 3
爱华物业管理公司简介 3
投标文件四 4
物业管理专案组配备 4
投标文件五 5
对合同意向的承诺 5
投标文件六 6
附件 6
投标文件七 7
物业管理要点 7

图 2-81　设置目录内容的行距

六、保护文档

步骤 1▶ 在“文件”列表中选择“信息”选项，再单击“保护文档”按钮，在展开的下拉列表中选择“用

密码进行加密”选项，如图 2-82 所示。

步骤 2▶ 打开“加密文档”对话框，在“密码”编辑框中输入保护密码，如“202176”，如图 2-83 所示。

步骤 3▶ 单击“确定”按钮，打开“确认密码”对话框，在“重新输入密码”编辑框中输入同样的密码，然后单击“确定”按钮。此时在“保护文档”文本的下方可看到“必须提供密码才能打开此文档”的提示信息，如图 2-84 所示。至此，物业管理投标书编排完毕，再次保存文档。

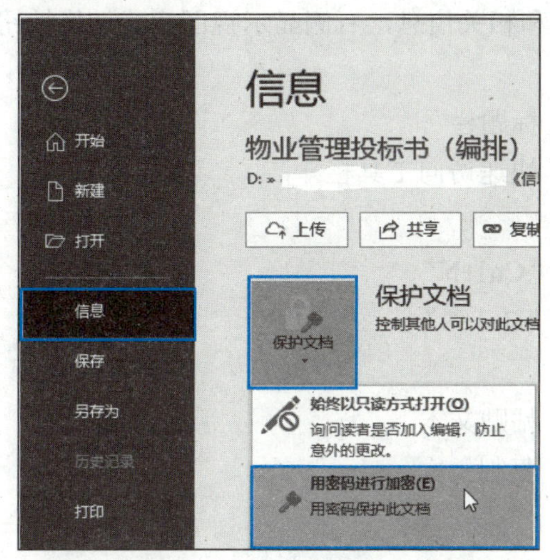

图 2-82 选择“用密码进行加密”选项

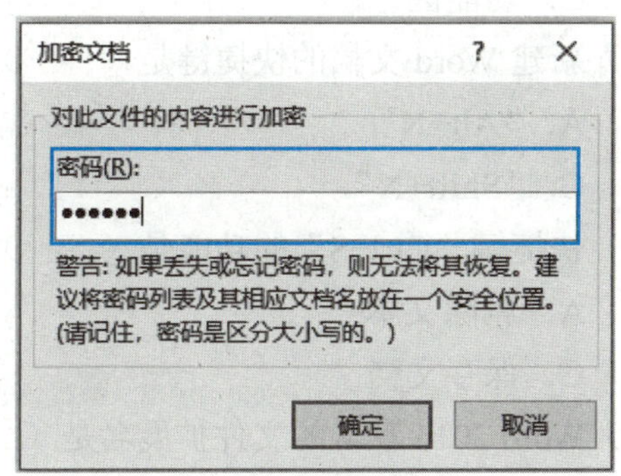

图 2-83 输入保护密码

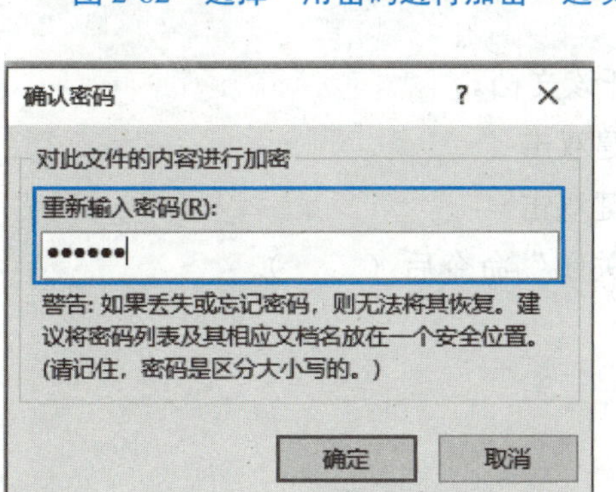

图 2-84 确认密码及提示信息

习题精选

一、选择题

（1）Word 2016 是一款（ ）。

A．操作系统　　B．文字处理软件

C．多媒体制作软件　　D．网络浏览器

（2）在 Word 2016 中，当前文档的名称会显示在（ ）中。

A．状态栏　　B．标题栏

C．功能区　　D．快速访问工具栏

（3）下列关于 Word 2016 的说法中，正确的是（　　）。

A．标题栏中不能显示当前所编辑的文档名称

B．标尺可以用来确定插入点在编辑区中的位置

C．功能区不能被隐藏起来

D．Word 中的操作都可以通过执行功能区各选项卡中的命令来完成

（4）在 Word 2016 中，（　　）左侧显示当前文档的状态和相关信息，右侧显示视图模式切换按钮和显示比例调整工具。

A．状态栏　　B．标题栏

C．功能区　　D．快速访问工具栏

（5）新建 Word 文档的快捷键是（　　）。

A．“Alt+N”　　B．“Ctrl+N”

C．“Shift+N”　　D．“Ctrl+S”

（6）快捷键“Ctrl+S”的功能是（　　）。

A．删除文本　　B．粘贴文本

C．保存文档　　D．复制文本

（7）Word 2016 默认的文件扩展名是（　　）。

A．txt　　B．docx

C．wps　　D．blp

（8）用鼠标（　　）一个 Word 文档将启动 Word 2016 并打开该文档。

A．右键单击　　B．右键双击

C．左键单击　　D．左键双击

（9）在 Word 2016 中打开一个文档并对其进行修改，执行“关闭”命令后（　　）。

A．文档将被关闭，但修改后的内容不能保存

B．文档不能被关闭，并提示出错

C．文档将被关闭，并自动保存修改后的内容

D．将弹出对话框，并询问是否保存对文档的修改

（10）在 Word 2016 的编辑状态下，按先后顺序依次打开了 d1.docx、d2.docx、d3.docx、d4.docx 文档，则当前的活动窗口是（　　）文档的窗口。

A．d1.docx　　B．d2.docx

C．d3.docx　　D．d4.docx

（11）在 Word 2016 的编辑状态下，当前输入的文本显示在（　　）。

A．当前行尾部　　B．插入点处

C．文件尾部　　D．鼠标光标处

（12）如果要在文档中插入符号“√”，可以（　　）。

A．单击“插入”选项卡中的“对象”按钮进行操作

B．单击“插入”选项卡中的“图片”按钮进行操作

C．用“复制”“粘贴”的办法从画图中复制一个

D．单击“插入”选项卡中的“符号”按钮进行操作

(13) 在 Word 2016 的编辑状态下，要在文档中添加符号“①”“②”“③”等，应该使用的命令在（　　）中。

A．“文件”列表　　B．“开始”选项卡

C．“格式”选项卡　　D．“插入”选项卡

(14) 在 Word 2016 的编辑状态下，可使插入点快速移动到文档末尾的快捷键是（　　）。

A．“Page Up”　　B．“Alt+End”

C．“Page Down”　　D．“Ctrl+End”

(15) 在 Word 2016 的编辑状态下，要选中整篇文档，可以使用的快捷键是（　　）。

A．“Alt+F”　　B．“Ctrl+C”

C．“Alt+E”　　D．“Ctrl+A”

(16) 在 Word 文档的某个段落中快速连续三次单击鼠标左键可以（　　）。

A．选中当前插入点位置的一个词组　　B．选中整个文档

C．选中该段落　　D．选中当前插入点位置的一个汉字

(17) 在 Word 2016 中，要选择大量连续的文字，可先把插入点定位到起始位置，再按住（　　）键并在结束位置单击。

A．“Ctrl”　　B．“Alt”

C．“Shift”　　D．“Esc”

(18) 在 Word 2016 中，将鼠标指针移到文本行左侧的选定栏中并（　　），可选中该行文本。

A．单击　　B．双击

C．三击　　D．右击

(19) 在 Word 2016 中，将鼠标指针移到文本行左侧的选定栏中并（　　），可选中该段文本。

A．单击　　B．双击

C．三击　　D．右击

(20) 在 Word 2016 的编辑状态下，对于选定的文本（　　）。

A．可以移动，不可以复制　　B．可以复制，不可以移动

C．可以同时进行移动和复制　　D．可以进行移动或复制

(21) 在 Word 2016 的编辑状态下，要将选中的文本移动到指定位置，首先对它进行的操作是（　　）。

A．单击“剪贴板”组中的“复制”按钮

B．单击“剪贴板”组中的“清除”按钮

C．单击“剪贴板”组中的“剪切”按钮

D．单击“剪贴板”组中的“粘贴”按钮

(22) 在 Word 2016 的编辑状态下，单击“开始”选项卡“剪贴板”组中的“复制”按钮后（　　）。

A．被选中的内容将复制到插入点处

B．被选中的内容将复制到剪贴板中

C．被选中的内容出现在复制内容之后

D．插入点所在的段落内容被复制到剪贴板

(23) 在 Word 2016 的编辑状态下，粘贴操作的快捷键是（　　）。

A．“Ctrl+A”　　B．“Ctrl+C”

C．“Ctrl+V”　　D．“Ctrl+X”

（24）在 Word 2016 中，当“剪贴板”组中的“复制”按钮呈灰色而不能使用时，表示（　　）。

A．剪贴板里没有内容　　B．剪贴板里有内容

C．在文档中没有选中内容　　D．在文档中已选中内容

（25）在 Word 2016 的编辑状态下，撤销上一次操作的快捷键是（　　）。

A．“Ctrl+H”　　B．“Ctrl+Z”

C．“Ctrl+Y”　　D．“Ctrl+U”

（26）在 Word 2016 的编辑状态下，重复上一次操作的快捷键是（　　）。

A．“Ctrl+Y”　　B．“Ctrl+Z”

C．“Ctrl+B”　　D．“Ctrl+U”

（27）在 Word 2016 的编辑状态下，在表格中选中一个单元格后按“Delete”键，则（　　）。

A．删除该单元格所在的行　　B．删除该单元格的内容

C．删除该单元格，右侧单元格左移　　D．删除该单元格，下方单元格上移

（28）下列关于 Word 文档的说法中，正确的是（　　）。

A．用户不能将制作的 Word 文档转换为网页文件

B．用户可以将制作的 Word 文档转换为 PDF 格式的文档

C．利用 Word 2016 制作的文档不可以保存为低版本格式的文档

D．利用 Word 2016 制作的文档不能设置为只读方式

（29）在 Word 2016 中，主要用于更正文档中出现频率较多的字和词的操作是（　　）。

A．查找　　B．复制和粘贴

C．查找和替换　　D．删除文本

（30）下列关于查找和替换的说法中，正确的是（　　）。

A．查找和替换功能不能用于查找带格式的文本

B．按“Ctrl+H”组合键可以打开“查找和替换”对话框

C．查找和替换功能不可以使用通配符“*”“？”

D．一次只能替换一个查找到的文本

（31）下列关于修订文档的说法中，正确的是（　　）。

A．用户不能更改系统默认的修订选项

B．对文档进行修订后，在文档左侧会显示竖线标记

C．为文档添加批注后，不可再对其进行编辑操作

D．对文档进行修订后，修订标记只能一个个删除

（32）用户可以利用（　　）选项卡设置文档的页面。

A．“开始”　　B．“设计”

C．“布局”　　D．“视图”

（33）下列关于设置文档页面的说法中，错误的是（　　）。

A．用户可以选择系统内置的纸张大小，也可以自定义纸张大小

B．用户可以自定义文档的上、下、左、右页边距

C．文档的纸张方向不能改变

D．用户可以根据需要设置文档每一行中显示的字符数

（34）字符格式是指文本的字体、字号、字形、下划线和（　　）等。

A．字体颜色　　B．行距

C．边框和底纹　　D．对齐方式

（35）在 Word 2016 中，下列关于字号的说法中，正确的是（　　）。

A．最大字号为“初号”

B．可以在“字体”组的“字号”编辑框中直接输入字号的大小

C．最大字号为“72 磅”

D．最大字号可任意指定，无限制

（36）下列选项中，文本外观最小的是（　　）。

A．14 磅　　B．20 磅　　C．25 磅　　D．30 磅

（37）在 Word 2016 中，若在设置字体前不选择文本，则（　　）。

A．不对任何文本起作用　　B．对全部文本起作用

C．对当前文本起作用　　D．对插入点新输入的文本起作用

（38）在 Word 2016 中，对于一段两端对齐的文本，只选中其中的几个字符，然后单击“居中”按钮，则（　　）。

A．整个段落均变成居中格式　　B．只有被选中的字符居中格式

C．整个文档变成居中格式　　D．格式不变，操作无效

（39）在 Word 2016 中，若要输入 y 的 x 次方，应（　　）。

A．将 x 改为小号字　　B．将 y 改为大号字

C．选中 x，然后设置其字符格式为上标　　D．以上说法都不正确

（40）在 Word 2016 中，当创建一个新文档时，默认文本的对齐方式是（　　）。

A．居中　　B．左对齐

C．两端对齐　　D．右对齐

（41）在 Word 2016 中，（　　）标记包含段落的格式信息。

A．行结束　　B．段落结束

C．分页符　　D．分节符

（42）在“打印”界面的“页数”编辑框中输入数字“2-4，8-11”，这表示实际打印的是（　　）。

A．第 2、4、8、11 页

B．第 2 页至第 4 页、第 8 页至第 11 页

C．第 2 页至第 4 页、第 8 页、第 11 页

D．第 2 页到第 11 页

（43）Word 2016 中的样式是一组（　　）的集合。

A．格式　　B．模板

C．公式　　D．控制符

（44）下列有关样式的说法中，错误的是（　　）。

A．用户可以对文档应用系统内置的样式

B．系统内置的样式可以删除

C．用户可以自定义样式并将其应用于文档中

D．不管是系统内置的样式还是自定义的样式，都可以修改

（45）下列选项中，不能在 Word 文档中生成表格的是（　　）。

A．单击“插入”选项卡中的“表格”按钮，再用鼠标拖动

B．使用绘图工具画出所需的表格

C．选中某部分按规则生成的文本，在“表格”下拉列表中选择“文本转换成表格”选项

D．在“表格”下拉列表中选择“插入表格”选项

（46）下列关于 Word 表格的说法中，正确的是（　　）。

A．插入表格后只能调整其行高，不能调整其列宽

B．用户只能选择表格中连续的单元格

C．用户不能在表格的单元格中输入特殊符号

D．Word 中的表格可以平均分布行和列

（47）下列选项中，（　　）不是“插入表格”对话框中“‘自动调整’操作”设置区中的选项。

A．固定列宽　　B．固定行高

C．根据窗口调整表格　　D．根据内容调整表格

（48）下列关于“插入表格”对话框中“‘自动调整’操作”设置区的说法中，错误的是（　　）。

A．选中“固定列宽”单选钮，表示可在其右侧的编辑框中设置表格的宽度

B．在“固定列宽”单选钮右侧的编辑框中可以选择“自动”选项

C．选中“根据窗口调整表格”单选钮，则创建的表格不能充满整个页面

D．选中“根据内容调整表格”单选钮，可使表格的列宽自动适应内容的宽度

（49）要选择表格中不连续的单元格，可按住（　　）键后依次选择所需单元格。

A．“Ctrl”　　B．“Shift”　　C．“Alt”　　D．“Tab”

（50）下面关于表格的叙述中，正确的是（　　）。

A．文字、数字、图片都可以作为表格的数据

B．只有文字、数字可以作为表格的数据

C．只有数字可以作为表格的数据

D．只有文字可以作为表格的数据

（51）在 Word 2016 中，对图片设置（　　）环绕方式后，可以形成水印效果。

A．四周型环绕　　B．紧密型环绕

C．衬于文字下方　　D．浮于文字上方

（52）下列选项中，不能在 Word 文档中插入图片的是（　　）。

A．单击“插入”选项卡中的“图片”按钮

B．使用剪贴板粘贴其他文件中的图片

C．单击“插入”选项卡中的“屏幕截图”按钮

D．单击“插入”选项卡中的“形状”按钮

（53）在 Word 2016 中，对于插入文档中的图片，不能进行的操作是（　　）。

A．放大或缩小图片　　B．在图片中添加文本

C．移动图片　　D．裁剪图片

（54）下列关于文本框的说法中，正确的是（　　）。

A．文本框内的文字排列不分横竖

B．文本框的大小不能改变

C．文本框的边框可以根据需要进行设置

D．文本框内的文本大小不能改变

（55）SmartArt 图形不包含下面的（ ）选项。

A．图表 B．流程图 C．循环图 D．层次结构图

（56）艺术字对象实际上是（ ）。

A．文字对象 B．图形对象 C．链接对象 D．以上都不对

（57）下列关于插入艺术字的说法，正确的是（ ）。

A．插入艺术字后，既可以改变艺术字的大小，也可以移动其位置

B．插入艺术字后，可以改变艺术字的大小，但不可以移动其位置

C．插入艺术字后，可以移动艺术字的位置，但不可以改变其大小

D．插入艺术字后，既不能移动艺术字的位置，也不能改变其大小

（58）下列关于页眉和页脚的说法中，错误的是（ ）。

A．选中“奇偶页不同”复选框，可以在文档的奇偶页中输入不同的页眉和页脚内容

B．在输入页眉和页脚内容时还可以在每一页中插入页码

C．可以将每一页的页眉和页脚内容设置成相同的内容

D．插入页码时每一页都要输入页码

（59）下列关于页眉和页脚的说法中，错误的是（ ）。

A．文档内容和页眉、页脚可以同时处于编辑状态

B．文档内容可以和页眉、页脚一起打印

C．编辑页眉和页脚时不能编辑文档内容

D．在页眉、页脚中可以进行格式设置和插入图片

（60）Word 2016 具有分栏功能，下列关于分栏的说法中，正确的是（ ）。

A．最多可以分 4 栏 B．各栏的宽度必须相同

C．各栏的宽度可以不同 D．各栏的间距是固定的

（61）下列关于分栏的说法中，正确的是（ ）。

A．可以对某一段文本分栏 B．各栏的宽度不能相同

C．分栏时不可以设置分隔线 D．只能对整篇文档分栏

（62）要取消在文档中设置的分栏格式，应（ ）。

A．将分栏的部分选中，然后在“分栏”下拉列表中选择“一栏”选项

B．将分栏的部分选中，然后打开“分栏”对话框，单击“取消”按钮

C．将分栏的部分选中，然后单击快速访问工具栏上的“撤销”按钮

D．将分栏的部分选中，然后按“Delete”键

（63）（ ）设置不能在“分栏”对话框中完成。

A．栏数 B．栏宽 C．间距 D．行距

（64）在 Word 2016 中，如果存在连续的图号，当删除其中任意一个图号时，希望其他图号自动更新排序，可将图号设置成（ ）。

A．脚注 B．尾注 C．题注 D．索引

（65）在 Word 2016 中编辑某篇毕业论文，若想为其建立便于更新的目录，应先为各标题设置（ ）。

A．字体 B．字号 C．标题样式 D．居中

二、填空题

（1）输入文本时按“______”键可以分段，并产生一个段落标记↵。

（2）将鼠标指针指向一个单词，然后双击鼠标，可选中______；在某一段中三击鼠标，可选中______。将鼠标指针移动到段落中任意一行最左边的空白处，当鼠标指针变为↗形状时单击，可选中鼠标指针指向的______；双击鼠标，可选中鼠标指针指向行所在的______；三击鼠标，则选中______。

（3）剪切操作的快捷键是“______”，复制操作的快捷键是“______”，粘贴操作的快捷键是“______”。

（4）在 Word 2016 中，按下“Ctrl”键的同时使用鼠标拖动选择文本执行的是______操作。

（5）编辑文档时，按“______”键可删除插入点左侧的一个字符，按“______”键可以删除插入点右侧的一个字符。

（6）要查看文档的打印效果，可选择“文件”列表中的“______”选项。

（7）“开始”选项卡“字体”组中的 **B** 按钮用于______文本，*I* 按钮用于______文本。

（8）如果要在 Word 文档中查找一个关键词，可以使用______功能。

（9）在查找与替换文本的过程中，如果只替换当前查到的文本，应单击“______”按钮。

（10）段落的格式设置包括段落间距、行距、______和缩进等。

（11）______用于调整段落中除第 1 行外的所有文本与左侧页边距的距离。

（12）将鼠标指针移到表格上，单击表格左上角的⊞按钮，可以______。

（13）绘制形状时，若选择“矩形”工具后按住“______”键的同时拖动鼠标，可以绘制正方形。

（14）当在 Word 中绘制了多个形状后，按住“______”键的同时单击形状，可同时选中多个形状。

（15）提取文档目录时，如果不想在目录中显示页码，可在“目录”对话框中取消“______”复选框的选中状态。

三、判断题

（1）Word 2016 是办公系列软件 Office 2016 中的一个组件，其主要功能是进行图形图像处理。（ ）

（2）文字处理软件只能对文字进行处理。（ ）

（3）在 Word 2016 中，保存文档的快捷键是“Ctrl+S”。（ ）

（4）在 Word 2016 中，默认的文档扩展名是 docx。（ ）

（5）在 Word 2016 中，可以同时选中几个文档一次全部打开。（ ）

（6）在 Word 2016 中，可以将文档保存为 PDF 格式。（ ）

（7）Word 2016 可以按照某一固定时间间隔自动保存文档。（ ）

（8）在 Word 2016 中，文档不能通过设置密码进行保护。（ ）

（9）在 Word 2016 中，复制文本就是将选择的文本复制到剪贴板上，然后将其粘贴到文档的其他位置，原位置就没有该文本了。（ ）

（10）在 Word 2016 中，“粘贴”就是把剪贴板中的内容复制到插入点位置。（ ）

（11）在 Word 2016 文档窗口进行多次“剪切”操作并关闭该窗口后，剪贴板中的内容为最后一次剪切的内容。（ ）

（12）要更改文本的格式，一定要选中该文本后才可更改。（ ）

（13）在 Word 2016 中，文本的字号有四号、五号、六号等，五号字大于四号字。（ ）

（14）在 Word 2016 中，文本的字号有 10 磅、11 磅、12 磅、15 磅等，12 磅字大于 15 磅字。（　　）

（15）在 Word 2016 的“字体”对话框中无法设置行距。（　　）

（16）在 Word 2016 中，只能对中文进行字体、字形、字号设置，不能对英文进行同样的格式设置。（　　）

（17）利用“页面设置”对话框可以设置每页的行数。（　　）

（18）在 Word 2016 中，艺术字是作为图形来处理的。（　　）

（19）在 Word 2016 中，形状中不能添加文字。（　　）

（20）在 Word 2016 中，页码的范围只能从 1 开始。（　　）

四、操作题

（1）制作放假通知，效果如图 2-85 所示。

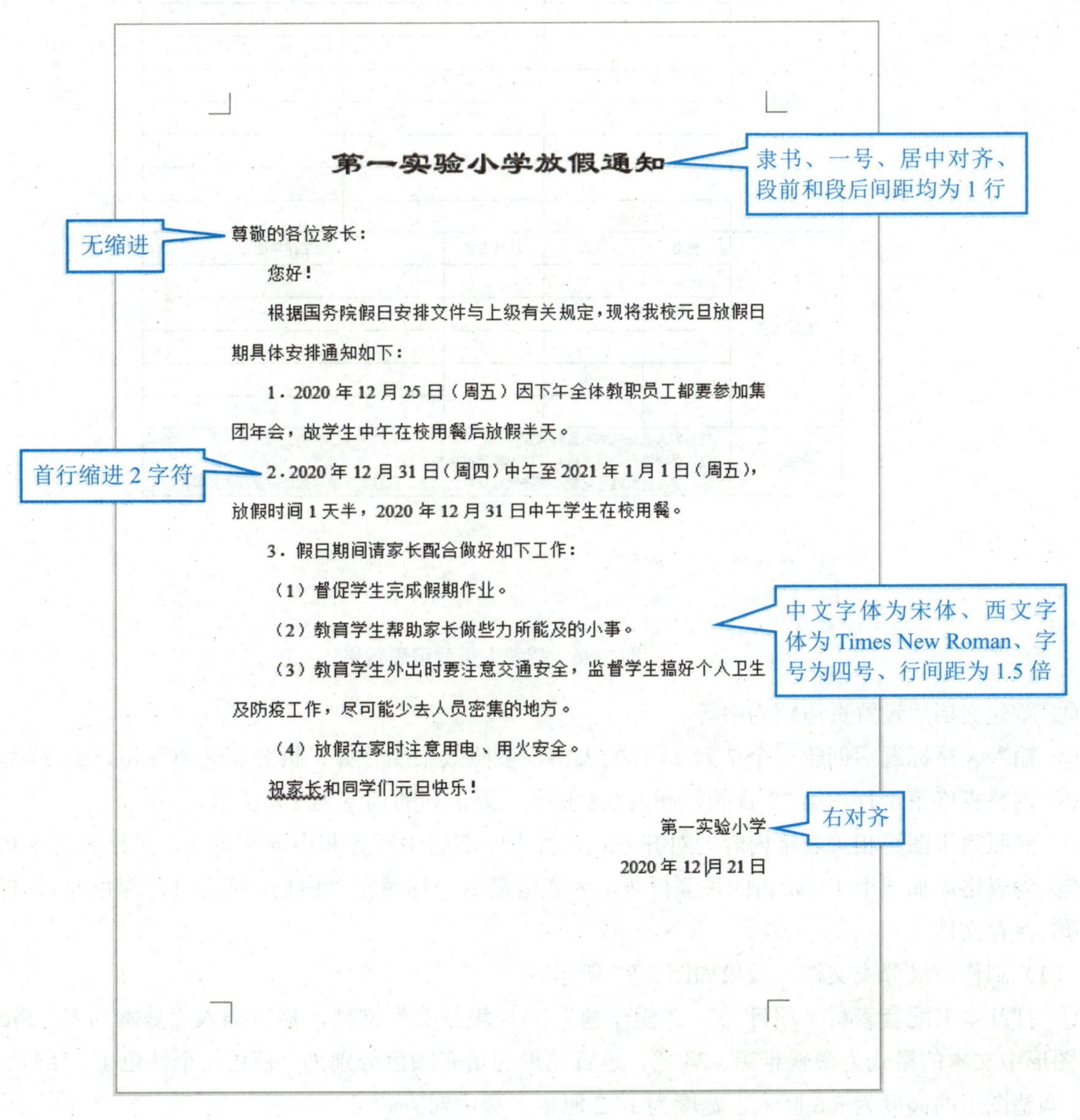

第一实验小学放假通知

尊敬的各位家长：

您好！

根据国务院假日安排文件与上级有关规定，现将我校元旦放假日期具体安排通知如下：

1．2020 年 12 月 25 日（周五）因下午全体教职员工都要参加集团年会，故学生中午在校用餐后放假半天。

2．2020 年 12 月 31 日（周四）中午至 2021 年 1 月 1 日（周五），放假时间 1 天半，2020 年 12 月 31 日中午学生在校用餐。

3．假日期间请家长配合做好如下工作：

（1）督促学生完成假期作业。

（2）教育学生帮助家长做些力所能及的小事。

（3）教育学生外出时要注意交通安全，监督学生搞好个人卫生及防疫工作，尽可能少去人员密集的地方。

（4）放假在家时注意用电、用火安全。

祝家长和同学们元旦快乐！

第一实验小学

2020 年 12 月 21 日

图 2-85　放假通知效果

（2）制作招聘人员登记表，效果如图 2-86 所示。

宋体、二号、加粗、居中对齐、段前和段后间距均为 0.5 行

招聘人员登记表

表格内容的中文字体为宋体、西文字体为 Times New Roman、字号为五号

姓名		性别		出生日期		照片
学历		民族		婚否		
毕业学校			专业			
健康状况		户籍所在地				
政治面貌		身份证号				
参加工作时间			待遇要求			
联系电话			电子邮件		手机号码	
联系地址						
离职原因						
简历	起止时间		学习/工作单位		职位	
家族情况	姓名	关系	联系方式	现工作单位		
特别提示	（1）本人承诺所填写资料真实。 （2）保证遵守公司招聘有关规程和国家有关法规。 （3）填写好招聘登记表，带齐照片及学历证书、职称证书的有效证件及相关复印件。					

图 2-86　招聘人员登记表效果

① 新建文档后设置页边距为中等。

② 输入表格标题后创建一个 7 列 24 行的表格，参照效果图合并、拆分相关单元格，然后输入表格内容。

③ 调整表格第 1 行～第 23 行的行高为 0.8 厘米，第 1 列的列宽为 2.8 厘米。

④ 参照效果图将相关表格内容的对齐方式设置为中部居中对齐和中部左对齐，表格相对于页面居中对齐。

⑤ 为表格添加一个 1.5 磅粗的外侧框线，为表格最后一行填充“白色，背景 1，深色 5%”的底纹。

⑥ 保存文档。

（3）制作垃圾分类文档，效果如图 2-87 所示。

① 打开本书配套素材“项目二”/“操作题”/“垃圾分类”文档，然后插入“基本列表”SmartArt 图形，设置图形中文本的格式为微软雅黑、24 磅，设置图形的填充颜色分别为“蓝色，个性色 1”“绿色”“红色”“橙色”，调整图形的高度为 6.6 厘米、宽度为 14.2 厘米，居中对齐。

② 在文档中插入素材图片（保存在“项目二”/“操作题”文件夹中）并设置所有图片的宽度为 13.5 厘米，居中对齐。

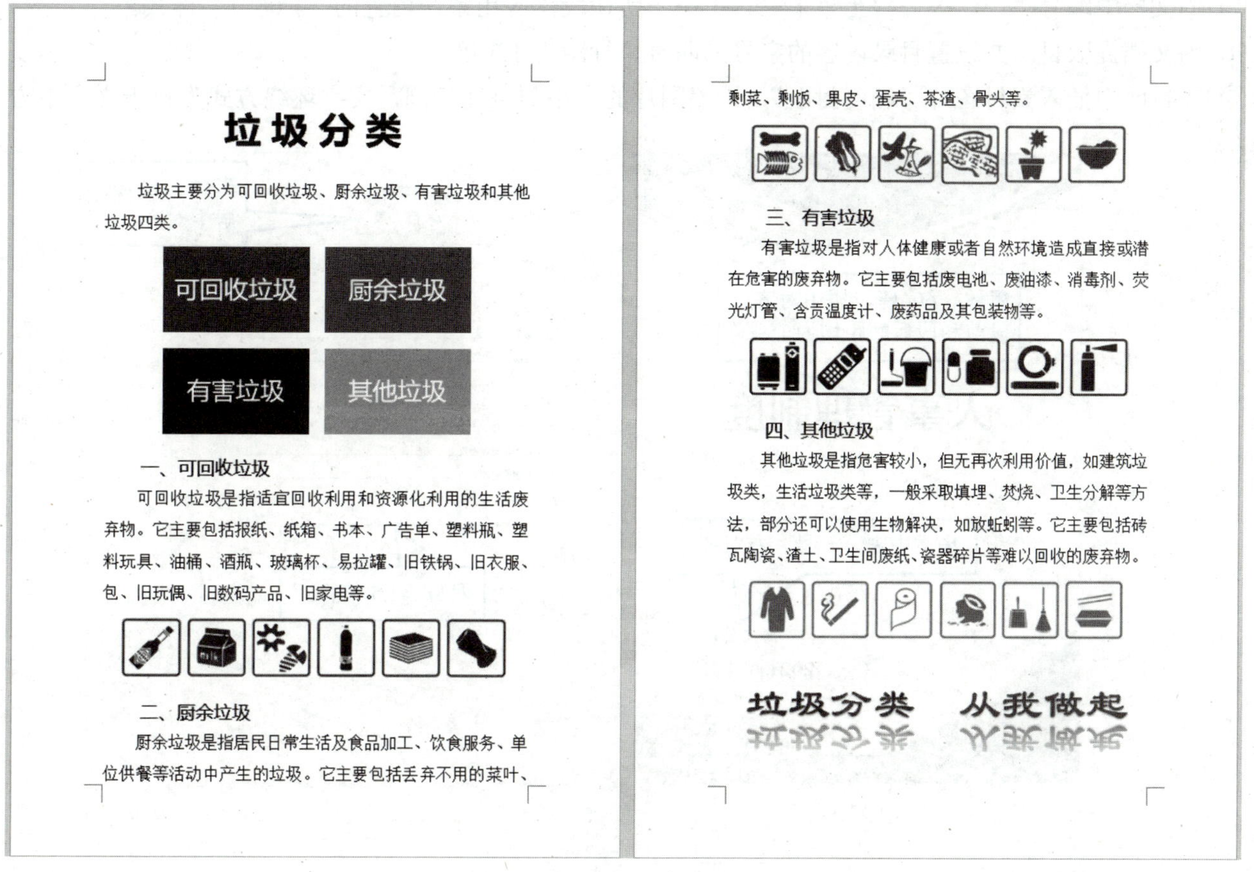

垃圾分类

垃圾主要分为可回收垃圾、厨余垃圾、有害垃圾和其他垃圾四类。

可回收垃圾 厨余垃圾
有害垃圾 其他垃圾

一、可回收垃圾

可回收垃圾是指适宜回收利用和资源化利用的生活废弃物。它主要包括报纸、纸箱、书本、广告单、塑料瓶、塑料玩具、油桶、酒瓶、玻璃杯、易拉罐、旧铁锅、旧衣服、包、旧玩偶、旧数码产品、旧家电等。

二、厨余垃圾

厨余垃圾是指居民日常生活及食品加工、饮食服务、单位供餐等活动中产生的垃圾。它主要包括丢弃不用的菜叶、剩菜、剩饭、果皮、蛋壳、茶渣、骨头等。

三、有害垃圾

有害垃圾是指对人体健康或者自然环境造成直接或潜在危害的废弃物。它主要包括废电池、废油漆、消毒剂、荧光灯管、含贡温度计、废药品及其包装物等。

四、其他垃圾

其他垃圾是指危害较小，但无再次利用价值，如建筑垃圾类，生活垃圾类等，一般采取填埋、焚烧、卫生分解等方法，部分还可以使用生物解决，如放蚯蚓等。它主要包括砖瓦陶瓷、渣土、卫生间废纸、瓷器碎片等难以回收的废弃物。

垃圾分类 从我做起

图 2-87 垃圾分类文档效果

③ 在文档末尾插入样式如图 2-88 所示的艺术字“垃圾分类 从我做起”，设置其字符格式为隶书、初号，文字环绕方式为嵌入型，居中对齐，并为艺术字应用如图 2-89 所示的“映像”/“全映像：4 磅偏移量”文本效果。

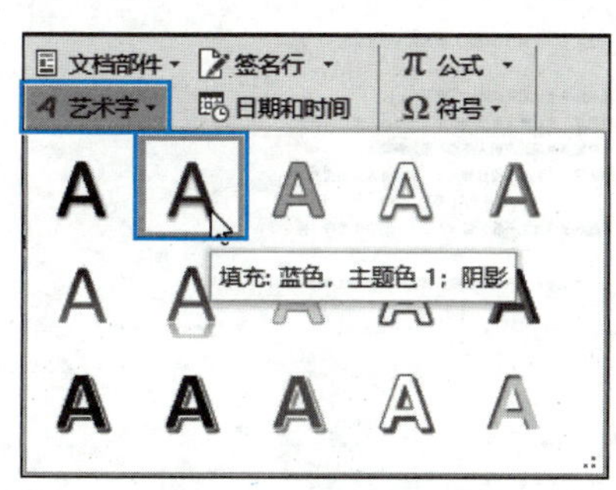

图 2-88 选择艺术字样式

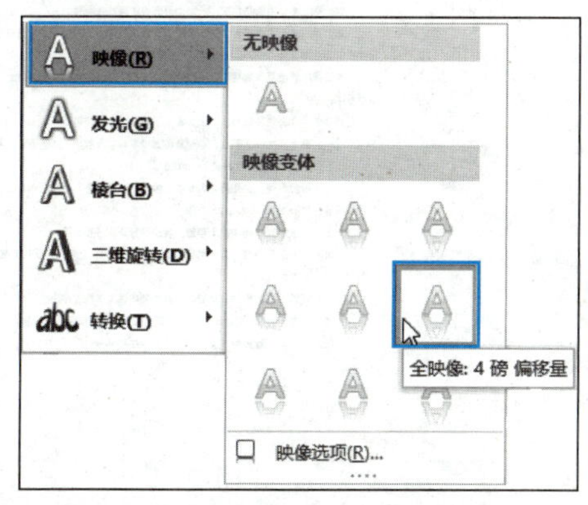

图 2-89 设置艺术字的文本效果

（4）编排人事管理制度文档，效果如图 2-90 所示。

① 打开本书配套素材“项目二”/“操作题”/“人事管理制度”文档后将文档分为封面、目录和正文 3 节。

② 为文档添加居中对齐、字号为五号的页眉“人事管理制度”，添加位于页面底端中部、字号为五号的页码，首页无页眉和页脚，目录部分和正文部分的页码均从 1 开始。

③ 为文档中编号“一、……”至“十三、……”所在段落应用系统内置的“标题 1”样式。

④ 为文档提取目录并设置目录内容的字号为四号、行距为 1.5 倍。

⑤ 在封面中插入素材图片“制度封面”，设置图片的大小与页面相同，文字环绕方式为衬于文字下方。

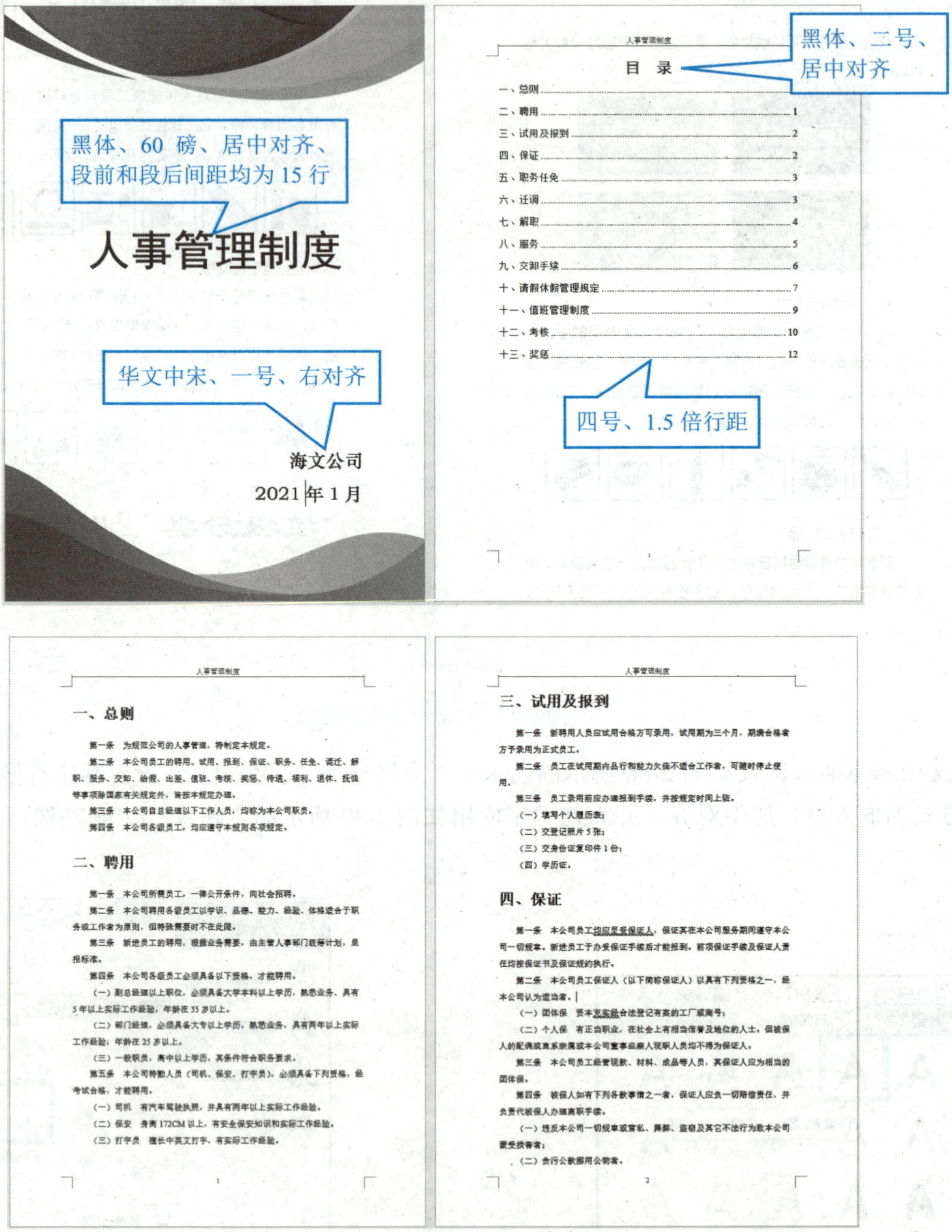

黑体、60 磅、居中对齐、段前和段后间距均为 15 行

人事管理制度

华文中宋、一号、右对齐

海文公司

2021 年 1 月

黑体、二号、居中对齐

目 录

四号、1.5 倍行距

图 2-90 人事管理制度文档效果（部分）

（5）腾讯文档是一款可供多人实时在线编辑的文档编辑工具。请以宿舍为单位，利用腾讯文档协同制订与编辑本宿舍的《宿舍守则和行为规范》。

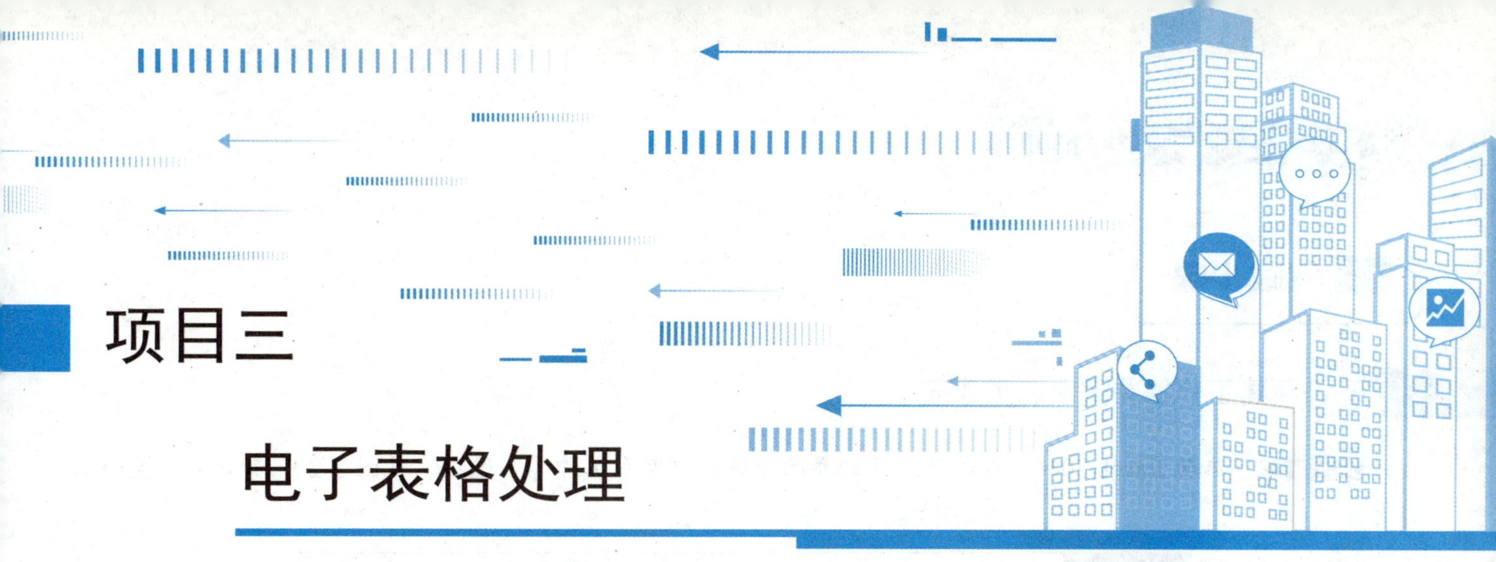

项目三 电子表格处理

实践一 制作学生信息登记表

实践描述

本实践通过制作如图 3-1 所示的学生信息登记表，练习新建、保存工作簿，重命名工作表，利用常规方法、填充柄、下拉列表、快捷键和数据有效性等方式在工作表中输入数据，合并单元格，设置表格内容的字符格式和对齐方式，调整行高和列宽，设置边框和底纹，设置条件格式等操作。

学生信息登记表

学号	姓名	性别	出生日期	民族	政治面貌	身份证号	入学成绩	联系方式
2021001001	李明	男	2003/5/15	汉族	团员	3605372003********	350	1300628****
2021001002	王鹏	男	2003/4/18	满族	群众	3605032003********	289	1303055****
2021001003	周洋	男	2003/8/12	汉族	群众	3605002003********	320	1303628****
2021001004	李玲	女	2003/4/20	汉族	团员	3605032003********	309	1311790****
2021001005	郭卫华	男	2003/7/1	回族	群众	3605362003********	376	1313390****
2021001006	郭建平	男	2003/6/24	汉族	群众	3605252003********	302	1330790****
2021001007	韩俊萍	女	2003/2/17	汉族	团员	3605342003********	380	1340790****
2021001008	张磊	男	2002/3/18	满族	群众	3605342002********	330	1342667****
2021001009	尚秋华	女	2003/1/12	汉族	群众	3605322003********	341	1347900****
2021001010	薛庆庆	男	2003/7/11	汉族	团员	3605382003********	300	1350790****
2021001011	张彪	男	2003/11/1	回族	群众	3605222003********	326	1323754****
2021001012	张岩	男	2003/5/16	汉族	团员	3605302003********	383	1357647****
2021001013	许海峰	男	2002/12/1	蒙古族	群众	3605332002********	359	1361790****
2021001014	伊晓凡	男	2003/6/1	汉族	团员	3605212003********	305	1375555****
2021001015	张岭	男	2003/8/14	回族	群众	3605242003********	376	1367790****
2021001016	李强	男	2002/12/10	汉族	团员	3605222002********	309	1376729****
2021001017	裴新华	女	2003/5/19	汉族	群众	3605382003********	295	1376728****
2021001018	卢红英	女	2003/4/25	回族	团员	3605252003********	320	1375570****
2021001019	王楠	男	2003/6/1	蒙古族	群众	3605812003********	309	1336170****
2021001020	刘芳	女	2003/11/1	回族	团员	3605022003********	345	1357647****

××职业学院

图 3-1 学生信息登记表效果

实践步骤

一、新建工作簿并重命名工作表

步骤 1▶ 启动 Excel 2016，在打开的开始界面中选择“空白工作簿”选项（见图 3-2），新建一个空白工作簿。

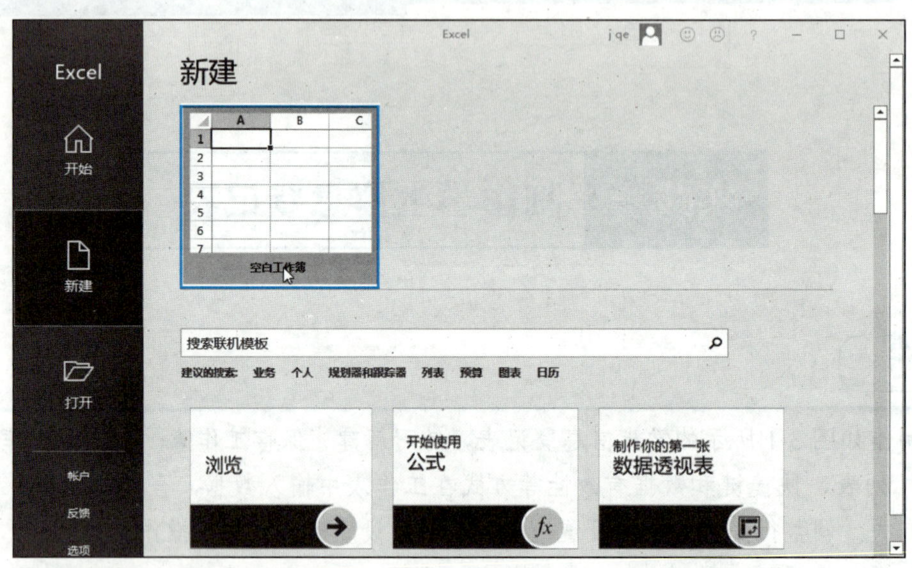

图 3-2 选择“空白工作簿”选项

步骤 2▶ 单击快速访问工具栏中的“保存”按钮，打开“另存为”界面。单击“浏览”按钮，打开“另存为”对话框，在其中选择工作簿的保存位置，如本书配套素材“项目三”/“实践一”文件夹，然后在“文件名”编辑框中输入文档名称“学生信息登记表”，最后单击“保存”按钮，如图 3-3 所示。

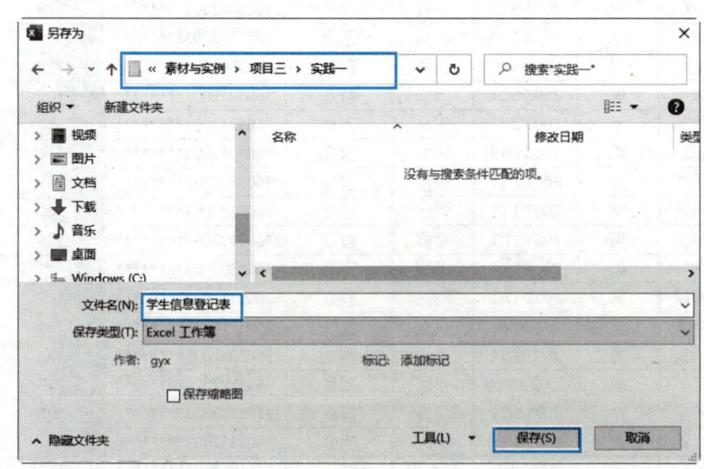

图 3-3 保存工作簿

步骤 3▶ 双击“Sheet1”工作表标签，或右击“Sheet1”工作表标签，在弹出的快捷菜单中选择“重命名”选项，输入新工作表名称“××职业学院”，按“Enter”键或单击工作表中的任意单元格，即可重命名工作表，如图 3-4 所示。

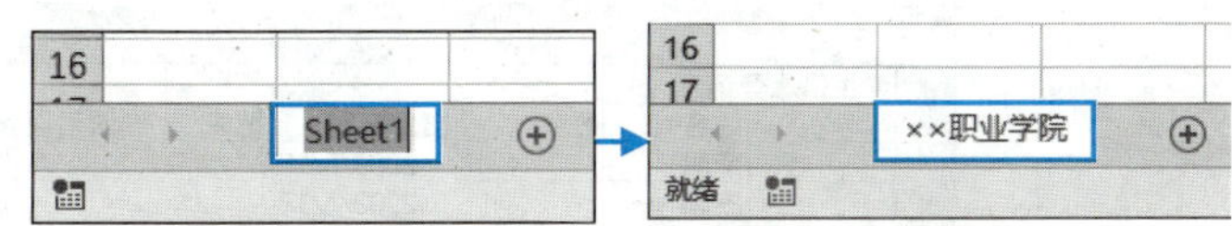

图 3-4 重命名工作表

二、输入数据

步骤 1▶ 单击“××职业学院”工作表的 A1 单元格，输入表格标题“学生信息登记表”，然后按键盘上的方向键“↓”，将插入点移动到 A2 单元格中，如图 3-5 所示。

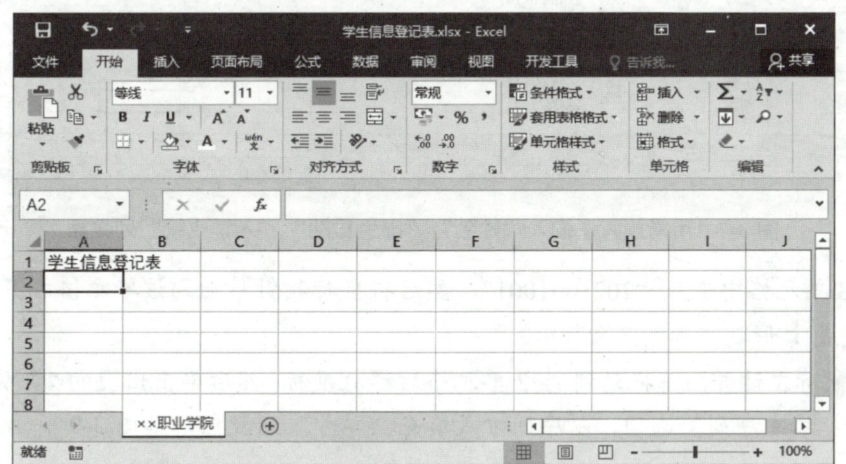

图 3-5 输入表格标题文本

步骤 2▶ 在 A2 单元格中输入“学号”，然后按键盘上的方向键“→”，依次在 B2 至 I2 单元格中输入其他列标题，如图 3-6 所示。

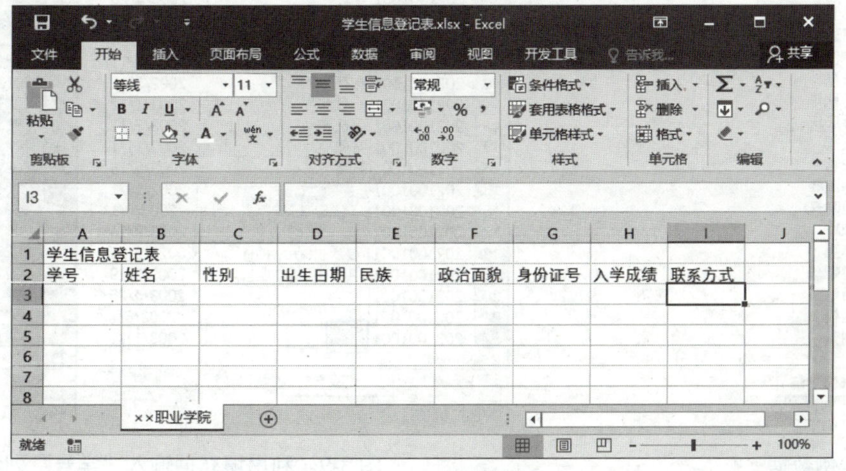

图 3-6 输入列标题

步骤 3▶ 使用同样的方法，分别在“姓名”“出生日期”“入学成绩”列中输入数据，如图 3-7 所示。

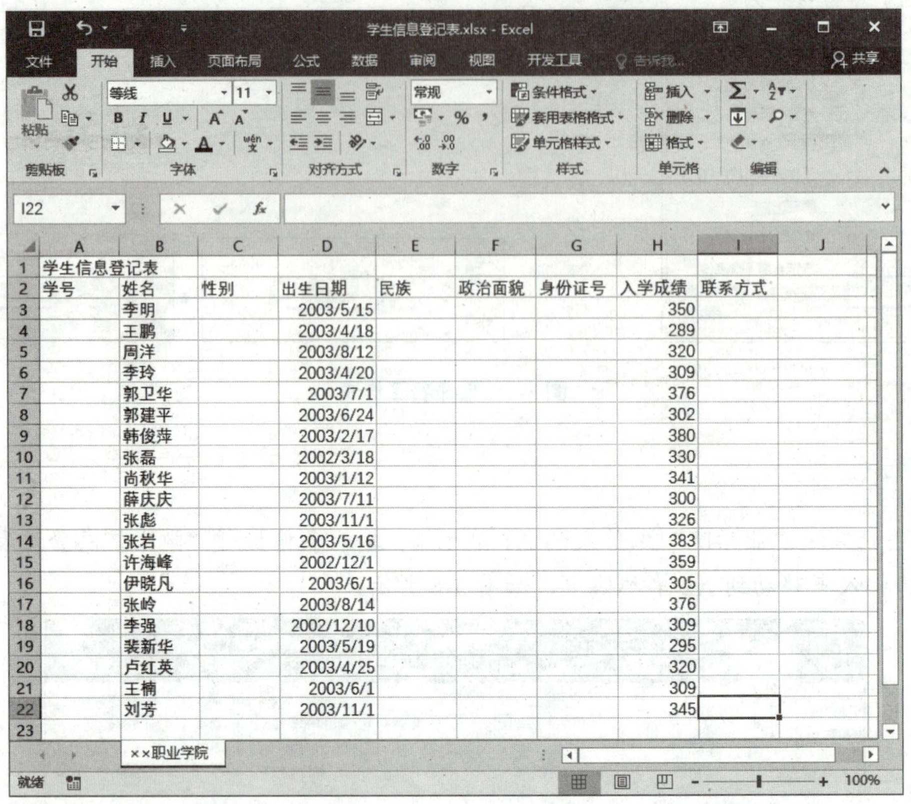

	A	B	C	D	E	F	G	H	I	J
1	学生信息登记表									
2	学号	姓名	性别	出生日期	民族	政治面貌	身份证号	入学成绩	联系方式	
3		李明		2003/5/15				350		
4		王鹏		2003/4/18				289		
5		周洋		2003/8/12				320		
6		李玲		2003/4/20				309		
7		郭卫华		2003/7/1				376		
8		郭建平		2003/6/24				302		
9		韩俊萍		2003/2/17				380		
10		张磊		2002/3/18				330		
11		尚秋华		2003/1/12				341		
12		薛庆庆		2003/7/11				300		
13		张彪		2003/11/1				326		
14		张岩		2003/5/16				383		
15		许海峰		2002/12/1				359		
16		伊晓凡		2003/6/1				305		
17		张岭		2003/8/14				376		
18		李强		2002/12/10				309		
19		裴新华		2003/5/19				295		
20		卢红英		2003/4/25				320		
21		王楠		2003/6/1				309		
22		刘芳		2003/11/1				345		
23										

图 3-7　用常规方法输入“姓名”“出生日期”“入学成绩”列数据

步骤 4▶ 在 A3 单元格中输入“2021001001”，然后将鼠标指针移动到该单元格右下角的填充柄上，此时鼠标指针由✜形状变成✚形状，如图 3-8 所示。

步骤 5▶ 按下鼠标左键并向下拖动到 A22 单元格后释放鼠标，然后单击出现的“自动填充选项”按钮，在展开的列表中选择“填充序列”选项，以序列方式填充“学号”列数据，如图 3-9 所示。

	A	B
1	学生信息登记表	
2	学号	姓名
3	2021001001	李明
4		王鹏
5		周洋
6		李玲
7		郭卫华
8		郭建平
9		韩俊萍
10		张磊
11		尚秋华
12		薛庆庆
13		张彪
14		张岩
15		许海峰
16		伊晓凡
17		张岭
18		李强
19		裴新华
20		卢红英
21		王楠
22		刘芳
23		

图 3-8　输入示例数据

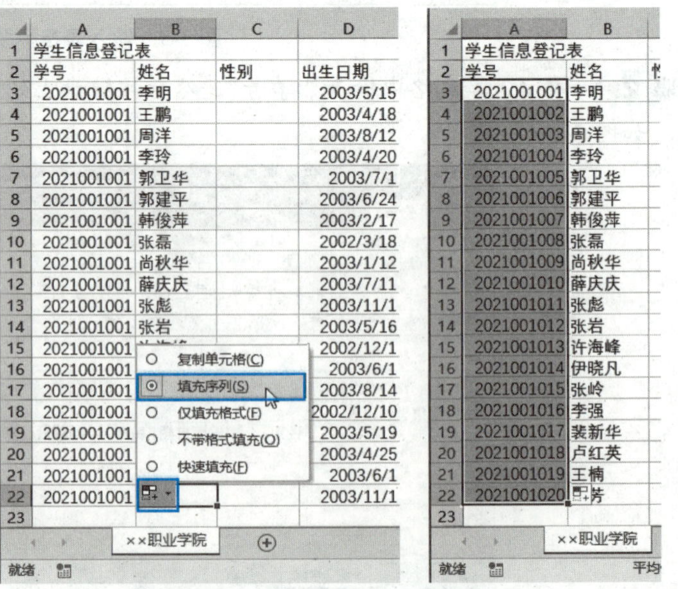

	A	B	C	D
1	学生信息登记表			
2	学号	姓名	性别	出生日期
3	2021001001	李明		2003/5/15
4	2021001001	王鹏		2003/4/18
5	2021001001	周洋		2003/8/12
6	2021001001	李玲		2003/4/20
7	2021001001	郭卫华		2003/7/1
8	2021001001	郭建平		2003/6/24
9	2021001001	韩俊萍		2003/2/17
10	2021001001	张磊		2002/3/18
11	2021001001	尚秋华		2003/1/12
12	2021001001	薛庆庆		2003/7/11
13	2021001001	张彪		2003/11/1
14	2021001001	张岩		2003/5/16
15	2021001001			2002/12/1
16	2021001001			2003/6/1
17	2021001001			2003/8/14
18	2021001001			2002/12/10
19	2021001001			2003/5/19
20	2021001001			2003/4/25
21	2021001001			2003/6/1
22	2021001001			2003/11/1
23				

	A	B
1	学生信息登记表	
2	学号	姓名
3	2021001001	李明
4	2021001002	王鹏
5	2021001003	周洋
6	2021001004	李玲
7	2021001005	郭卫华
8	2021001006	郭建平
9	2021001007	韩俊萍
10	2021001008	张磊
11	2021001009	尚秋华
12	2021001010	薛庆庆
13	2021001011	张彪
14	2021001012	张岩
15	2021001013	许海峰
16	2021001014	伊晓凡
17	2021001015	张岭
18	2021001016	李强
19	2021001017	裴新华
20	2021001018	卢红英
21	2021001019	王楠
22	2021001020	芳
23		

图 3-9　利用填充柄输入“学号”列数据

步骤 6▶ 单击 C3 单元格，按住“Shift”键的同时单击 C22 单元格，以选中要设置数据有效性的单元格区域 C3:C22，然后单击“数据”选项卡“数据工具”组中的“数据验证”按钮，如图 3-10 所示。

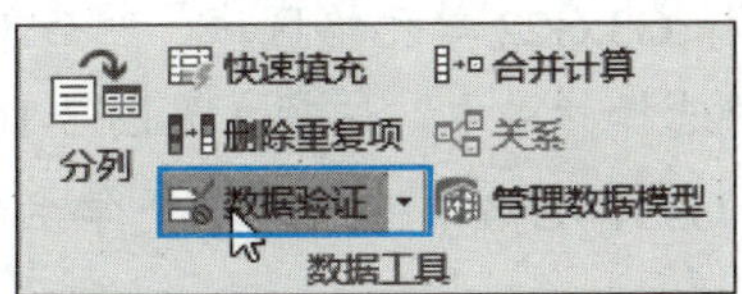

图 3-10 选择单元格区域后单击“数据验证”按钮

步骤 7▶ 打开“数据验证”对话框的“设置”选项卡，在“允许”下拉列表中选择“序列”选项，然后在“来源”编辑框中输入数据序列“男,女”，最后单击“确定”按钮，如图 3-11 所示。

步骤 8▶ 单击设置了数据有效性的单元格，此时单元格右侧出现下拉按钮；单击该按钮，在展开的下拉列表中可看到设置的数据序列，从中选择相应选项，即可输入相应数据，如图 3-12 所示。

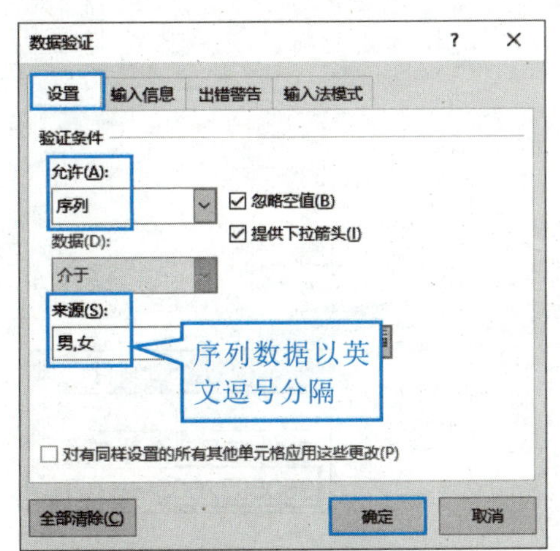

图 3-11 设置数据序列

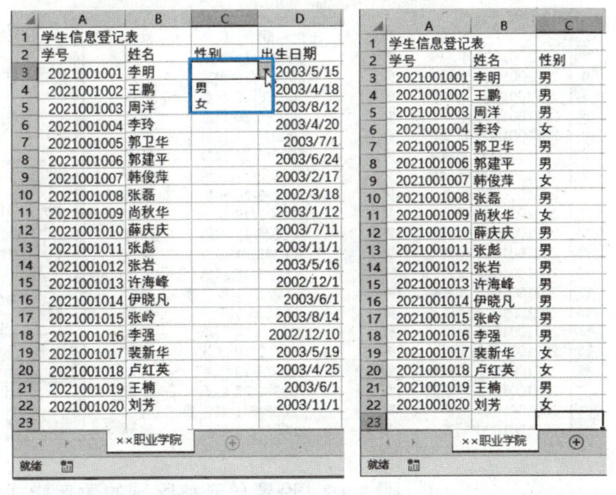

图 3-12 利用下拉列表输入“性别”列数据

步骤 9▶ 在“民族”列中单击要输入“汉族”文本的单元格 E3，然后按住“Ctrl”键的同时单击其他要输入相同民族的单元格，如图 3-13 所示。

步骤 10▶ 输入“汉族”文本后按“Ctrl+Enter”组合键，即可在选中的单元格中输入相同的数据，如图 3-14 所示。

步骤 11▶ 使用同样的方法，在“民族”列的其他单元格和“政治面貌”列中输入数据，如图 3-15 所示。

D	E	F
出生日期	民族	政治面貌
2003/5/15		
2003/4/18		
2003/8/12		
2003/4/20		
2003/7/1		
2003/6/24		
2003/2/17		
2002/3/18		
2003/1/12		
2003/7/11		
2003/11/1		
2003/5/16		
2002/12/1		
2003/6/1		
2003/8/14		
2002/12/10		
2003/5/19		
2003/4/25		
2003/6/1		
2003/11/1		

图 3-13 选择单元格

D	E
出生日期	民族
2003/5/15	
2003/4/18	
2003/8/12	
2003/4/20	
2003/7/1	
2003/6/24	
2003/2/17	
2002/3/18	
2003/1/12	
2003/7/11	
2003/11/1	
2003/5/16	
2002/12/1	
2003/6/1	
2003/8/14	
2002/12/10	
2003/5/19	汉族
2003/4/25	
2003/6/1	
2003/11/1	

D	E
出生日期	民族
2003/5/15	汉族
2003/4/18	
2003/8/12	汉族
2003/4/20	汉族
2003/7/1	
2003/6/24	汉族
2003/2/17	汉族
2002/3/18	
2003/1/12	汉族
2003/7/11	汉族
2003/11/1	
2003/5/16	汉族
2002/12/1	
2003/6/1	汉族
2003/8/14	
2002/12/10	汉族
2003/5/19	汉族
2003/4/25	
2003/6/1	
2003/11/1	

图 3-14 利用快捷键输入相同数据

E	F	G
民族	政治面貌	身份证号
汉族	团员	
满族	群众	
汉族	群众	
汉族	团员	
回族	群众	
汉族	群众	
汉族	团员	
满族	群众	
汉族	群众	
汉族	团员	
回族	群众	
汉族	团员	
蒙古族	群众	
汉族	团员	
回族	群众	
汉族	团员	
汉族	群众	
回族	团员	
蒙古族	群众	
回族	团员	

图 3-15 输入“民族”“政治面貌”列数据

步骤 12▶ 选择 G3:G22 单元格区域，然后单击“开始”选项卡“数字”组中的“数字格式”下拉按钮，在展开的下拉列表中选择“文本”选项（见图 3-16），以设置单元格区域的数字格式。

步骤 13▶ 在 G3 单元格中输入第 1 个学生的身份证号码（为保护隐私，此处用*代替后 8 位数字），如图 3-17 所示。

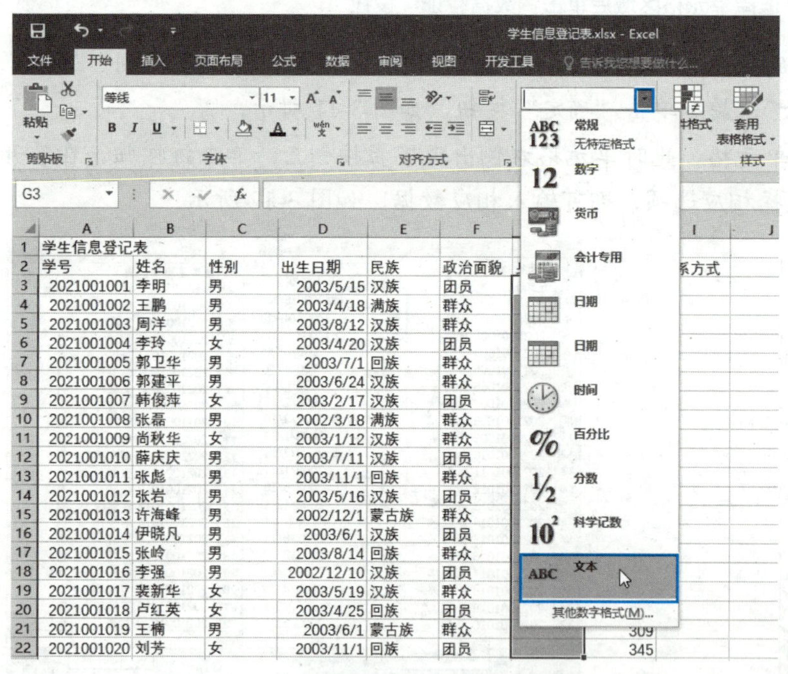

	A	B	C	D	E	F
1	学生信息登记表					
2	学号	姓名	性别	出生日期	民族	政治面貌
3	2021001001	李明	男	2003/5/15	汉族	团员
4	2021001002	王鹏	男	2003/4/18	满族	群众
5	2021001003	周洋	男	2003/8/12	汉族	群众
6	2021001004	李玲	女	2003/4/20	汉族	团员
7	2021001005	郭卫华	男	2003/7/1	回族	群众
8	2021001006	郭建平	男	2003/6/24	汉族	群众
9	2021001007	韩俊萍	女	2003/2/17	汉族	团员
10	2021001008	张磊	男	2002/3/18	满族	群众
11	2021001009	尚秋华	女	2003/1/12	汉族	群众
12	2021001010	薛庆庆	男	2003/7/11	汉族	团员
13	2021001011	张彪	男	2003/11/1	回族	群众
14	2021001012	张岩	男	2003/5/16	汉族	团员
15	2021001013	许海峰	男	2002/12/1	蒙古族	群众
16	2021001014	伊晓凡	男	2003/6/1	汉族	团员
17	2021001015	张岭	男	2003/8/14	回族	群众
18	2021001016	李强	男	2002/12/10	汉族	团员
19	2021001017	裴新华	女	2003/5/19	汉族	群众
20	2021001018	卢红英	女	2003/4/25	回族	团员
21	2021001019	王楠	男	2003/6/1	蒙古族	群众
22	2021001020	刘芳	女	2003/11/1	回族	团员

图 3-16 设置单元格区域的数字格式

G	H
身份证号	入学成绩
3605372003********	

图 3-17 输入身份证号码

步骤 14▶ 按“Enter”键，可看到单元格中只显示部分数据（稍后会调整该列列宽，使数据显示完整），然后在“身份证号”列的其他单元格中输入其他学生的身份证号码。

要将身份证号码以文本格式显示，也可在输入身份证号码之前先输入英文格式的单撇号“'”。

步骤 15▶ 选中 I3:I22 单元格区域，使用步骤 6 的方法打开“数据验证”对话框的“设置”选项卡，然后在“允许”下拉列表中选择“文本长度”选项，在“数据”下拉列表中选择“等于”选项，在“长度”编辑框中输入 11，如图 3-18 所示。

步骤 16▶ 切换到“输入信息”选项卡，在“输入信息”编辑框中输入提示信息“请输入 11 位的手机号码!”，然后单击“确定”按钮，如图 3-19 所示。

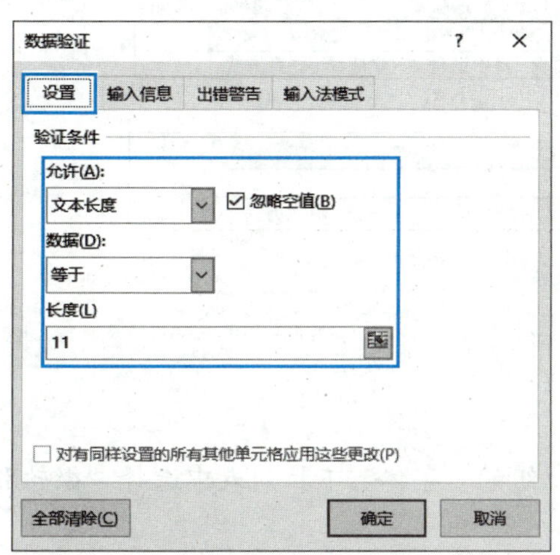

图 3-18　设置验证条件选项

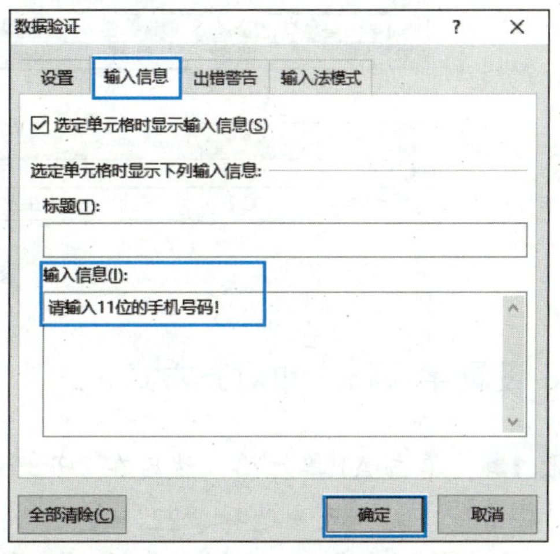

图 3-19　设置提示信息

步骤 17▶ 此时单击设置了数据有效性的单元格，会显示输入的提示信息，然后依次输入学生的手机号码（为保护隐私，手机号码后 4 位用*代替），如图 3-20 所示。

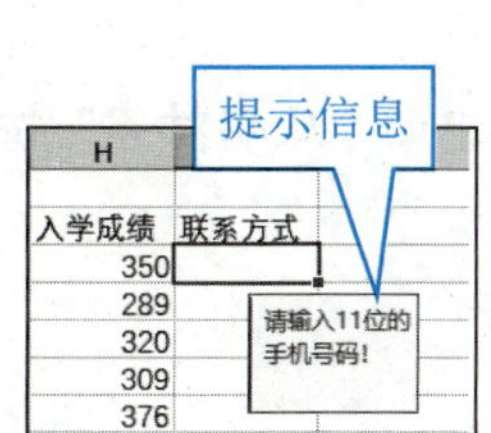

	A	B	C	D	E	F	G	H	I
1	学生信息登记表								
2	学号	姓名	性别	出生日期	民族	政治面貌	身份证号	入学成绩	联系方式
3	2021001001	李明	男	2003/5/15	汉族	团员	36053720C	350	1300628****
4	2021001002	王鹏	男	2003/4/18	满族	群众	36050320C	289	1303055****
5	2021001003	周洋	男	2003/8/12	汉族	群众	36050020C	320	1303628****
6	2021001004	李玲	女	2003/4/20	汉族	团员	36050320C	309	1311790****
7	2021001005	郭卫华	男	2003/7/1	回族	群众	36053620C	376	1313390****
8	2021001006	郭建平	男	2003/6/24	汉族	群众	36052520C	302	1330790****
9	2021001007	韩俊萍	女	2003/2/17	汉族	团员	36053420C	380	1340790****
10	2021001008	张磊	男	2002/3/18	满族	群众	36053420C	330	1342667****
11	2021001009	尚秋华	女	2003/1/12	汉族	群众	36053220C	341	1347900****
12	2021001010	薛庆庆	男	2003/7/11	汉族	团员	36053820C	300	1350790****
13	2021001011	张彪	男	2003/11/1	回族	群众	36052220C	326	1323754****
14	2021001012	张岩	男	2003/5/16	汉族	团员	36053020C	383	1357647****
15	2021001013	许海峰	男	2002/12/1	蒙古族	群众	36053320C	359	1361790****
16	2021001014	伊晓凡	男	2003/6/1	汉族	团员	36052120C	305	1375555****
17	2021001015	张岭	男	2003/8/14	回族	群众	36052420C	376	1367790****
18	2021001016	李强	男	2002/12/10	汉族	团员	36052220C	309	1376729****
19	2021001017	裴新华	女	2003/5/19	汉族	群众	36053820C	295	1376728****
20	2021001018	卢红英	女	2003/4/25	回族	团员	36052520C	320	1375570****
21	2021001019	王楠	男	2003/6/1	蒙古族	群众	36058120C	309	1336170****
22	2021001020	刘芳	女	2003/11/1	回族	团员	36050220C	345	1357647****
23									

××职业学院

图 3-20　输入“联系方式”列数据

三、合并单元格

步骤 1▶ 选择 A1:I1 单元格区域。

步骤 2▶ 单击“开始”选项卡“对齐方式”组中的“合并后居中”按钮，将选择的单元格区域合并，如图 3-21 所示。

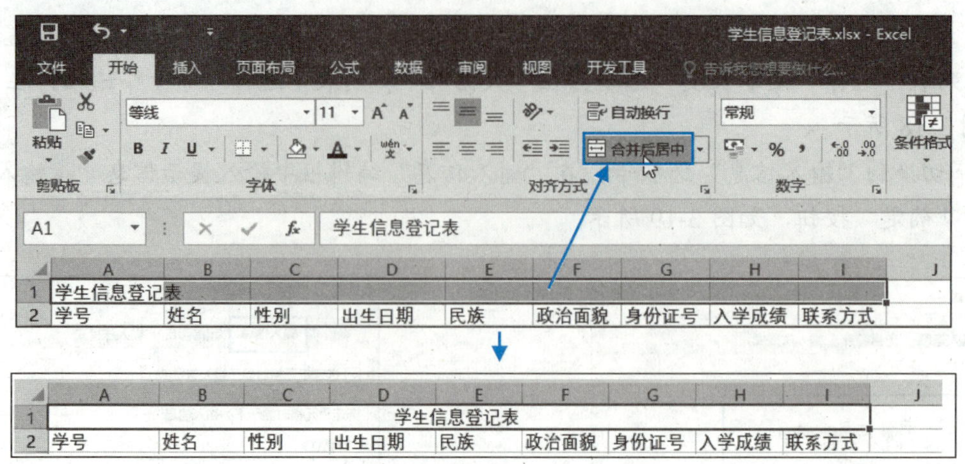

图 3-21　合并单元格

四、设置字符格式和对齐方式

步骤 1▶ 单击 A1 单元格，然后在“开始”选项卡“字体”组的“字体”下拉列表中选择“微软雅黑”选项，在“字号”下拉列表中选择“22”选项，如图 3-22 所示。

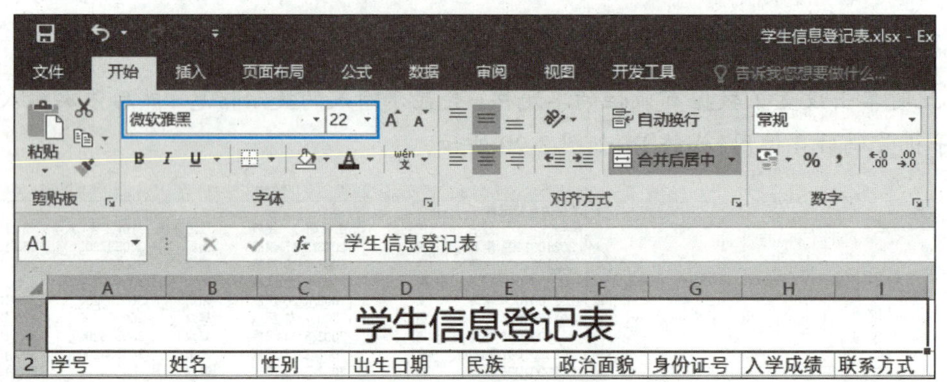

图 3-22　设置表格标题的格式

步骤 2▶ 保持单元格的选中状态，然后单击“开始”选项卡“对齐方式”组中的“底端对齐”按钮（见图 3-23），将表格标题靠底端居中对齐。

图 3-23　设置标题底端对齐

步骤 3▶ 选中 A2:I2 单元格区域，设置字体为宋体，字号为 14 磅，并单击“加粗”按钮**B**，然后单击“对齐方式”组中的“居中”按钮和“底端对齐”按钮。

步骤 4▶ 选中 A3:I22 单元格区域，依次在“字体”下拉列表中选择“宋体”和“Times New Roman”选项，将所选单元格内容的中文字体设置为宋体，西文字体设置为 Times New Roman，在“字号”下拉列表中选择“12”选项，再单击“对齐方式”组中的“居中”按钮。

五、调整行高和列宽

步骤 1▶ 将鼠标指针移动到第 1 行的行号下边框线上，待鼠标指针变成形状时，按住鼠标左键并向下拖动，待显示“高度：45.00（60 像素）”提示信息时停止拖动，以调整第 1 行的行高，如图 3-24 所示。

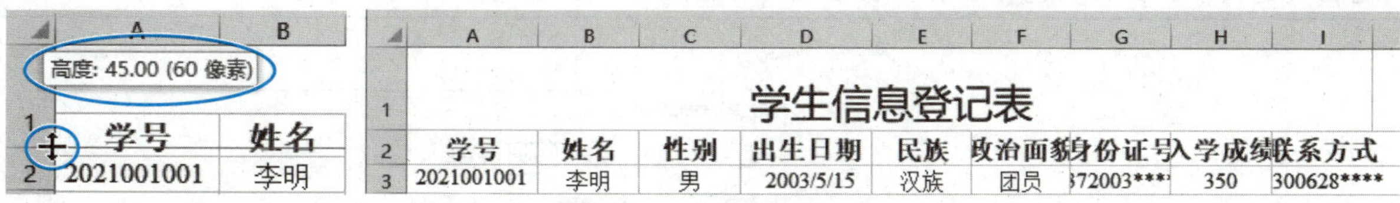

图 3-24 调整第 1 行的行高

步骤 2▶ 右击第 2 行的行号，在弹出的快捷菜单中选择“行高”选项，打开“行高”对话框，在“行高”编辑框中输入“23”，然后单击“确定”按钮，精确调整第 2 行的行高，如图 3-25 所示。

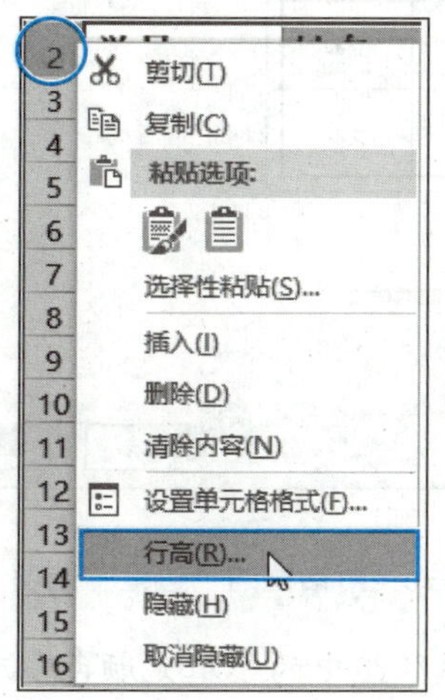

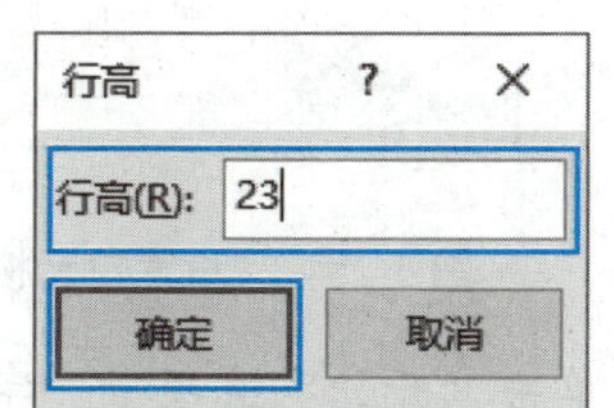

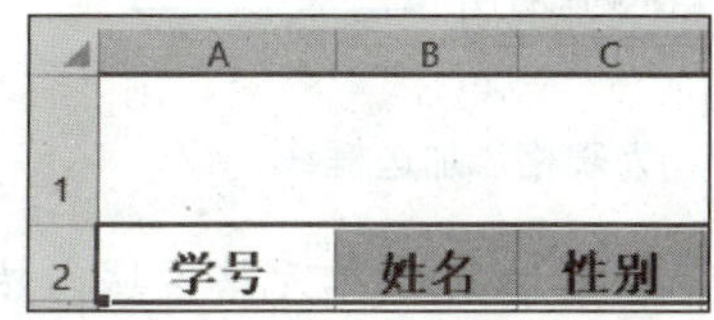

图 3-25 精确调整第 2 行的行高

步骤 3▶ 将鼠标指针移动到第 3 行的行号上，待鼠标指针变成形状时，按住鼠标左键并向下拖动，到第 22 行后释放鼠标，然后在任意选中的单元格上右击，在弹出的快捷菜单中选择“行高”选项，在打开的对话框的“行高”编辑框中输入“20”，最后单击“确定”按钮，精确调整所选行的行高。

步骤 4▶ 将鼠标指针移动到 F 列的列标上，待鼠标指针变成形状时按住鼠标左键不放并向右拖动，到 I 列后释放鼠标，然后将鼠标指针移到选中的任意列的右边框线上，待鼠标指针变成形状时双击，将所选列的列宽调整为最合适，可看到这些列中的数据将完整显示，如图 3-26 所示。

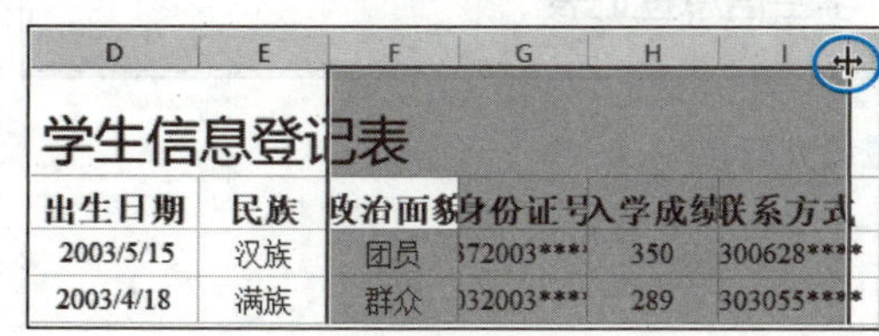

民族	政治面貌	身份证号	入学成绩	联系方式
汉族	团员	3605372003********	350	1300628****
满族	群众	3605032003********	289	1303055****

图 3-26 调整列宽为最合适

六、设置边框和底纹

步骤 1▶ 选中 A1:I22 单元格区域，然后在“开始”选项卡“字体”组中的“边框”下拉列表中依次选择

“所有框线”和“粗外侧框线”选项（见图 3-27），为所选单元格区域添加内部框线和粗外侧框线。

小提示

选中单元格区域后，若选择“边框”下拉列表中的“其他边框”选项，会打开“设置单元格格式”对话框的“边框”选项卡，在其中也可以设置表格的内外框线，如图 3-28 所示。

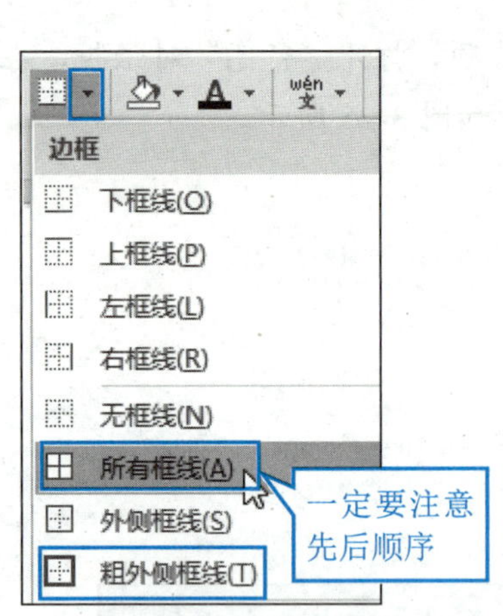

图 3-27　为表格添加边框线

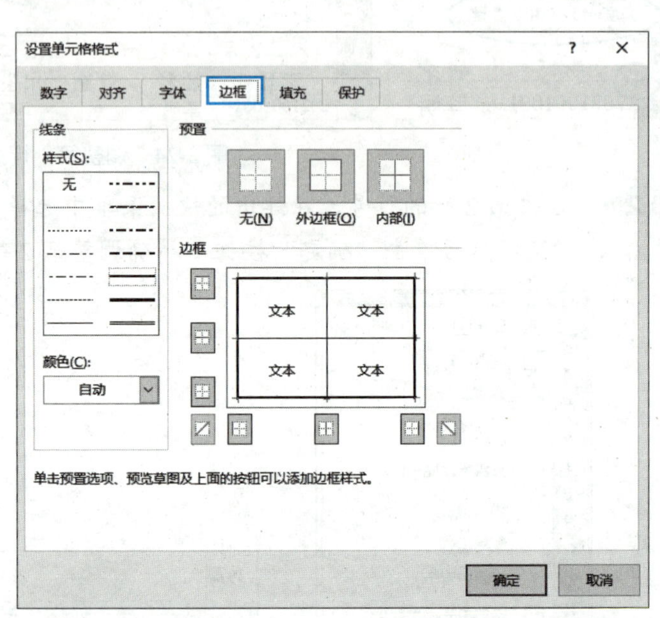

图 3-28　“设置单元格格式”对话框的“边框”选项卡

步骤 2▶ 选中 A2:I2 单元格区域，然后单击“开始”选项卡“字体”组中的“填充颜色”下拉按钮，在展开的下拉列表中选择“橙色”选项，将所选单元格区域填充为橙色，如图 3-29 所示。

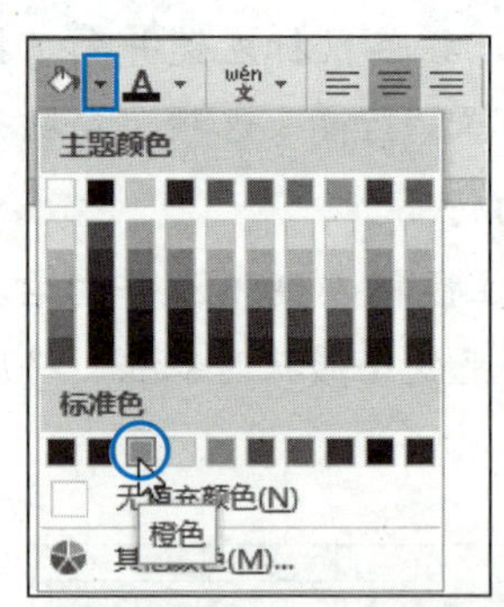

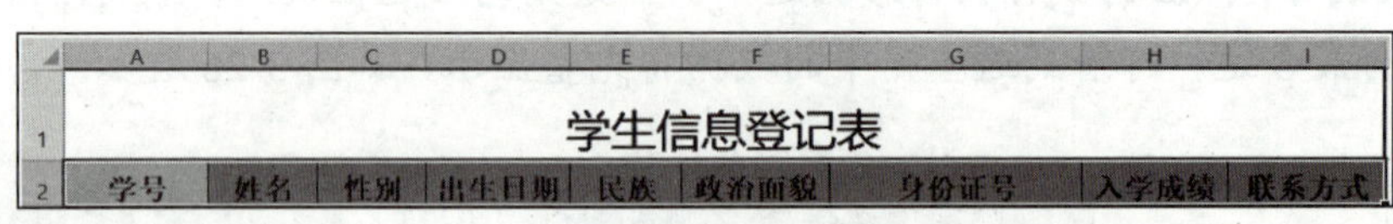

图 3-29　为单元格区域填充颜色

七、设置条件格式

步骤 1▶ 选中 H3:H22 单元格区域。

步骤 2▶ 单击“开始”选项卡“样式”组中的“条件格式”按钮，在展开的下拉列表中选择“数据条”/“绿色数据条”选项，将所选单元格区域数据以绿色数据条显示，如图 3-30 所示。至此，学生信息登记表制作完毕，再次保存工作簿。

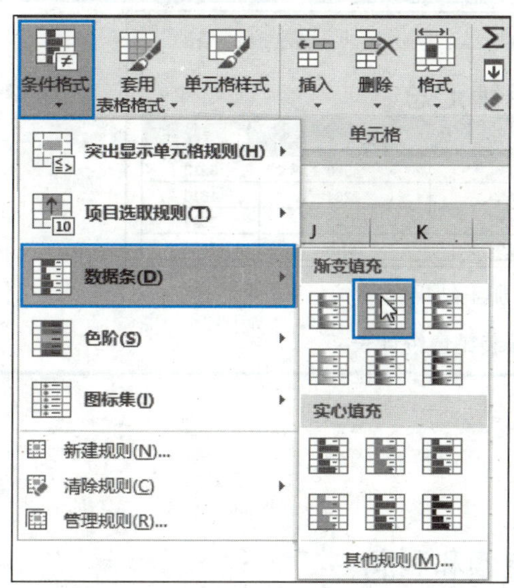

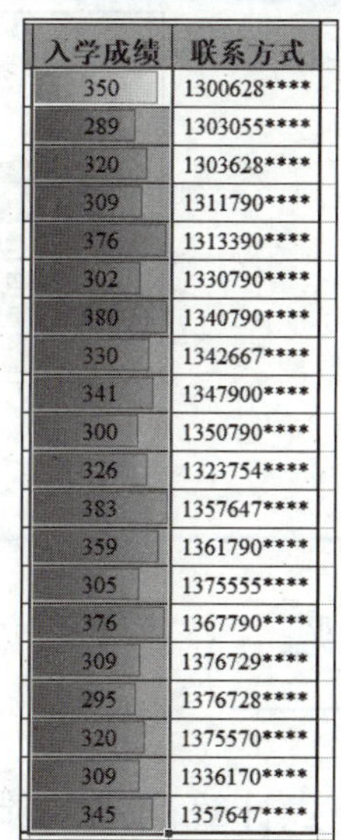

入学成绩	联系方式
350	1300628****
289	1303055****
320	1303628****
309	1311790****
376	1313390****
302	1330790****
380	1340790****
330	1342667****
341	1347900****
300	1350790****
326	1323754****
383	1357647****
359	1361790****
305	1375555****
376	1367790****
309	1376729****
295	1376728****
320	1375570****
309	1336170****
345	1357647****

图 3-30 使用数据条显示数据

实践二 加工服装销售统计表

实践描述

本实践通过加工 12 月上旬服装销售统计表［见图 3-31（a）］，练习使用公式和常用函数计算数据等操作，结果如图 3-31（b）所示。

12月上旬服装销售统计表

日期	店铺	商品编码	品牌	商品名称	商品颜色	单位	销售数量	销售单价(元)	销售金额(元)	成本单价(元)	成本金额(元)	利润(元)
12/1	乐达广场店	A-002	妙茵	低领烫金毛衣	2色	件	2	108	216	68	136	80
12/1	乐达广场店	A-003	妙茵	毛呢短裙	黑色	条	1	269	269	150	150	119
12/1	鸿业店	A-004	妙茵	泡泡袖风衣	3色	件	3	329	987	180	540	447
12/1	乐达广场店	B-001	姬美人	热卖混搭超值三件套	2色	套	1	398	398	220	220	178
12/1	鸿业店	B-002	姬美人	修身低腰牛仔裤	黑色	条	2	309	618	168	336	282
12/1	百吉商场店	C-001	可昵	渐变高领打底毛衣	3色	件	2	99	198	55	110	88
12/1	百吉商场店	C-002	可昵	甜美V领针织毛呢连衣裙	蓝	件	2	178	356	99	198	158
12/2	乐达广场店	C-003	可昵	加厚桃皮绒休闲裤	2色	件	1	318	318	179	179	139
12/2	百吉商场店	C-004	可昵	镶毛毛裙摆式羊毛大衣	蓝色	件	4	719	2876	400	1600	1276
12/2	乐达广场店	D-001	青柠檬	开衫小鹿印花外套	印花	件	1	129	129	78	78	51
12/2	鸿业店	B-005	丽人舍	大翻领卫衣外套	粉蓝	件	1	118	118	75	75	43
12/3	鸿业店	A-004	妙茵	泡泡袖风衣	3色	件	2	299	598	180	360	238
12/3	乐达广场店	A-005	妙茵	OL风长款毛呢外套	卡其	件	1	359	359	220	220	139
12/3	乐达广场店	A-006	妙茵	薰衣草飘袖冬装裙	淡蓝	件	4	329	1316	200	800	516
12/3	鸿业店	A-007	妙茵	修身荷花袖外套	3色	件	1	258	258	159	159	99
12/3	百吉商场店	B-006	姬美人	韩版V领修身中长款毛衣	蓝灰	件	2	159	318	89	178	140
12/4	乐达广场店	A-004	妙茵	泡泡袖风衣	3色	件	1	299	299	180	180	119
12/4	乐达广场店	A-005	妙茵	OL风长款毛呢外套	卡其	件	3	359	1077	220	660	417
12/4	百吉商场店	A-006	妙茵	薰衣草飘袖冬装裙	淡蓝	件	1	329	329	200	200	129
12/4	鸿业店	B-007	姬美人	花园派对绣花衬衫（加厚）	3色	件	2	99	198	59	118	80
12/4	百吉商场店	C-003	可昵	加厚桃皮绒休闲裤	2色	件	1	318	318	179	179	139
12/4	鸿业店	D-001	青柠檬	开衫小鹿印花外套	印花	件	5	129	645	78	390	255
12/4	乐达广场店	D-002	青柠檬	纯色蝙蝠袖外套	卡其	件	1	328	328	188	188	140
12/4	鸿业店	B-005	丽人舍	大翻领卫衣外套	粉蓝	件	2	118	236	75	150	86
12/5	鸿业店	A-002	妙茵	低领烫金毛衣	2色	件	2	108	216	68	136	80
12/5	百吉商场店	B-005	姬美人	复古双排扣毛呢加厚短外套	黑白	件	1	270	270	150	150	120
12/5	百吉商场店	B-001	丽人舍	长款毛呢大衣	蓝色	件	2	529	1058	300	600	458
12/5	乐达广场店	B-002	丽人舍	短款气质毛呢短褂	蓝红	件	1	360	360	200	200	160
12/6	乐达广场店	A-003	妙茵	毛呢短裙	黑色	条	2	269	538	150	300	238
12/6	乐达广场店	B-003	姬美人	OL气质风衣	3色	件	3	319	957	188	564	393
12/6	乐达广场店	B-004	姬美人	原创立领短袖长款呢大衣	2色	件	1	429	429	265	265	164

销售数据统计

（a）12 月上旬服装销售统计表

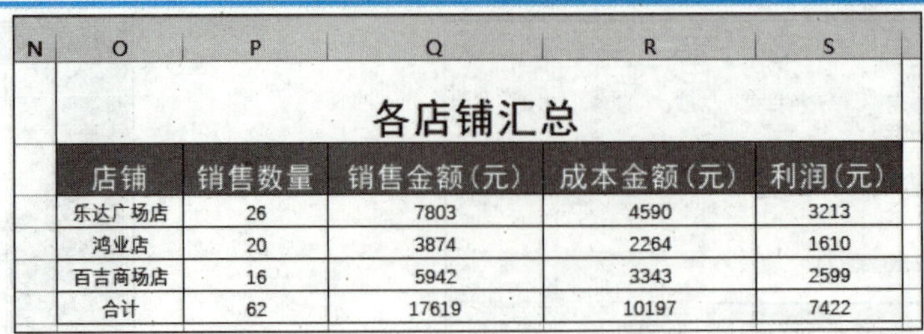

各店铺汇总

店铺	销售数量	销售金额（元）	成本金额（元）	利润（元）
乐达广场店	26	7803	4590	3213
鸿业店	20	3874	2264	1610
百吉商场店	16	5942	3343	2599
合计	62	17619	10197	7422

（b）加工结果

图 3-31　服装销售统计表

实践步骤

一、利用公式计算商品的销售金额、成本金额和利润

步骤 1▶ 打开本书配套素材“项目三”/“实践二”/“服装销售统计表”工作簿。

步骤 2▶ 单击 J3 单元格，在其中输入公式“=H3*I3”，可看到编辑栏中也显示输入的公式，如图 3-32 所示。

J3　=H3*I3

12月上旬服装销售统计表

商品名称	商品颜色	单位	销售数量	销售单价（元）	销售金额（元）
低领烫金毛衣	2色	件	2	108	=H3*I3
毛呢短裙	黑色	条	1	269	

公式中的两个参数 H3 和 I3，也可通过单击单元格来输入

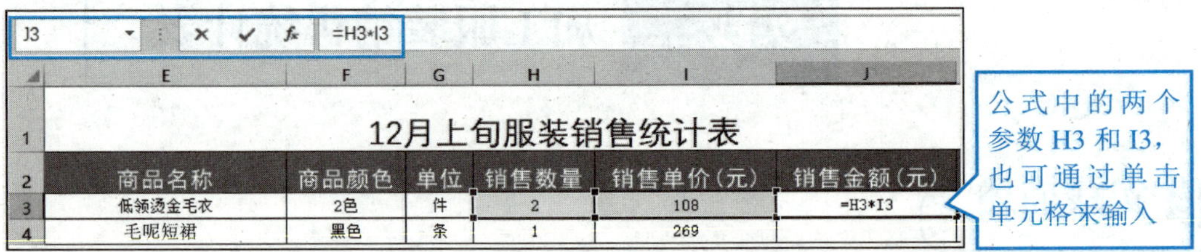

图 3-32　输入公式

步骤 3▶ 按“Enter”键或单击编辑栏中的“输入”按钮✔，确认公式并得到计算结果，如图 3-33 所示。

商品颜色	单位	销售数量	销售单价（元）	销售金额（元）
2色	件	2	108	216
黑色	条	1	269	

图 3-33　确认公式并得到计算结果

步骤 4▶ 将鼠标指针移动到 J3 单元格右下角的填充柄上，按住鼠标左键并向下拖动到 J36 单元格后释放鼠标，或双击 J3 单元格的填充柄，复制公式，自动计算其他商品的销售金额，如图 3-34 所示。

12月上旬服装销售统计表

商品颜色	单位	销售数量	销售单价（元）	销售金额（元）
2色	件	2	108	216
黑色	条	1	269	269
3色	件	3	329	987
2色	套	1	398	398

图 3-34　复制公式计算其他商品的销售金额（部分）

步骤 5▶ 在 L3 单元格中输入公式“=H3*K3”，确认后双击 L3 单元格的填充柄，复制公式计算其他商品的成本金额。

步骤 6▶ 在 M3 单元格中输入公式“=J3-L3”，确认后双击 M3 单元格的填充柄，复制公式计算所有商品的利润，如图 3-35 所示。

	A	B	C	D	E	F	G	H	I	J	K	L	M
1	12月上旬服装销售统计表												
2	日期	店铺	商品编码	品牌	商品名称	商品颜色	单位	销售数量	销售单价(元)	销售金额(元)	成本单价(元)	成本金额(元)	利润(元)
3	12/1	乐达广场店	A-002	妙茵	低领烫金毛衣	2色	件	2	108	216	68	136	80
4	12/1	乐达广场店	A-003	妙茵	毛呢短裙	黑色	条	1	269	269	150	150	119
5	12/1	鸿业店	A-004	妙茵	泡泡袖风衣	3色	件	3	329	987	180	540	447
6	12/1	乐达广场店	B-001	姬美人	热卖混搭超值三件套	2色	套	1	398	398	220	220	178
7	12/1	鸿业店	B-002	姬美人	修身低腰牛仔裤	黑色	条	2	309	618	168	336	282
8	12/1	百吉商场店	C-001	可昵	渐变高领打底毛衣	3色	件	2	99	198	55	110	88
9	12/1	百吉商场店	C-002	可昵	甜美V领针织毛呢连衣裙	蓝	件	2	178	356	99	198	158
10	12/2	乐达广场店	C-003	可昵	加厚桃皮绒休闲裤	2色	件	1	318	318	179	179	139
11	12/2	百吉商场店	C-004	可昵	镶毛毛裙摆式羊毛大衣	蓝色	件	4	719	2876	400	1600	1276
12	12/2	乐达广场店	D-001	青柠檬	开衫小鹿印花外套	印花	件	1	129	129	78	78	51
13	12/2	鸿业店	E-005	丽人舍	大翻领卫衣外套	粉蓝	件	1	118	118	75	75	43
14	12/3	鸿业店	A-004	妙茵	泡泡袖风衣	3色	件	2	299	598	180	360	238
15	12/3	乐达广场店	A-005	妙茵	OL风长款毛呢外套	卡其	件	1	359	359	220	220	139
16	12/3	乐达广场店	A-006	妙茵	薰衣草飘袖冬装裙	淡蓝	件	4	329	1316	200	800	516
17	12/3	鸿业店	A-007	妙茵	修身荷花袖外套	3色	件	1	258	258	159	159	99
18	12/3	百吉商场店	B-006	姬美人	韩版V领修身中长款毛衣	蓝灰	件	2	159	318	89	178	140
19	12/4	乐达广场店	A-004	妙茵	泡泡袖风衣	3色	件	1	299	299	180	180	119
20	12/4	乐达广场店	A-005	妙茵	OL风长款毛呢外套	卡其	件	3	359	1077	220	660	417
21	12/4	百吉商场店	A-006	妙茵	薰衣草飘袖冬装裙	淡蓝	件	1	329	329	200	200	129
22	12/4	鸿业店	B-007	姬美人	花园派对绣花衬衫(加厚)	3色	件	2	99	198	59	118	80
23	12/4	百吉商场店	C-003	可昵	加厚桃皮绒休闲裤	2色	件	1	318	318	179	179	139
24	12/4	鸿业店	D-001	青柠檬	开衫小鹿印花外套	印花	件	5	129	645	78	390	255
25	12/4	乐达广场店	D-002	青柠檬	纯色蝙蝠袖外套	卡其	件	1	328	328	188	188	140
26	12/4	鸿业店	E-005	丽人舍	大翻领卫衣外套	粉蓝	件	2	118	236	75	150	86
27	12/5	鸿业店	A-002	妙茵	低领烫金毛衣	2色	件	2	108	216	68	136	80
28	12/5	百吉商场店	B-005	姬美人	复古双排扣毛呢加厚短外套	黑白	件	1	270	270	150	150	120
29	12/5	百吉商场店	E-001	丽人舍	长款毛呢大衣	蓝色	件	2	529	1058	300	600	458
30	12/5	乐达广场店	E-002	丽人舍	短款气质毛呢短褂	蓝红	件	1	360	360	200	200	160
31	12/6	乐达广场店	A-003	妙茵	毛呢短裙	黑色	条	2	269	538	150	300	238
32	12/6	乐达广场店	B-003	姬美人	OL气质风衣	3色	件	3	319	957	188	564	393
33	12/6	乐达广场店	B-004	姬美人	原创立领短袖长款呢大衣	2色	件	1	429	429	265	265	164
34	12/10	乐达广场店	C-006	可昵	女装带帽字母卫衣	2色	件	2	225	450	125	250	200
35	12/10	百吉商场店	C-007	可昵	磨白瘦腿铅笔牛仔裤	蓝色	条	1	219	219	128	128	91
36	12/10	乐达广场店	E-002	丽人舍	短款气质毛呢短褂	蓝红	件	1	360	360	200	200	160

销售数据统计

图 3-35 计算利润

二、使用 SUMIF 函数汇总各店铺的销售情况

步骤 1▶ 单击 P3 单元格，然后单击编辑栏中的“插入函数”按钮 f_x，打开“插入函数”对话框，在“或选择类别”下拉列表中选择“数学与三角函数”选项，并在“选择函数”列表框中选择“SUMIF”选项，最后单击“确定”按钮，如图 3-36 所示。

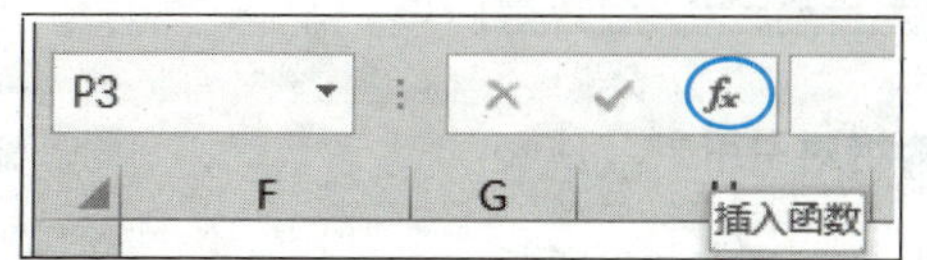

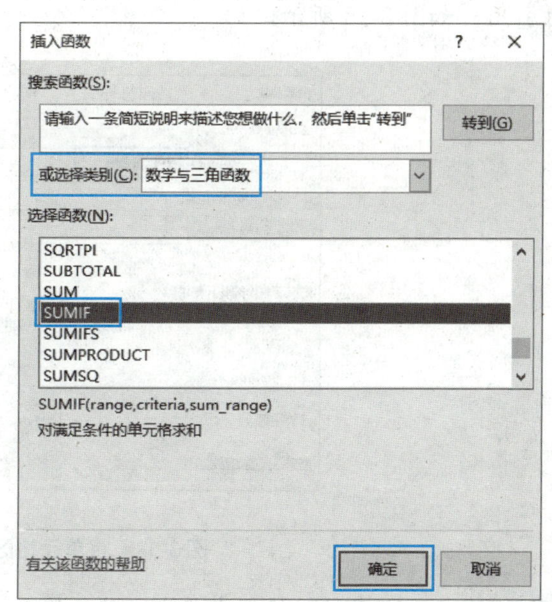

图 3-36 选择“SUMIF”函数

小提示

SUMIF 函数的作用是对满足指定条件的单元格区域中的数字求和，其语法为 SUMIF(range, criteria, [sum_range])。其中，range 为用于条件判断的单元格区域；criteria 为求和的条件，其形式可以为数字、表达式、单元格引用、文本或函数；sum_range 为可选参数，是条件求和的实际单元格区域。如果省略此项，Excel 会对 range 参数指定的单元格（即应用条件的单元格）求和。

在函数中，任何文本条件或任何含有逻辑或数学符号的条件都必须使用双引号“""”括起来。如果条件为数字，则无须使用双引号。

步骤 2▶ 打开“函数参数”对话框，在第 1 个参数编辑框中单击，然后在工作表中选择 B3:B36 单元格区域。此时，参数编辑框中就会显示选择的单元格区域地址，如图 3-37 所示。

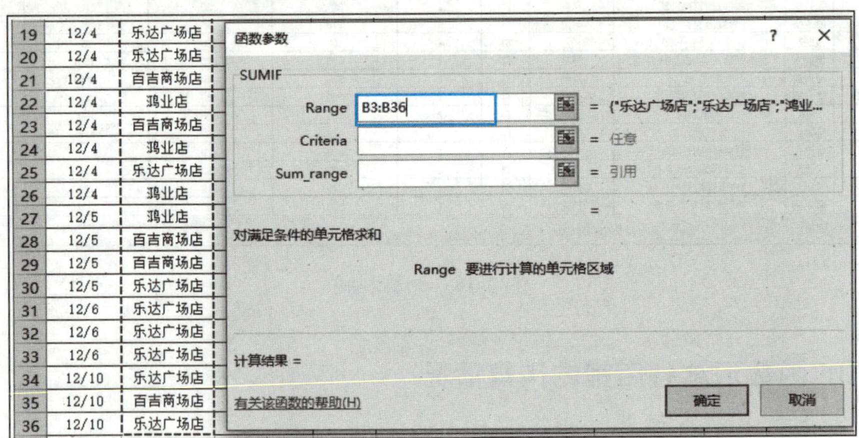

图 3-37　在工作表中选择第 1 个函数参数

步骤 3▶ 选中第 1 个参数编辑框中的单元格区域地址，然后按“F4”键，将单元格区域地址由相对引用转换为绝对引用，如图 3-38 所示。

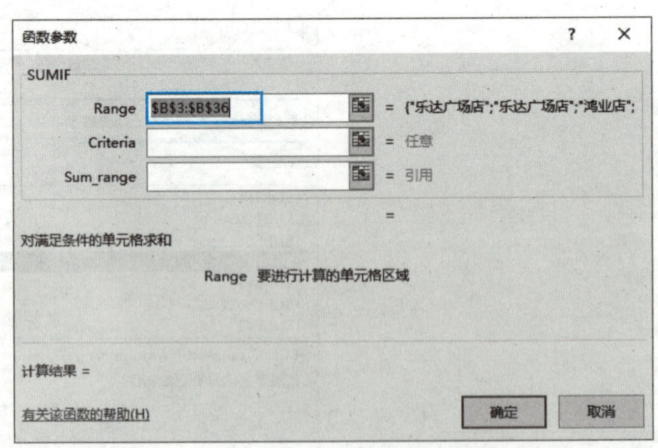

图 3-38　将单元格区域转换为绝对引用

步骤 4▶ 在第 2 个参数编辑框中单击，然后输入求和条件，如图 3-39 所示。

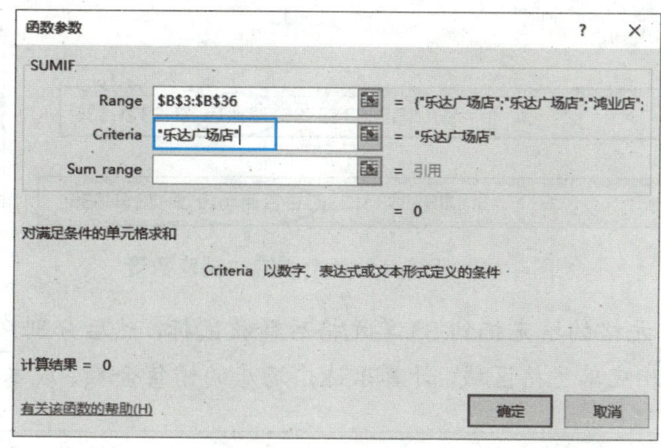

图 3-39 输入求和条件

步骤 5▶ 在第 3 个参数编辑框中单击，然后在工作表中选择 H3:H36 单元格区域，如图 3-40 所示。

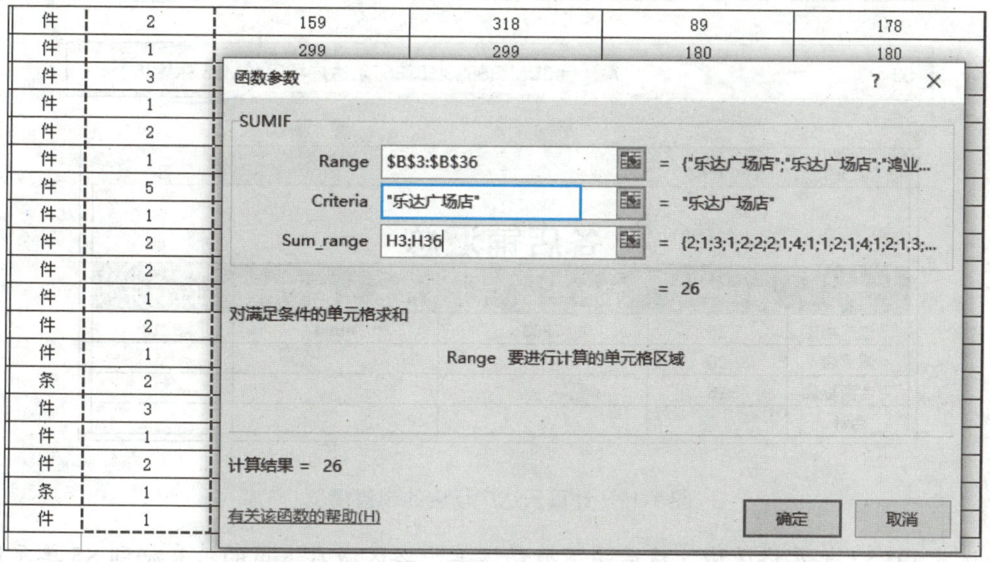

图 3-40 在工作表中选择第 3 个函数参数

步骤 6▶ 使用相同的方法，将第 3 个参数编辑框中的单元格区域地址转换为绝对引用，然后单击“确定”按钮，计算乐达广场店的销售数量，如图 3-41 所示。

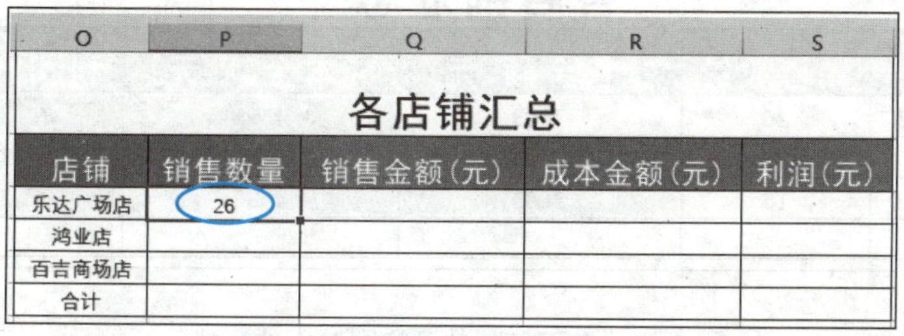

O	P	Q	R	S
各店铺汇总				
店铺	销售数量	销售金额（元）	成本金额（元）	利润（元）
乐达广场店	26			
鸿业店				
百吉商场店				
合计				

图 3-41 计算乐达广场店的销售数量

步骤 7▶ 向下拖动 P3 单元格的填充柄到 P5 单元格后释放鼠标，然后分别修改 P4 和 P5 单元格中公式的第 2 个参数，得到鸿业店和百吉商场店的销售数量，如图 3-42 所示。

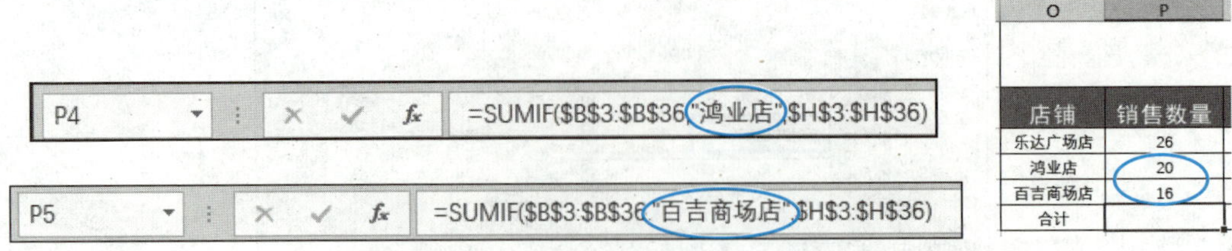

图 3-42　计算其他两个店铺的销售数量

步骤 8▶　向右拖动 P3 单元格的填充柄到 S3 单元格后释放鼠标，然后分别修改 Q3、R3 和 S3 单元格中公式的第 3 个参数为工作表中的相应单元格区域，计算乐达广场店的销售金额、成本金额和利润，如图 3-43 所示。

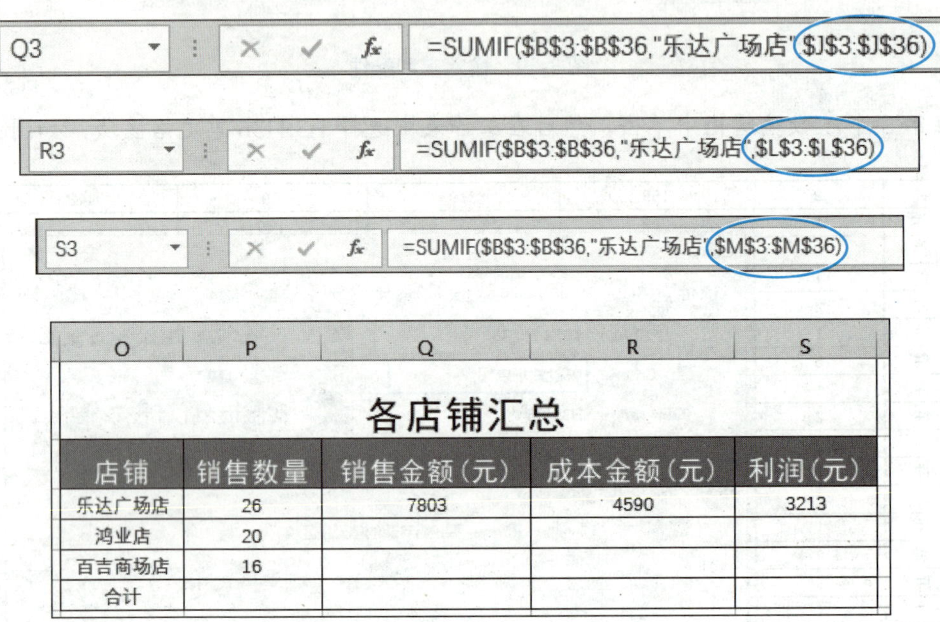

图 3-43　计算乐达广场店的销售情况

步骤 9▶　选中 Q3:S3 单元格区域，然后向下拖动该单元格区域右下角的填充柄到 S5 单元格后释放鼠标，复制公式，如图 3-44 所示。

各店铺汇总

店铺	销售数量	销售金额（元）	成本金额（元）	利润（元）
乐达广场店	26	7803	4590	3213
鸿业店	20	7803	4590	3213
百吉商场店	16	7803	4590	3213
合计				

图 3-44　向下复制单元格区域中的公式

步骤 10▶　修改 Q4、R4 和 S4 单元格中公式的第 2 个参数为相应的店铺名称“鸿业店”，计算鸿业店的销售情况，如图 3-45 所示。

O	P	Q	R	S
各店铺汇总				
店铺	销售数量	销售金额(元)	成本金额(元)	利润(元)
乐达广场店	26	7803	4590	3213
鸿业店	20	3874	2264	1610
百吉商场店	16	7803	4590	3213
合计				

图 3-45 计算鸿业店的销售情况

步骤 11▶ 使用相同的方法，修改 Q5、R5 和 S5 单元格中公式的第 2 个参数为相应的店铺名称“百吉商场店”，计算百吉商场店的销售情况，如图 3-46 所示。

O	P	Q	R	S
各店铺汇总				
店铺	销售数量	销售金额(元)	成本金额(元)	利润(元)
乐达广场店	26	7803	4590	3213
鸿业店	20	3874	2264	1610
百吉商场店	16	5942	3343	2599
合计				

图 3-46 计算百吉商场店的销售情况

三、使用 SUM 函数汇总所有店铺的销售情况

步骤 1▶ 单击 P6 单元格，然后单击“开始”选项卡“编辑”组中的“自动求和”按钮，如图 3-47 所示。

步骤 2▶ 此时 Excel 会自动在工作表中选择函数参数，确认该参数是否正确，如果不正确，可在工作表中重新选择；这里按“Enter”键得到计算结果，如图 3-48 所示。

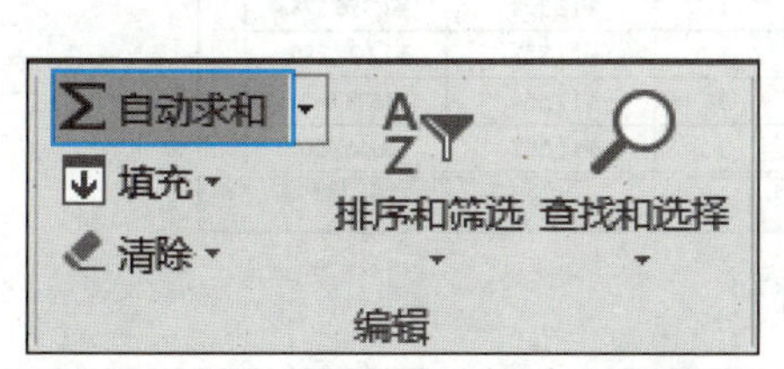

图 3-47 单击“自动求和”按钮

O	P	Q
		各店铺
店铺	销售数量	销售金额(元
乐达广场店	26	7803
鸿业店	20	3874
百吉商场店	16	5942
合计	=SUM(P3:P5)	
	SUM(number1, [number2], ...)	

O	P
店铺	销售数量
乐达广场店	26
鸿业店	20
百吉商场店	16
合计	62

图 3-48 计算所有店铺的销售数量

步骤 3▶ 向右拖动 P6 单元格的填充柄到 S6 单元格，计算所有店铺的销售金额、成本金额和利润，如图 3-49 所示。至此，服装销售统计表加工完毕，再次保存工作簿。

O	P	Q	R	S
各店铺汇总				
店铺	销售数量	销售金额(元)	成本金额(元)	利润(元)
乐达广场店	26	7803	4590	3213
鸿业店	20	3874	2264	1610
百吉商场店	16	5942	3343	2599
合计	62	17619	10197	7422

图 3-49 复制公式计算所有店铺的销售金额、成本金额和利润

实践三　分析楼盘销售信息表

实践描述

本实践通过分析楼盘销售信息表，练习对工作表中的数据进行排序、筛选和分类汇总等操作，分析结果如图 3-50 所示。

	A	B	C	D	E	F	G	H	I
1	销售时间	销售经理	户型	栋号	房号	面积(m²)	楼层	单价(元/m²)	销售总价(元)
2	2021年1月5日	王利明	4房2厅2卫	11	101	144	1	¥13,511	¥1,945,584
3	2021年1月10日	李长虹	4房2厅2卫	9	401	137	4	¥13,223	¥1,811,551
4	2021年1月17日	李长虹	4房2厅2卫	6	301	137	3	¥13,171	¥1,804,427
5	2021年1月11日	刘欢宇	4房2厅2卫	8	201	137	2	¥13,120	¥1,797,440
6	2021年1月10日	刘欢宇	4房2厅2卫	9	101	137	1	¥12,914	¥1,769,218
7	2021年1月9日	刘芳芳	3房2厅2卫	16	201	125	2	¥13,408	¥1,676,000
8	2021年1月12日	周丽娜	3房2厅2卫	11	103	122	1	¥13,202	¥1,610,644
9	2021年1月25日	王利明	3房2厅2卫	9	404	120	4	¥12,914	¥1,549,680
10	2021年1月8日	王利明	3房2厅2卫	6	304	120	3	¥12,862	¥1,543,440
11	2021年1月7日	刘芳芳	3房2厅2卫	8	204	120	2	¥12,810	¥1,537,200
12	2021年1月8日	周丽娜	3房2厅2卫	9	104	120	1	¥12,604	¥1,512,480
13	2021年1月3日	陈娟娟	3房2厅2卫	16	202	113	2	¥13,254	¥1,497,702
14	2021年1月13日	王利明	3房2厅2卫	16	203	113	2	¥13,151	¥1,486,063
15	2021年1月10日	刘芳芳	3房2厅2卫	11	102	114	1	¥12,996	¥1,481,544
16	2021年1月11日	陈娟娟	3房2厅2卫	9	402	111	4	¥12,810	¥1,421,910
17	2021年1月24日	刘欢宇	3房2厅2卫	6	302	111	3	¥12,759	¥1,416,249
18	2021年1月18日	周丽娜	3房2厅2卫	8	202	111	2	¥12,707	¥1,410,477
19	2021年1月24日	周丽娜	3房2厅2卫	9	403	111	4	¥12,707	¥1,410,477
20	2021年1月25日	刘芳芳	3房2厅2卫	6	303	111	3	¥12,656	¥1,404,816
21	2021年1月5日	陈娟娟	3房2厅2卫	8	203	111	2	¥12,604	¥1,399,044
22	2021年1月18日	王利明	3房2厅2卫	9	102	111	1	¥12,501	¥1,387,611
23	2021年1月20日	刘欢宇	3房2厅2卫	9	103	111	1	¥12,398	¥1,376,178
24	2021年1月19日	李长虹	3房2厅2卫	2	301	80	3	¥12,841	¥1,027,280
25	2021年1月22日	周丽娜	2房2厅2卫	2	302	60	3	¥11,564	¥693,840
26	2021年1月11日	刘欢宇	2房2厅2卫	2	303	60	3	¥11,107	¥666,420

1月　排序　自动筛选　高级筛选　分类汇总

（a）销售总价从高到低排列

	A	B	C	D	E	F	G	H	I
1	销售时间	销售经理	户型	栋号	房号	面积(m²)	楼层	单价(元/m²)	销售总价(元)
4	2021年1月5日	王利明	4房2厅2卫	11	101	144	1	¥13,511	¥1,945,584
9	2021年1月10日	刘欢宇	4房2厅2卫	9	101	137	1	¥12,914	¥1,769,218
10	2021年1月10日	李长虹	4房2厅2卫	9	401	137	4	¥13,223	¥1,811,551
12	2021年1月11日	刘欢宇	4房2厅2卫	8	201	137	2	¥13,120	¥1,797,440
17	2021年1月17日	李长虹	4房2厅2卫	6	301	137	3	¥13,171	¥1,804,427

1月　排序　自动筛选　高级筛选　分类汇总

（b）户型为“4 房 2 厅 2 卫”的销售数据

28	销售时间	销售经理	户型	栋号	房号	面积（m^2）	楼层	单价（元/m^2）	销售总价（元）
29	2021年1月8日	周丽娜	3房2厅2卫	9	104	120	1	¥12,604	¥1,512,480
30	2021年1月10日	刘欢宇	4房2厅2卫	9	101	137	1	¥12,914	¥1,769,218
31	2021年1月10日	李长虹	4房2厅2卫	9	401	137	4	¥13,223	¥1,811,551
32	2021年1月25日	王利明	3房2厅2卫	9	404	120	4	¥12,914	¥1,549,680

1月 | 排序 | 自动筛选 | 高级筛选 | 分类汇总

（c）栋号为 9 且面积大于等于 120 平方米的销售数据

	A	B	C	D	E	F	G	H	I
1	销售时间	销售经理	户型	栋号	房号	面积（m^2）	楼层	单价（元/m^2）	销售总价（元）
2	2021年1月3日	陈娟娟	3房2厅2卫	16	202	113	2	¥13,254	¥1,497,702
3	2021年1月5日	陈娟娟	3房2厅2卫	8	203	111	2	¥12,604	¥1,399,044
4	2021年1月11日	陈娟娟	3房2厅2卫	9	402	111	4	¥12,810	¥1,421,910
5		**陈娟娟 汇总**							¥4,318,656
6	2021年1月10日	李长虹	4房2厅2卫	9	401	137	4	¥13,223	¥1,811,551
7	2021年1月17日	李长虹	4房2厅2卫	6	301	137	3	¥13,171	¥1,804,427
8	2021年1月19日	李长虹	3房2厅2卫	2	301	80	3	¥12,841	¥1,027,280
9		**李长虹 汇总**							¥4,643,258
10	2021年1月7日	刘芳芳	3房2厅2卫	8	204	120	2	¥12,810	¥1,537,200
11	2021年1月9日	刘芳芳	3房2厅2卫	16	201	125	2	¥13,408	¥1,676,000
12	2021年1月10日	刘芳芳	3房2厅2卫	11	102	114	1	¥12,996	¥1,481,544
13	2021年1月25日	刘芳芳	3房2厅2卫	6	303	111	3	¥12,656	¥1,404,816
14		**刘芳芳 汇总**							¥6,099,560
15	2021年1月10日	刘欢宇	4房2厅2卫	9	101	137	1	¥12,914	¥1,769,218
16	2021年1月11日	刘欢宇	4房2厅2卫	8	201	137	2	¥13,120	¥1,797,440
17	2021年1月11日	刘欢宇	2房2厅2卫	2	303	60	3	¥11,107	¥666,420
18	2021年1月20日	刘欢宇	3房2厅2卫	9	103	111	1	¥12,398	¥1,376,178
19	2021年1月24日	刘欢宇	3房2厅2卫	6	302	111	3	¥12,759	¥1,416,249
20		**刘欢宇 汇总**							¥7,025,505
21	2021年1月5日	王利明	4房2厅2卫	11	101	144	1	¥13,511	¥1,945,584
22	2021年1月8日	王利明	3房2厅2卫	6	304	120	3	¥12,862	¥1,543,440
23	2021年1月13日	王利明	3房2厅2卫	16	203	113	2	¥13,151	¥1,486,063
24	2021年1月18日	王利明	3房2厅2卫	9	102	111	1	¥12,501	¥1,387,611
25	2021年1月25日	王利明	3房2厅2卫	9	404	120	4	¥12,914	¥1,549,680
26		**王利明 汇总**							¥7,912,378
27	2021年1月8日	周丽娜	3房2厅2卫	9	104	120	1	¥12,604	¥1,512,480
28	2021年1月12日	周丽娜	3房2厅2卫	11	103	122	1	¥13,202	¥1,610,644
29	2021年1月18日	周丽娜	3房2厅2卫	8	202	111	2	¥12,707	¥1,410,477
30	2021年1月22日	周丽娜	2房2厅2卫	2	302	60	3	¥11,564	¥693,840
31	2021年1月24日	周丽娜	3房2厅2卫	9	403	111	4	¥12,707	¥1,410,477
32		**周丽娜 汇总**							¥6,637,918
33		**总计**							¥36,637,275

1月 | 排序 | 自动筛选 | 高级筛选 | 分类汇总

（d）按销售经理汇总销售总价

图 3-50　楼盘销售信息表分析结果

实践步骤

一、排序数据

步骤 1▶ 打开本书配套素材“项目三”/“实践三”/“楼盘销售信息表”工作簿。

步骤 2▶ 按住“Ctrl”键的同时向右拖动“1 月”工作表标签，将该工作表复制一份，然后重命名复制的工作表为“排序”。

步骤 3▶ 在“销售总价（元）”列的任意单元格中单击，然后单击“数据”选项卡“排序和筛选”组中的“降序”按钮，如图 3-51 所示。

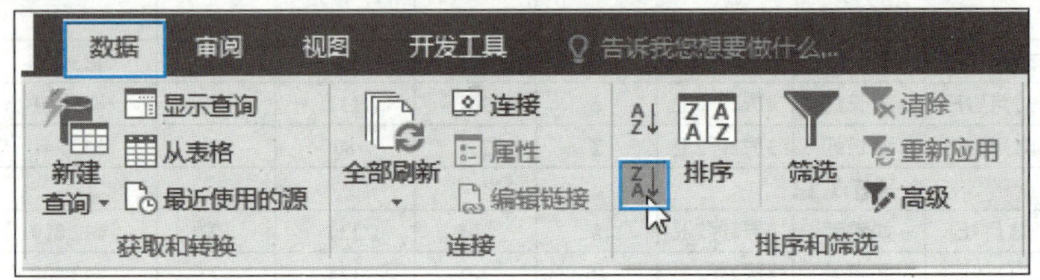

图 3-51　单击“降序”按钮

步骤 4▶ 此时可看到“销售总价（元）”列中的数据从高到低排列，效果如图 3-50（a）所示。

二、筛选数据

步骤 1▶ 按住“Ctrl”键的同时向右拖动“1 月”工作表标签到“排序”工作表的右侧，将该工作表复制一份，然后重命名复制的工作表为“自动筛选”。

步骤 2▶ 在工作表的数据区域中单击，然后单击“排序和筛选”组中的“筛选”按钮，可看到各列标题右侧出现下拉按钮，如图 3-52 所示。

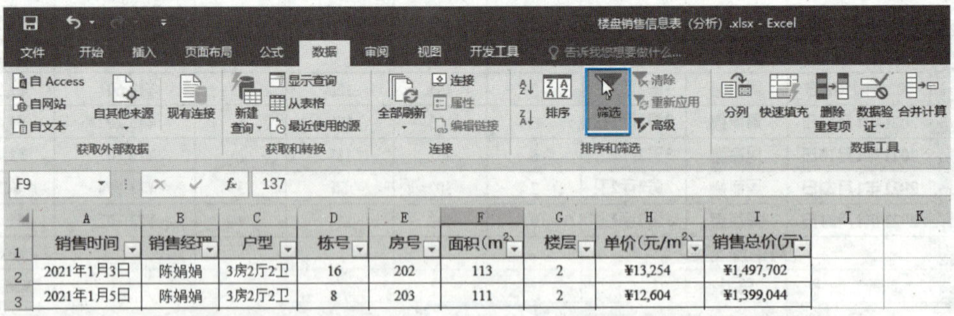

图 3-52　单击“筛选”按钮

步骤 3▶ 单击“户型”列标题右侧的下拉按钮，在展开的下拉列表中取消“全选”复选框的选中，然后选中“4 房 2 厅 2 卫”复选框，单击“确定”按钮，如图 3-53 所示。

步骤 4▶ Excel 自动筛选出“户型”为“4 房 2 厅 2 卫”的销售数据，效果如图 3-50（b）所示。

步骤 5▶ 按住“Ctrl”键的同时向右拖动“1 月”工作表标签到“自动筛选”工作表的右侧，将该工作表复制一份，然后重命名复制的工作表为“高级筛选”。

步骤 6▶ 在工作表的 K1:L2 单元格区域中输入筛选条件，如图 3-54 所示。

步骤 7▶ 单击工作表数据区域的任意单元格，然后单击“排序和筛选”组中的“高级”按钮，如图 3-55 所示。

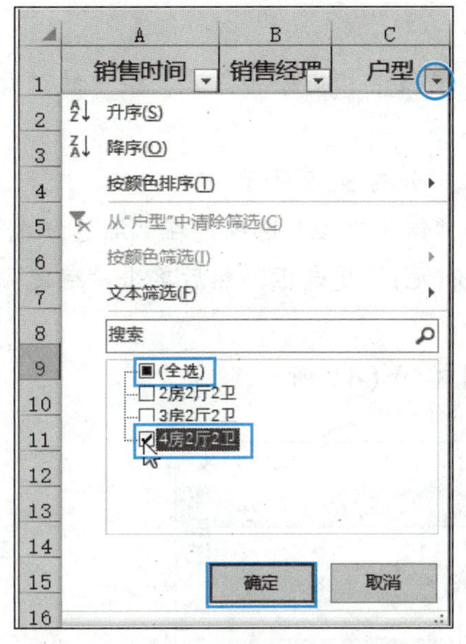

图 3-53 选中要显示的户型复选框

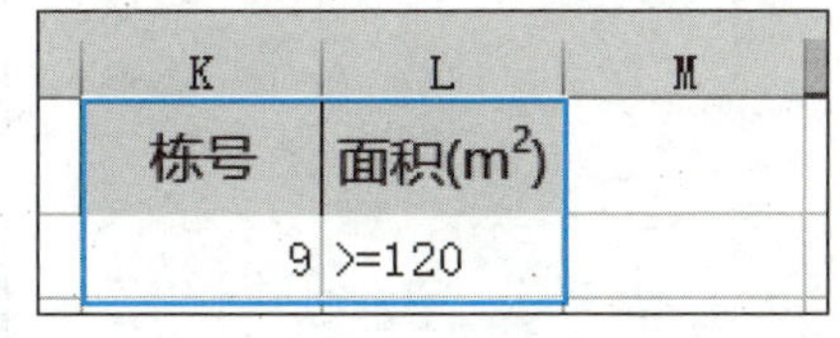

图 3-54 输入筛选条件

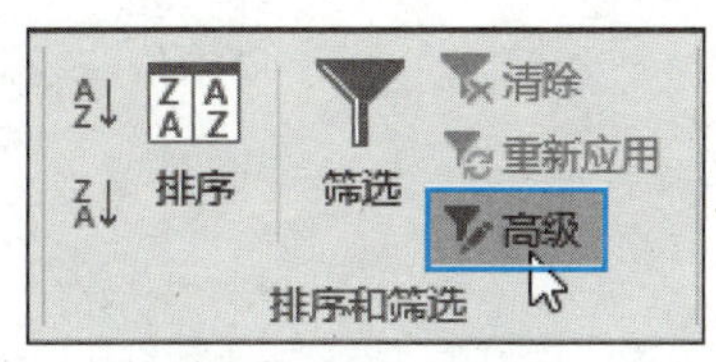

图 3-55 单击“高级”按钮

步骤 8▶ 打开“高级筛选”对话框，在“列表区域”编辑框中确认要进行筛选操作的数据区域，此处保持默认；在“方式”设置区中选中“将筛选结果复制到其他位置”单选钮；在“条件区域”编辑框中单击，然后在工作表中选择输入的筛选条件，可看到编辑框中显示选择的单元格区域的绝对地址，如图 3-56 所示。

步骤 9▶ 在“复制到”编辑框中单击，然后在工作表中选择要放置筛选结果的单元格区域的左上角单元格 A28，可看到编辑框中显示选择的单元格的绝对地址，最后单击“确定”按钮，如图 3-57 所示。

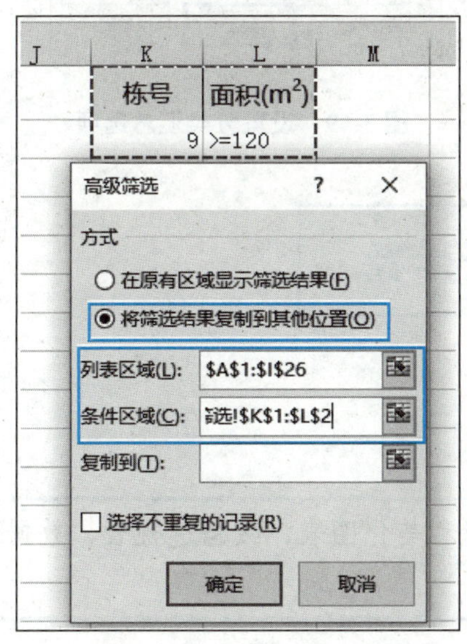

图 3-56 设置筛选方式和筛选条件

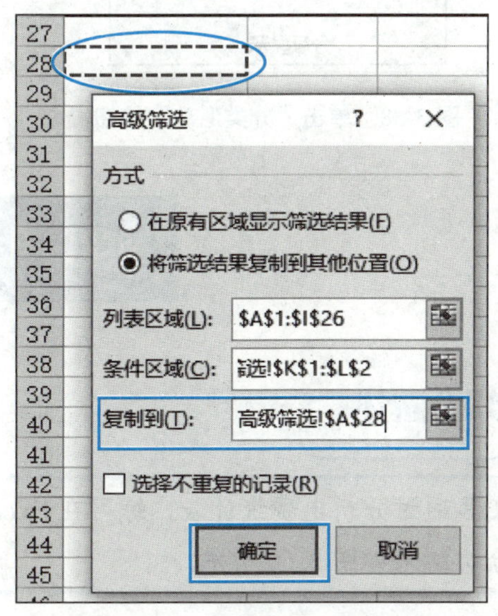

图 3-57 设置筛选结果放置位置

步骤 10▶ Excel 自动筛选出栋号为 9 且面积大于 120 平方米的销售数据，效果如图 3-50（c）所示。

三、分类汇总数据

步骤 1▶ 按住“Ctrl”键的同时向右拖动“1 月”工作表标签到“高级筛选”工作表的右侧，将该工作表复制一份，然后重命名复制的工作表为“分类汇总”。

步骤 2▶ 在“销售经理”列的任意单元格中单击，然后单击“数据”选项卡“排序和筛选”组中的“升序”按钮 A↓Z，将该列数据升序排序。

步骤 3▶ 单击“数据”选项卡“分级显示”组中的“分类汇总”按钮，如图 3-58 所示。

步骤 4▶ 打开“分类汇总”对话框，在“分类字段”下拉列表中选择“销售经理”选项，在“汇总方式”下拉列表中选择“求和”选项，在“选定汇总项”列表框中选中“销售总价(元)”复选框，然后单击“确定”按钮，如图 3-59 所示。

步骤 5▶ 此时可看到工作表数据按销售经理汇总销售总价，效果如图 3-50（d）所示。

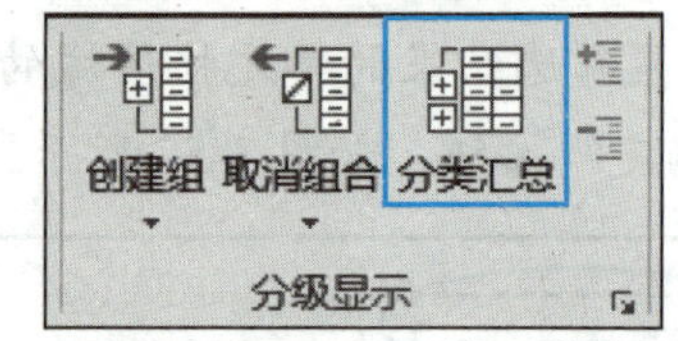

图 3-58 单击“分类汇总”按钮

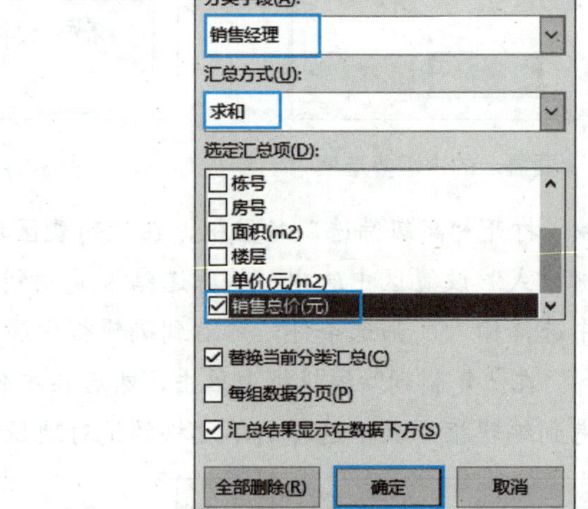

图 3-59 设置分类汇总选项

实践四 分析电费统计表

实践描述

本实践通过分析电费统计表，练习在 Excel 2016 中创建、编辑和美化图表、数据透视表、数据透视图等操作，分析结果如图 3-60 所示。

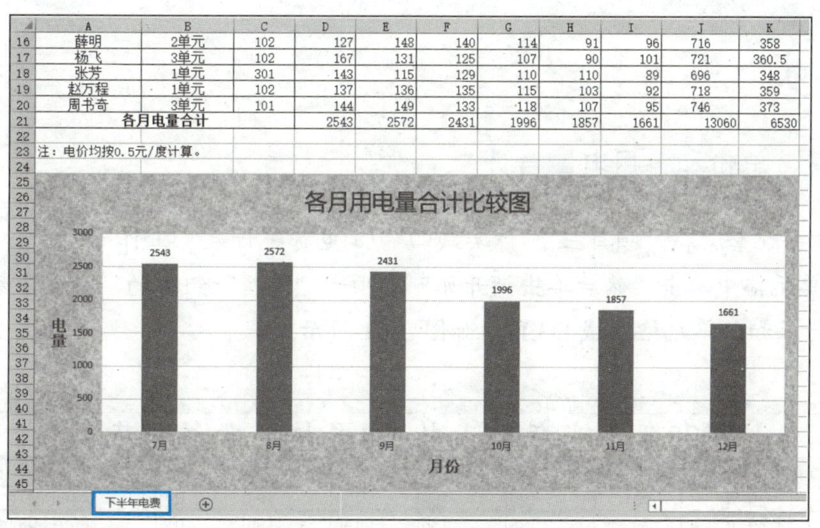

	A	B	C	D	E	F	G	H	I	J	K
16	薛明	2单元	102	127	148	140	114	91	96	716	358
17	杨飞	3单元	102	167	131	125	107	90	101	721	360.5
18	张芳	1单元	301	143	115	129	110	110	89	696	348
19	赵万程	1单元	102	137	136	135	115	103	92	718	359
20	周书奇	3单元	101	144	149	133	118	107	95	746	373
21	各月电量合计			2543	2572	2431	1996	1857	1661	13060	6530
22											
23	注：电价均按0.5元/度计算。										

（a）电量合计柱形比较图

	A	B	C	D	E	F	G
3	行标签	求和项:7月	求和项:8月	求和项:9月	求和项:10月	求和项:11月	求和项:12月
4	卞弈欢	120	162	135	108	102	94
5	陈安阁	128	135	146	100	108	86
6	樊可期	160	160	134	120	113	97
7	高红云	155	142	145	105	117	92
8	霍凡	170	138	133	104	90	89
9	蒋方志	136	167	133	102	97	99
10	李静	152	142	140	109	99	90
11	李鹏	141	170	145	111	108	86
12	刘昌海	130	141	127	119	97	93
13	邵杰	145	153	128	119	114	88
14	王克己	140	124	130	100	100	88
15	王婉	129	136	141	116	105	90
16	魏浩	119	123	132	119	106	96
17	薛明	127	148	140	114	91	96
18	杨飞	167	131	125	107	90	101
19	张芳	143	115	129	110	110	89
20	赵万程	137	136	135	115	103	92
21	周书奇	144	149	133	118	107	95
22	总计	2543	2572	2431	1996	1857	1661

按业主查看用电量　下半年电费

（b）按业主查看用电量的数据透视表

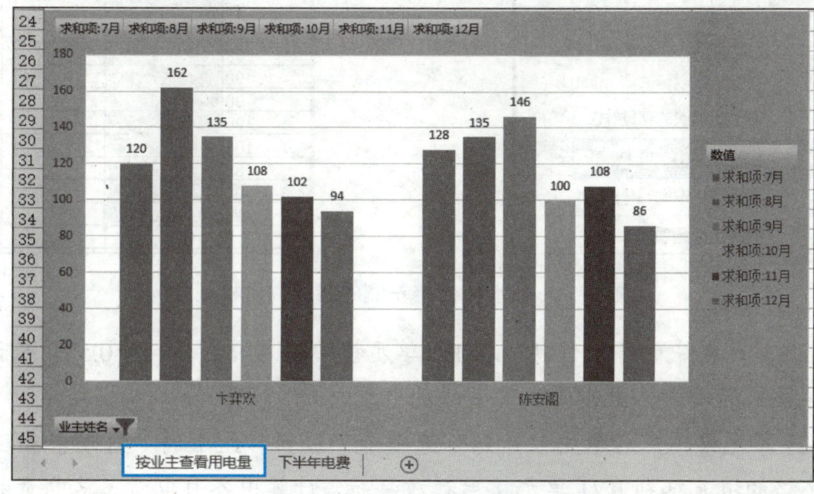

（c）按业主查看用电量的数据透视图

图 3-60　电费统计表分析结果

实践步骤

一、计算总电量、总价和各月电量合计

步骤 1▶ 打开本书配套素材“项目三”/“实践四”/“电费统计表”工作簿。

步骤 2▶ 在 J3 单元格中单击，然后单击“开始”选项卡“编辑”组中的“自动求和”按钮Σ，接着在工作表中重新选择要进行求和的单元格区域 D3:I3，如图 3-61 所示。

	A	B	C	D	E	F	G	H	I	J	K
1	2020年下半年蓝天物业1号楼电费统计表										
2	业主姓名	单元号	房间号	7月	8月	9月	10月	11月	12月	总电量	总价
3	卞弈欢	2单元	201	120	162	135	108	102	94	=SUM(D3:I3)	
4	陈安阁	2单元	302	128	135	146	100	108	86	SUM(**number1**, [number2], ...)	
5	樊可期	2单元	301	160	160	134	120	113	97		

图 3-61　选择要求和的单元格区域

步骤 3▶ 按“Enter”键后向下拖动 J3 单元格的填充柄到 J20 单元格后释放鼠标，计算出各业主下半年的总电量。

步骤 4▶ 为美观起见，单击单元格左侧的“错误检查”按钮，在展开的下拉列表中选择“忽略错误”选项，将该列错误忽略，如图 3-62 所示。

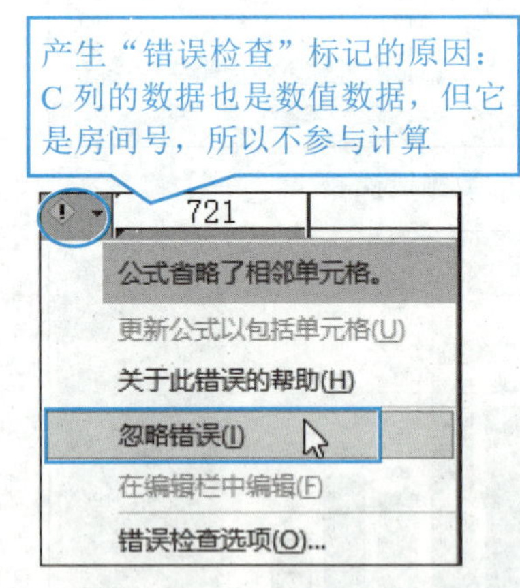

I	J	K
计表		
12月	总电量	总价
94	721	
86	703	
97	784	
92	756	
89	724	
99	734	
90	732	
86	761	
93	707	
88	747	
88	682	
90	717	
96	695	
96	716	
101	721	
89	696	
92	718	
95	746	

图 3-62　取消单元格左侧的错误提示标记

步骤 5▶ 根据 A23 单元格中的备注信息，在 K3 单元格中输入公式“=J3*0.5”，确认后向下拖动 K3 单元格的填充柄到 K20 后释放鼠标，计算出各业主下半年的电费总价。

步骤 6▶ 单击 D21 单元格，然后单击“开始”选项卡“编辑”组中的“自动求和”按钮Σ，按“Enter”键后向右拖动 D21 单元格的填充柄到 K21 单元格后释放鼠标，计算出各月电量、总电量和总价合计，如图 3-63 所示。

	A	B	C	D	E	F	G	H	I	J	K
1	2020年下半年蓝天物业1号楼电费统计表										
2	业主姓名	单元号	房间号	7月	8月	9月	10月	11月	12月	总电量	总价
3	卞弈欢	2单元	201	120	162	135	108	102	94	721	360.5
4	陈安阁	2单元	302	128	135	146	100	108	86	703	351.5
5	樊可期	2单元	301	160	160	134	120	113	97	784	392
6	高红云	3单元	201	155	142	145	105	117	92	756	378
7	霍凡	3单元	302	170	138	133	104	90	89	724	362
8	蒋方志	2单元	101	136	167	133	102	97	99	734	367
9	李静	1单元	201	152	142	140	109	99	90	732	366
10	李鹏	1单元	302	141	170	145	111	108	86	761	380.5
11	刘昌海	1单元	101	130	141	127	119	97	93	707	353.5
12	邵杰	2单元	202	145	153	128	119	114	88	747	373.5
13	王克己	1单元	202	140	124	130	100	100	88	682	341
14	王婉	3单元	301	129	136	141	116	105	90	717	358.5
15	魏浩	3单元	202	119	123	132	119	106	96	695	347.5
16	薛明	2单元	102	127	148	140	114	91	96	716	358
17	杨飞	3单元	102	167	131	125	107	90	101	721	360.5
18	张芳	1单元	301	143	115	129	110	110	89	696	348
19	赵万程	1单元	102	137	136	135	115	103	92	718	359
20	周书奇	3单元	101	144	149	133	118	107	95	746	373
21	各月电量合计			2543	2572	2431	1996	1857	1661	13060	6530
22											
23	注：电价均按0.5元/度计算。										

下半年电费

图 3-63　计算各月电量、总电量和总价合计

二、制作电量合计柱形比较图

步骤 1▶ 选择 D2:I2 单元格区域，按住“Ctrl”键的同时再选择 D21:I21 单元格区域，如图 3-64 所示。

	A	B	C	D	E	F	G	H	I
1	2020年下半年蓝天物业1号楼电费统计表								
2	业主姓名	单元号	房间号	7月	8月	9月	10月	11月	12月
3	卞弈欢	2单元	201	120	162	135	108	102	94
4	陈安阁	2单元	302	128	135	146	100	108	86
5	樊可期	2单元	301	160	160	134	120	113	97
6	高红云	3单元	201	155	142	145	105	117	92
7	霍凡	3单元	302	170	138	133	104	90	89
8	蒋方志	2单元	101	136	167	133	102	97	99
9	李静	1单元	201	152	142	140	109	99	90
10	李鹏	1单元	302	141	170	145	111	108	86
11	刘昌海	1单元	101	130	141	127	119	97	93
12	邵杰	2单元	202	145	153	128	119	114	88
13	王克己	1单元	202	140	124	130	100	100	88
14	王婉	3单元	301	129	136	141	116	105	90
15	魏浩	3单元	202	119	123	132	119	106	96
16	薛明	2单元	102	127	148	140	114	91	96
17	杨飞	3单元	102	167	131	125	107	90	101
18	张芳	1单元	301	143	115	129	110	110	89
19	赵万程	1单元	102	137	136	135	115	103	92
20	周书奇	3单元	101	144	149	133	118	107	95
21	各月电量合计			2543	2572	2431	1996	1857	1661
22									
23	注：电价均按0.5元/度计算。								

下半年电费

图 3-64　选择要创建图表的数据区域

步骤 2▶ 单击“插入”选项卡“图表”组中的“柱形图”按钮，在展开的下拉列表中选择“二维柱形图”组中的“簇状柱形图”选项，在工作表中插入一张簇状柱形图，如图 3-65 所示。

步骤 3▶ 将“图表标题”文本改为“各月用电量合计比较图”，然后利用“开始”选项卡设置其字符格式为微软雅黑、20 磅，如图 3-66 所示。

步骤 4▶ 单击图表右侧的“图表元素”按钮，然后将鼠标指针移动到“坐标轴标题”选项上，单击其右侧出现的▸按钮，在展开的列表中选择“更多选项”选项，如图 3-67 所示。

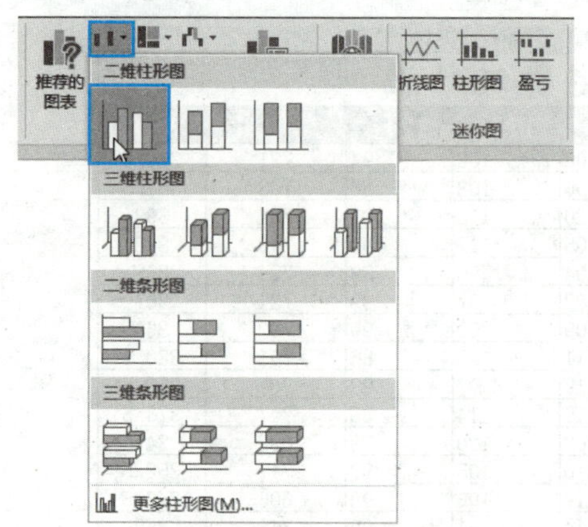

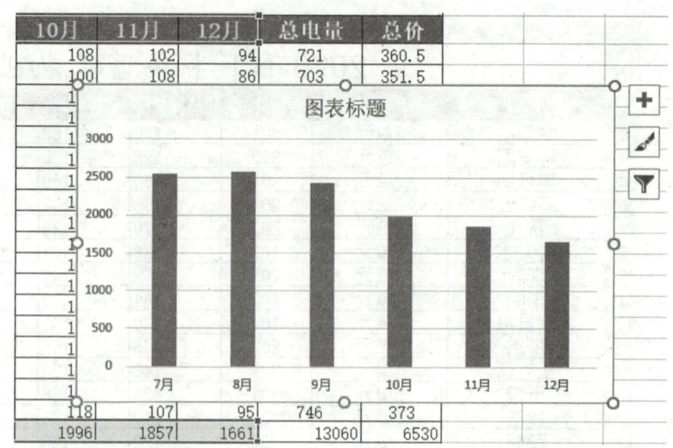

图 3-65　在工作表中插入簇状柱形图

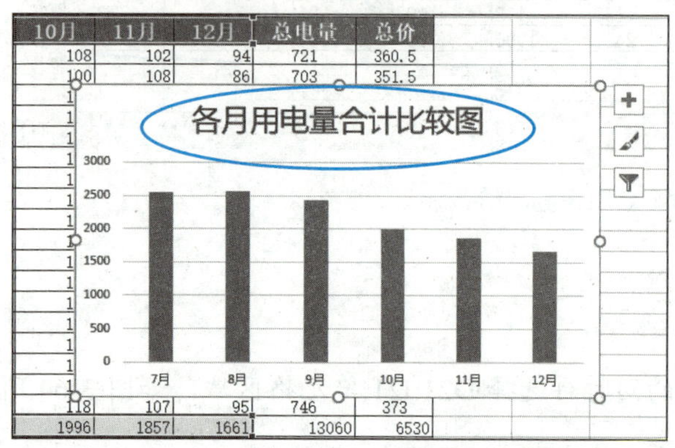

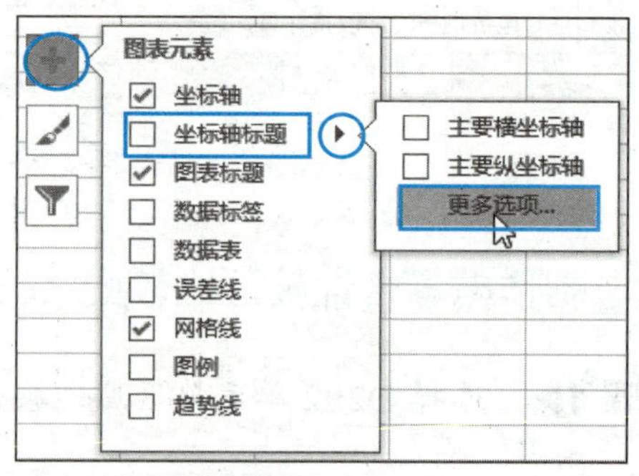

图 3-66　输入图表标题文本并设置格式　　图 3-67　选择“更多选项”选项

步骤 5▶　此时，在图表中显示添加的横、纵坐标轴标题字样并打开“设置坐标轴标题格式”任务窗格，如图 3-68 所示。

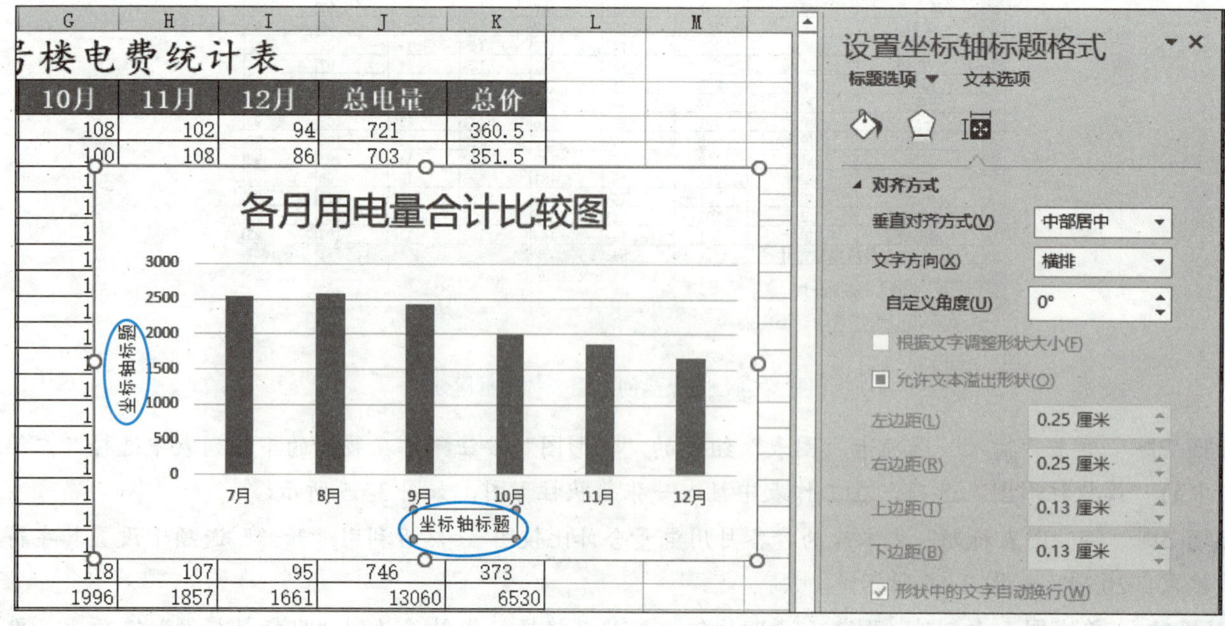

图 3-68　在图表中添加坐标轴标题

步骤 6▶ 分别输入横、纵坐标轴标题文本“月份”和“电量”，并设置其字符格式为 14 磅、加粗，然后选中纵坐标轴标题文本“电量”编辑框，在“设置坐标轴标题格式”任务窗格中切换到“大小与属性”设置区，再单击“文字方向”编辑框右侧的下拉按钮▾，在展开的下拉列表中选择“竖排”选项，将纵坐标轴标题文本“电量”以竖排方式显示，如图 3-69 所示。

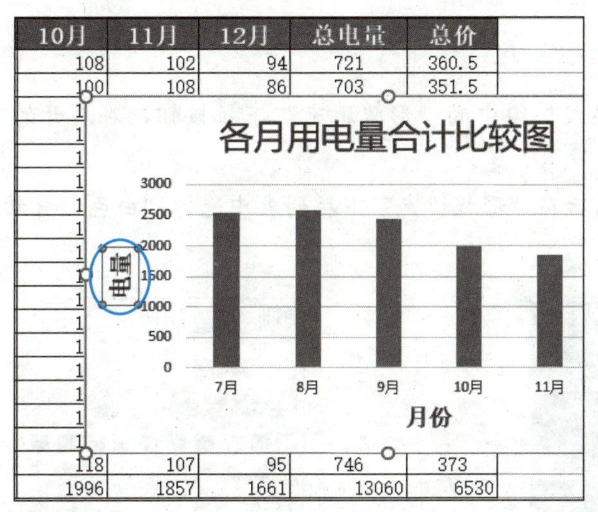

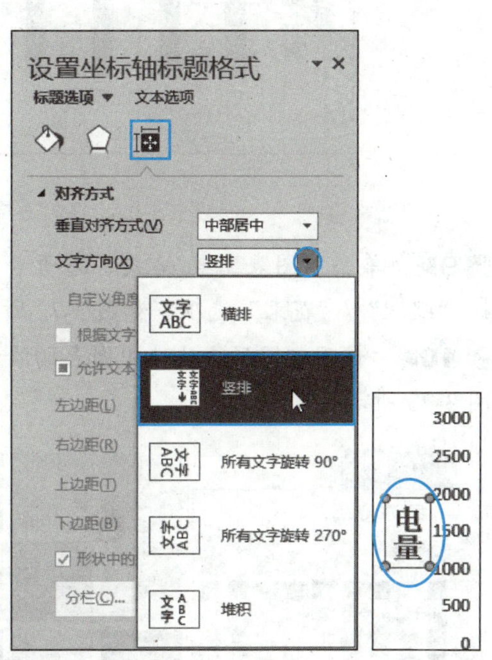

图 3-69 设置纵坐标轴标题文本的文字方向

步骤 7▶ 在“图表元素”下拉列表中选中“数据标签”复选框，在图表系列上显示数据标签，如图 3-70 所示。

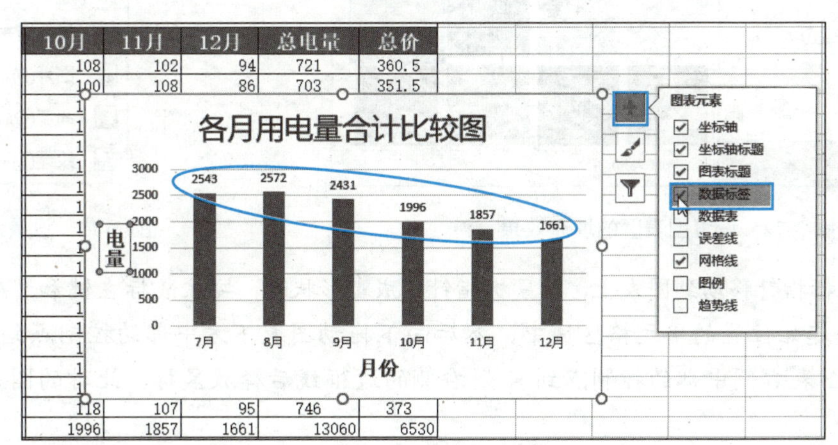

图 3-70 在图表系列上显示数据标签

步骤 8▶ 将鼠标指针移动到图表的图表区上，待显示“图表区”字样时单击，或单击“图表工具/格式”选项卡“当前所选内容”组中的“图表元素”编辑框右侧的下拉按钮▾，在展开的下拉列表中选择“图表区”选项，以选中图表区，如图 3-71 所示。

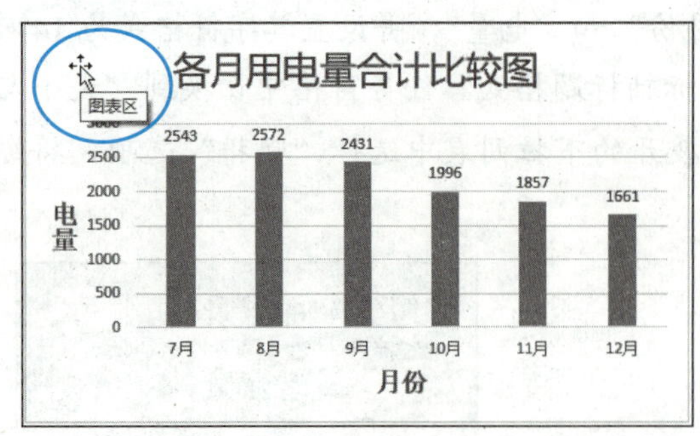

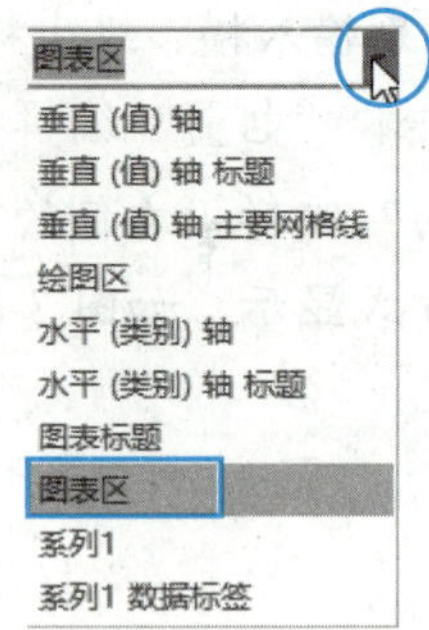

图 3-71　选中图表区

步骤 9▶　单击“图表工具/格式”选项卡“形状样式”组中的“形状填充”下拉按钮，在展开的下拉列表中选择“纹理”/“花束”选项，如图 3-72 所示。

步骤 10▶　使用相同的方法选中图表的绘图区，然后在“形状填充”下拉列表中选择“白色，背景 1”选项，如图 3-73 所示。

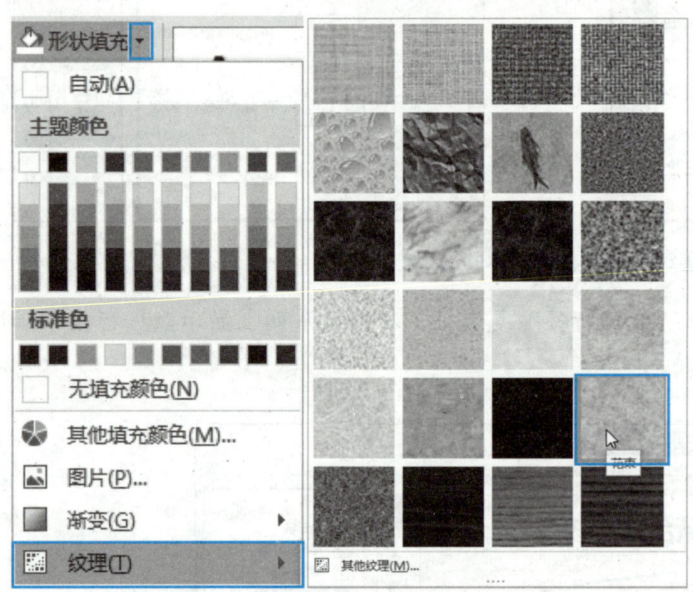

图 3-72　设置图表区的填充效果

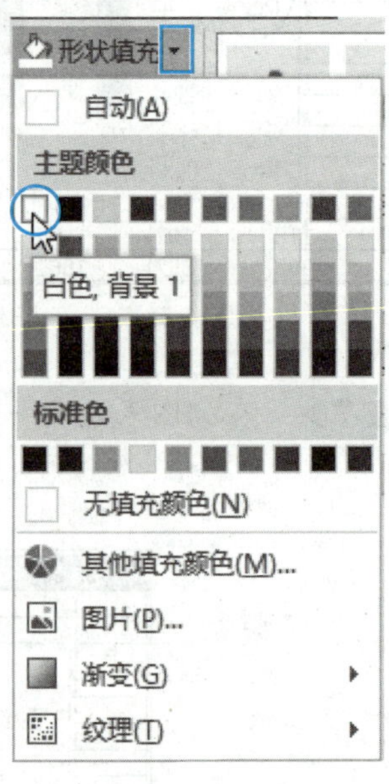

图 3-73　设置绘图区的填充颜色

步骤 11▶　将鼠标指针移动到图表上，待鼠标指针变成✥形状时，按住鼠标左键和“Alt”键的同时将其拖动到以 A25 单元格为起始位置的单元格区域中，然后向下拖动图表下方中部的控制点到第 45 行的下边框线后释放鼠标，再拖动图表右侧中部的控制点到 K 列右侧的边框线后释放鼠标，此时的图表效果如图 3-60（a）所示。

三、创建按业主查看用电量的数据透视表

步骤 1▶　在数据表的任意单元格中单击，然后单击“插入”选项卡“表格”组中的“数据透视表”按钮，如图 3-74 所示。

步骤 2▶　打开“创建数据透视表”对话框，在“表/区域”编辑框中确认要创建数据透视表的数据区域。这里在工作表中选择 A2:I20 单元格区域，然后单击“确定”按钮，如图 3-75 所示。

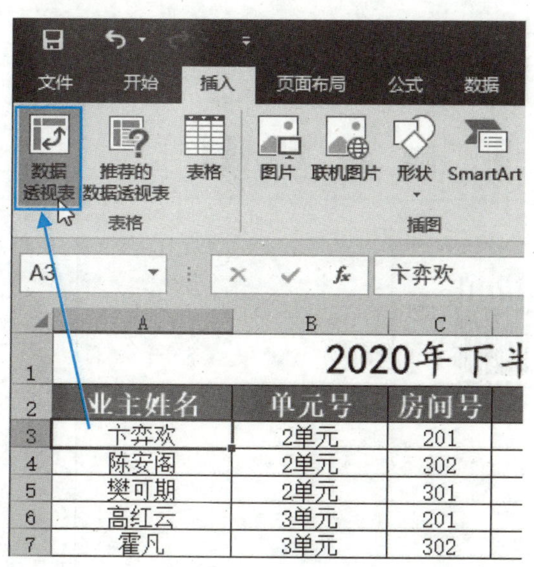

图 3-74 单击“数据透视表”按钮

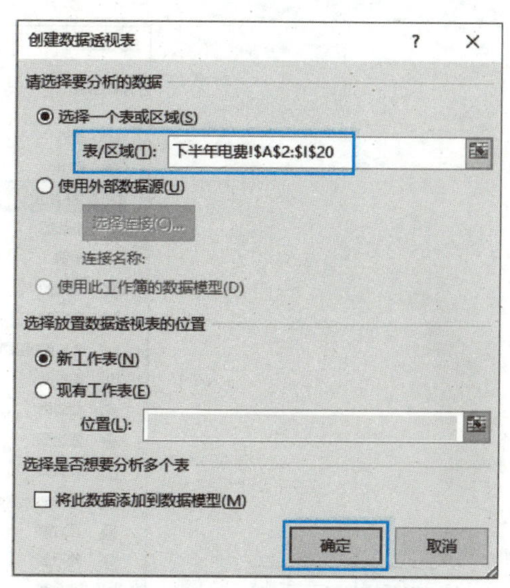

图 3-75 重新选择要创建数据透视表的数据区域

步骤 3▶ 此时，Excel 会自动新建一个空白工作表以放置创建的数据透视表，在“数据透视表字段”任务窗格中选中“业主姓名”及“7 月”至“12 月”复选框（Excel 会根据选中的字段合理安排其位置），或将“业主姓名”字段拖动到“行”区域，将“7 月”至“12 月”字段拖动到“值”区域，如图 3-76 所示。

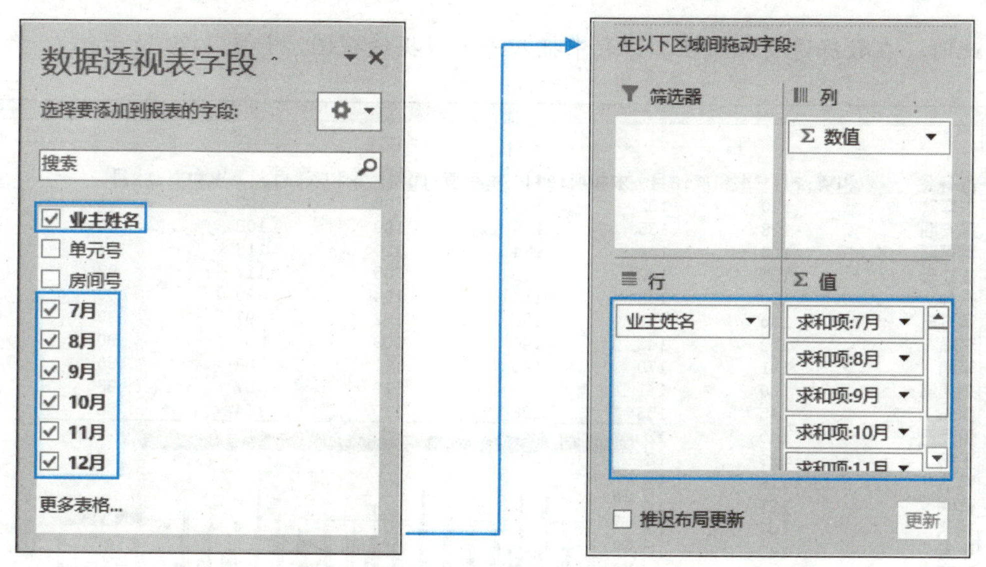

图 3-76 布局字段

步骤 4▶ 布局好字段后，即可在放置数据透视表的位置看到创建的数据透视表，然后重命名放置数据透视表的工作表名称为“按业主查看用电量”，效果如图 3-60（b）所示。

四、创建按业主查看用电量的数据透视图

步骤 1▶ 在创建的数据透视表的任意单元格中单击，然后单击“数据透视表工具/分析”选项卡“工具”组中的“数据透视图”按钮，如图 3-77 所示。

步骤 2▶ 打开“插入图表”对话框，选择“柱形图”/“簇状柱形图”选项，然后单击“确定”按钮，如图 3-78 所示。

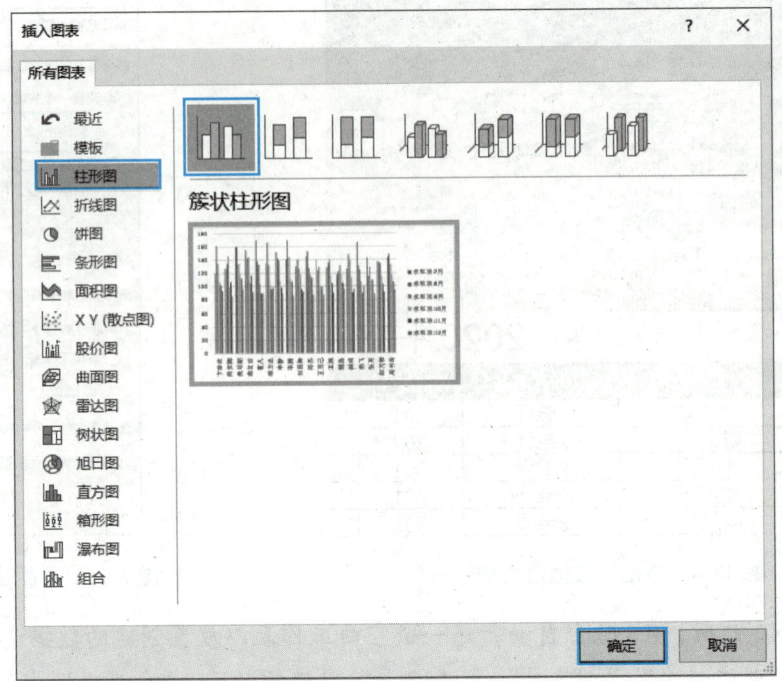

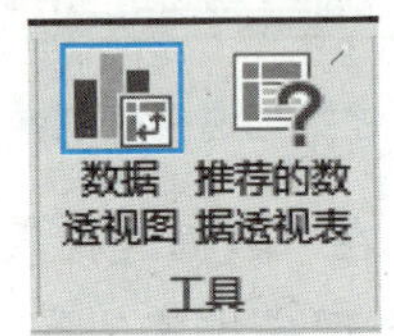

图 3-77　单击“数据透视图”按钮

图 3-78　选择图表类型

步骤 3▶　此时，在数据透视表所在工作表中插入一个数据透视图，如图 3-79 所示。

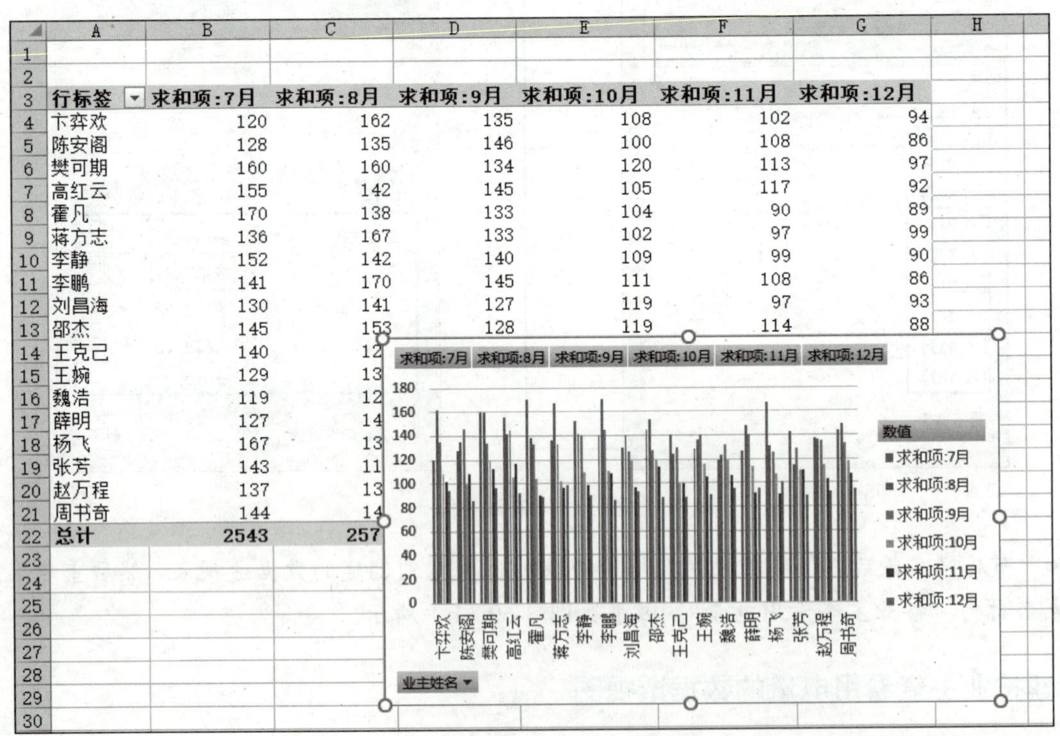

行标签	求和项:7月	求和项:8月	求和项:9月	求和项:10月	求和项:11月	求和项:12月
卞弈欢	120	162	135	108	102	94
陈安阁	128	135	146	100	108	86
樊可期	160	160	134	120	113	97
高红云	155	142	145	105	117	92
霍凡	170	138	133	104	90	89
蒋方志	136	167	133	102	97	99
李静	152	142	140	109	99	90
李鹏	141	170	145	111	108	86
刘昌海	130	141	127	119	97	93
邵杰	145	153	128	119	114	88
王克己	140	12				
王婉	129	13				
魏浩	119	12				
薛明	127	14				
杨飞	167	13				
张芳	143	11				
赵万程	137	13				
周书奇	144	14				
总计	**2543**	**257**				

图 3-79　插入数据透视图

步骤 4▶　使用美化图表的方法，为数据透视图的图表区填充“蓝色，个性色 1，淡色 40%”颜色（见图 3-80），为绘图区填充“白色，背景 1”颜色。

步骤 5▶ 选中数据透视图，然后单击“数据透视表工具/设计”选项卡“图表布局”组中的“添加图表元素”按钮，在展开的下拉列表中选择“数据标签”/“数据标签外”选项（见图 3-81），在数据系列上显示数据。

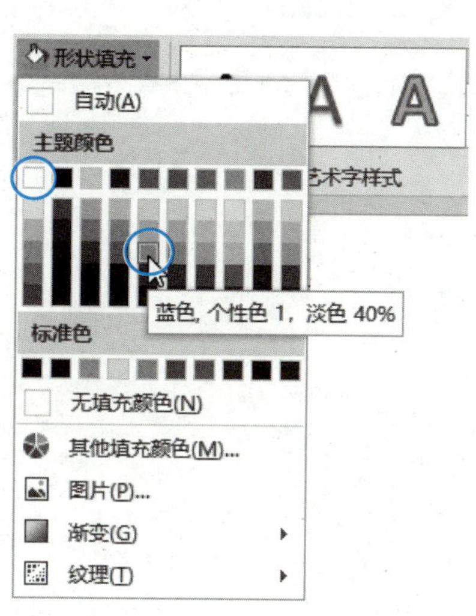

图 3-80 设置图表区的填充颜色

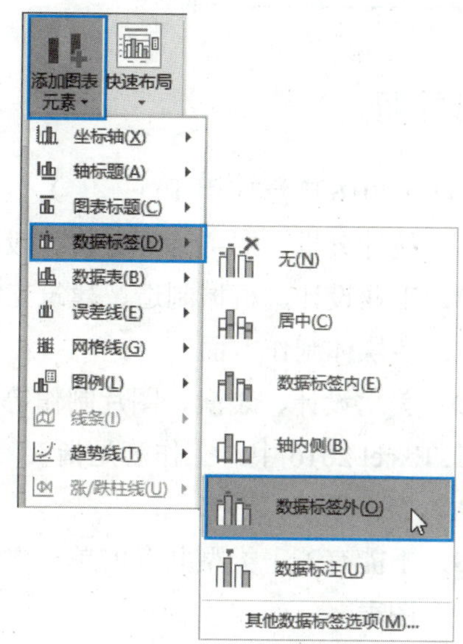

图 3-81 选择“数据标签外”选项

步骤 6▶ 使用移动图表的方法，将数据透视图移动到工作表的 A24:G45 单元格区域。

步骤 7▶ 单击数据透视图左下角的“业主姓名”按钮，在展开的列表中取消“全选”复选框的选中状态，然后选中要查看电量的业主姓名，如“卞弈欢”“陈安阁”（见图 3-82），最后单击“确定”按钮，效果如图 3-60（c）所示。

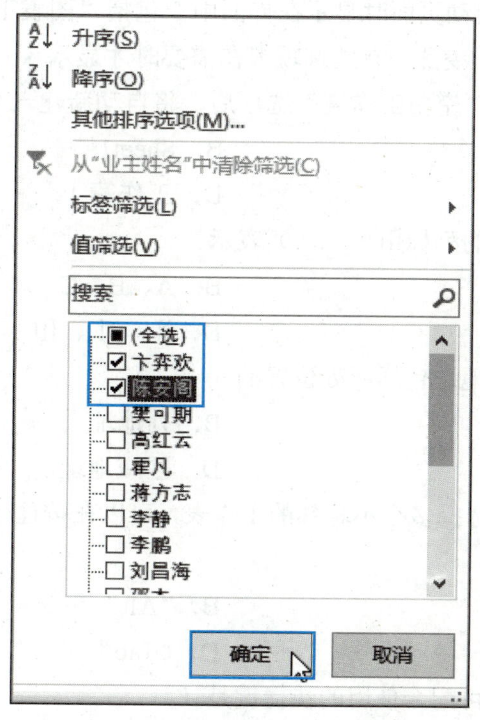

图 3-82 查看指定业主的用电量

习题精选

一、选择题

（1）Excel 2016 广泛应用于（　　）。

A．统计分析、财务管理分析、股票分析等各个方面

B．工业设计、机械制造、建筑工程等各个方面

C．多媒体制作方面

D．美术设计、装潢、图片制作等各个方面

（2）在 Excel 2016 中，工作簿是指（　　）。

A．操作系统

B．不能有若干类型共存的单一电子表格

C．图表

D．用来存储和处理数据的文件

（3）Excel 2016 工作表中最基本的单位是（　　）。

A．单元格　　B．工作表　　C．工作簿　　D．Excel 文件

（4）下列关于功能区选项卡的说法中，错误的是（　　）。

A．Excel 2016 中所有的操作命令都分类放置在功能区的选项卡中

B．每个选项卡中存放着相关的功能群组，方便使用者切换、选用

C．所有的选项卡都会在启动页面时显示在界面中，包括“图表工具”选项卡

D．为了避免整个界面过于凌乱，有些选项卡在需要时才显示

（5）当启动 Excel 2016 并选择“空白工作簿”选项后，将自动新建一个名称为（　　）的新工作簿。

A．文档 1　　B．Sheet1

C．Book1　　D．工作簿 1

（6）在 Excel 2016 中，工作表的列标用（　　）表示。

A．1、2、3　　B．A、B、C

C．甲、乙、丙　　D．Ⅰ、Ⅱ、Ⅲ

（7）在 Excel 2016 中，单元格地址包括所处位置的（　　）。

A．行地址　　B．列地址

C．列和行的地址　　D．区域地址

（8）在 Excel 2016 中，要同时选择多个不相邻的工作表，可以在按住（　　）键的同时依次单击要选择的工作表标签。

A．“Ctrl”　　B．“Alt”

C．“Shift”　　D．“Tab”

（9）要选择不连续的单元格，可配合使用的快捷键是（　　）。

A．“Shift”　　B．“Ctrl”

C．“Alt”　　D．“Backspace”

（10）下列操作中，能正确选择单元格区域 A2:D10 的是（　　）。

A．在名称框中输入单元格区域范围 A2～D10

B．将鼠标指针移动到 A2 单元格后按住鼠标左键并拖动到 D10 单元格

C．单击 A2 单元格，然后单击 D10 单元格

D．单击 A2 单元格，然后按住“Ctrl”键的同时单击 D10 单元格

（11）在 Excel 2016 中，若要表示当前工作表中 B2 到 F6 的单元格区域，则应书写为（　　）。

A．B2.F6　　B．B2:F6

C．B2-F6　　D．B2,F6

（12）如果要在 Excel 2016 的单元格中输入数字 01068812344（电话号码），应输入的是（　　）。

A．01068812344　　B．"01068812344"

C．01068812344'　　D．'01068812344

（13）在 Excel 2016 中，A5 单元格的内容是“A5”，拖动其填充柄到 C5，则 B5、C5 单元格的内容分别为（　　）。

A．B5　C5　　B．B6　C7

C．A6　A7　　D．A5　A5

（14）在 Excel 2016 中，在单元格中输入“2020 年 10 月 11 日”的正确格式为（　　）。

A．2020-11-10　　B．11-10-2020

C．10-11-2020　　D．2020-10-11

（15）在 Excel 2016 中，假设要向单元格中输入的文本数据为“X+Y=18”，正确的输入格式是（　　）。

A．X+Y'18　　B．X+Y=18

C．&X+Y=18　　D．%X+Y='18

（16）要修改单元格中的部分内容，可（　　）后进行编辑。

A．双击单元格　　B．单击单元格

C．选择单元格后回车　　D．选择单元格后按“Tab”键

（17）在 Excel 2016 中，在当前单元格中输入数值型数据时，默认为（　　）。

A．居中　　B．左对齐

C．右对齐　　D．随机

（18）在 Excel 2016 中调整行高的方法不包括（　　）。

A．单击“开始”选项卡“单元格”组中的“格式”按钮，在展开的下拉列表中选择“行高”选项，在打开的“行高”对话框中进行设置

B．在行号处右击，在弹出的快捷菜单中选择“行高”选项，打开“行高”对话框进行设置

C．将鼠标指针移动到需要调整行高的行号下边框线上，待鼠标指针呈上下双向箭头形状时，按住鼠标左键上下拖动，到合适的位置后释放鼠标即可

D．单击“开始”选项卡“单元格”组中的“数据”按钮，在展开的下拉列表中选择“行高”选项，在打开的“行高”对话框中进行设置

（19）Excel 2016 的数字格式包括（　　）。

A．货币　　B．会计专用

C．分数　　D．以上皆是

（20）在 Excel 2016 中，A1 单元格的数字格式为整数，则当输入 33.51 时，显示为（　　）。

A．33.51　　B．33　　C．34　　D．ERROR

（21）在 Excel 2016 中，要表示一个单元格的行地址或列地址为绝对地址引用，则应在其前面加上符号（　　）。

A．@　　B．#　　C．$　　D．%

（22）下列关于公式和函数的说法中，错误的是（　　）。

A．要输入公式，必须先输入“=”号，然后输入操作数和运算符

B．函数必须包含在公式中

C．公式和函数是相互独立的，没有任何关系

D．公式中的操作数可以是常量、单元格引用和函数等

（23）默认情况下，在单元格中输入公式并确定后，单元格中显示（　　）。

A．？　　B．计算结果

C．公式内容　　D．True

（24）若在工作表的 A2 单元格中输入公式“=56>=57”，则显示结果为（　　）。

A．56<57　　B．=56<57

C．TRUE　　D．FALSE

（25）在工作表的 A1 和 B1 单元格中分别输入“12”“34”，在 C1 单元格中输入公式“=A1&B1”，则 C1 单元格中的结果是（　　）。

A．1234　　B．12　　C．34　　D．46

（26）在 Excel 2016 中，要利用 F8 单元格计算 D8+E8 的值，则应该在 F8 单元格中输入（　　）。

A．=D8+E8　　B．D8+E8　　C．%D8+E8　　D．'D8+E8

（27）在 Excel 2016 的某个单元格中输入公式“=SUM(10,20,13)”，确认后得到的值为（　　）。

A．25　　B．33　　C．43　　D．45

（28）在 Excel 2016 的某个单元格中输入公式“=13*5+2”，确认后得到的值为（　　）。

A．13*5+2　　B．=13*5+2　　C．67　　D．65

（29）下列选项中，属于单元格绝对引用的是（　　）。

A．B2　　B．¥B¥2　　C．$B2　　D．$B$2

（30）在 Excel 2016 中，如果一个单元格的地址表示为$D25，则该单元格的行地址为（　　）。

A．D　　B．25　　C．45　　D．30

（31）在 Excel 2016 中，单元格 K13 的相对地址表示为（　　）。

A．$K13　　B．K13　　C．K$13　　D．K13

（32）在 Excel 2016 中，表示逻辑值为真的标识符为（　　）。

A．F　　B．T

C．FALSE　　D．TRUE

（33）在 Excel 2016 中，为了形象、直观地表示数值大小及变化趋势时，往往选择（　　）。

A．文本　　B．表格

C．图表　　D．数据透视表

（34）在 Excel 2016 中，求一组数值的平均值所使用的函数为（　　）。

A．AVERAGE　　B．MIN　　C．MAX　　D．SUM

（35）在 Excel 2016 中，求一组数值中的最大值所使用的函数为（　　）。

A．AVERAGE　　B．MAX　　C．SUM　　D．MIN

（36）在 Excel 2016 中，要显示一个整体内各部分所占的比例，往往选择（　　）。

A．柱形图　　B．饼图　　C．折线图　　D．雷达图

（37）Excel 2016 的筛选功能包括高级筛选和（　　）。

A．直接筛选　　B．自动筛选

C．复杂筛选　　D．间接筛选

（38）在 Excel 2016 的高级筛选条件区域中，对于各字段“与”的条件（　　）。

A．必须写在同一行中

B．可以写在不同的行中

C．一定要写在不同的行中

D．对条件表达式所在的行无严格要求

（39）用筛选条件“数学>70 与总分>350”对考生成绩数据表进行筛选后，筛选结果中显示的是（　　）。

A．所有数学>70 的记录

B．所有数学>70 且总分>350 的记录

C．所有总分>250 的记录

D．所有数学>70 或者总分>350 的记录

（40）在 Excel 2016 中，在进行分类汇总前应（　　）。

A．先按要分类汇总的字段进行排序

B．先对符合条件的数据进行筛选

C．先排序、再筛选

D．都不需要

二、填空题

（1）Excel 2016 默认的文件扩展名为____________。

（2）工作表的名称显示在工作簿底部的____________上。

（3）工作表内用于输入文本、公式的空白长方形称为____________。

（4）在 Excel 2016 中，直接____________工作表标签，可以对工作表进行重命名操作。

（5）在 Excel 2016 中，选中整个工作表的快捷方式是____________________________。

（6）在 Excel 2016中，选中不连续的单元格区域时可使用鼠标和“________”键来实现。

（7）在 Excel 2016中，输入____________数据时可以利用填充柄自动快速输入。

（8）在 Excel 2016 中，在单元格中输入数据时，该数据同时会出现在活动单元格和工作表上方的_____________________中。

（9）在输入数据时，若要取消刚刚输入到当前单元格中的数据，可用鼠标单击快速访问工具栏中的“_________”按钮，或按“____________”组合键。

（10）在 Excel 2016 中，双击某单元格可以对该单元格中的数据进行____________操作。

（11）在 Excel 2016 中，用鼠标拖动方式将某单元格的内容复制到另一单元格中时，应同时按住“_____”键进行拖动。

（12）在 Excel 2016 的单元格中，作为常量输入的数据可以有数字和文本。默认情况下，单元格中的数字____________对齐，文本____________对齐。

（13）单元格中的数据在水平方向上有____________、____________和____________ 3 种对齐方式。

（14）在 Excel 2016 中，插入的行默认显示在选中行的____________。

（15）在 Excel 2016 中，单元格引用分为____________、绝对引用和混合引用。

（16）D3 表示工作表中第 3 行第 4 列的____________地址。

（17）函数通常由 3 个部分组成，包括____________、____________和____________。

（18）在 Excel 2016 中，自动求和可以通过____________函数来实现。

（19）利用 Excel 2016 的数据格式化功能，可以对单元格中的数据进行____________、____________、____________、____________、____________格式设置。

（20）在 Excel 2016 中，设置工作表的打印方向有____________和____________两种。

三、判断题

（1）用户只能从任务栏中启动 Excel 2016。（　）

（2）在 Excel 2016 的工作表中允许存储图表和图形。（　）

（3）在 Excel 2016 的操作窗口中，活动工作表标签为灰色显示。（　）

（4）Excel 2016 只能编制表格，不能实现计算功能。（　）

（5）第一次保存工作簿时，会打开“另存为”窗口。（　）

（6）在 Excel 2016 中，同一工作簿内的不同工作表可以有相同的名称。（　）

（7）Excel 2016 工作表的顺序可以人为改变。（　）

（8）在 Excel 2016 中，用鼠标单击某单元格，则该单元格变为活动单元格。（　）

（9）在 Excel 2016 中，B2 表示第 B 列与第 2 行交叉点所在的单元格。（　）

（10）在 Excel 2016 中，删除功能与清除功能的作用相同。（　）

（11）在 Excel 2016 中，用填充柄方式输入“1、2、3、4、5”等序列值的操作步骤如下：在第一个单元格中输入序列的第一个值“1”，然后将鼠标指针移动到该单元格的填充柄上，此时鼠标指针变为实心的十字形，按住鼠标左键纵向或横向拖动填充柄即可。（　）

（12）在单元格中输入数字时前面加上单引号“'”，则该数字可作为文本数据处理。（　）

（13）在 Excel 2016 中，单元格的数据填充不一定在相邻的单元格中进行。（　）

（14）Excel 2016 中的清除操作是指将单元格的内容删除，包括其所在的地址。（　）

（15）Excel 2016 对常用的数字格式已经设定并进行了分类，包括数值、日期、分数等类型。（　）

（16）合并单元格只能合并横向的多个单元格。（　）

（17）在 Excel 2016 的单元格引用中，单元格地址不会随位移的方向与大小而改变的称为相对引用。（　）

（18）在 Excel 2016 中，同一工作表中的数据才能进行合并计算。（　）

（19）在 Excel 2016 中，只能对数字进行排序。（　）

（20）在 Excel 2016 的“排序”对话框中，“升序”和“降序”指的是排列次序。（　）

（21）在 Excel 2016 中，所谓筛选是在原始数据表中将满足一定条件的数据挑选出来，形成一个新的数据清单。（　）

（22）在 Excel 2016 中，在进行分类汇总之前，首先要对分类字段进行排序。（　　）

（23）在 Excel 2016 中，进行分类汇总后的数据表不能再恢复成原工作表的记录。（　　）

（24）用户可以对 Excel 2016 工作表中的数据建立图表，但图表一定要存放在同一张工作表中。（　　）

（25）在 Excel 2016 中创建数据透视表时，默认情况下创建在新工作表中。（　　）

四、操作题

（1）制作差旅费报销单，效果如图 3-83 所示。

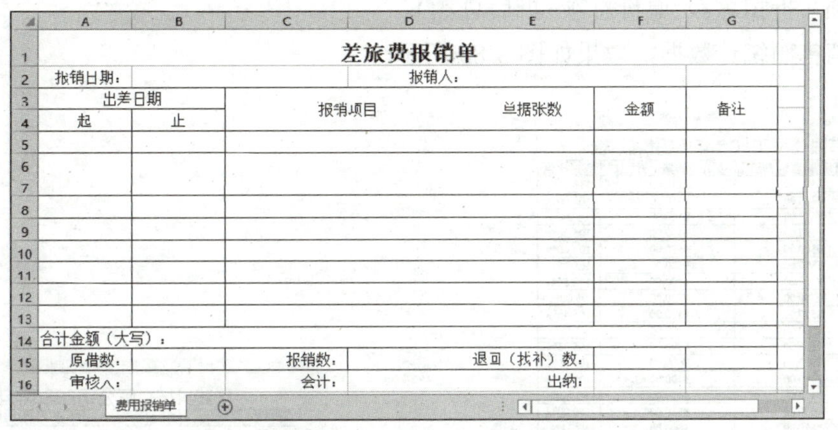

差旅费报销单

报销日期：		报销人：				
出差日期		报销项目		单据张数	金额	备注
起	止					
合计金额（大写）：						
原借数：		报销数：		退回（找补）数：		
审核人：		会计：		出纳：		

费用报销单

图 3-83　差旅费报销单效果

① 新建“差旅费报销单”工作簿并重命名工作表为“费用报销单”。

② 设置报销单标题的格式为宋体、18 磅、加粗、中部底端对齐，报销单内容的字号为 12 磅，参照效果图合并相关单元格并设置单元格内容的对齐方式。

③ 精确调整第 1 行的行高为 30，其他行的行高为 18，A～B、F～G 列的列宽为 12，C～E 列的列宽为 16。

④ 为表格相关单元格添加边框线。

（2）计算商品促销折算表数据，效果如图 3-84 所示。

凡购买A类商品享受7折优惠，B类商品享受8折优惠，C类商品享受9折优惠，购买其他商品（用代码N表示）没有优惠。

奥客隆超市6.18促销活动价目折算表

序号	品名	类别	单位	销售量	原价	原价总额	折后价	折后总额
167	光辉桶装洗衣粉	B	桶	44	¥20	¥871.2	¥13.9	¥609.84
168	舒肤佳柠檬香皂	C	盒	53	¥4	¥190.8	¥2.9	¥152.64
169	牛皮纸文件袋	A	包	195	¥10	¥1,930.5	¥5.9	¥1,158.30
170	易尔利1032包式记事本	B	本	256	¥10	¥2,534.4	¥6.9	¥1,774.08
171	罗氏129细枪钢笔	B	支	256	¥6	¥1,510.4	¥4.1	¥1,057.28
172	索尼1.44软盘	C	盒	558	¥39	¥21,762.0	¥31.2	¥17,409.60
173	开普特健康跑步机	N	台	85	¥988	¥83,980.0	¥988.0	¥83,980.00
175	多用休闲枕	C	个	53	¥69	¥3,657.0	¥55.2	¥2,925.60
176	休闲座垫	A	个	195	¥20	¥3,880.5	¥11.9	¥2,328.30
177	纯棉双人四件套	B	套	421	¥17	¥7,114.9	¥11.8	¥4,980.43
178	迪斯尼印花浴巾	C	张	53	¥80	¥4,234.7	¥63.9	¥3,387.76
179	双层不锈钢杯	C	个	58	¥10	¥574.2	¥7.9	¥459.36
180	索芙特瘦脸洗面奶	N	瓶	53	¥13	¥683.7	¥12.9	¥683.70
181	喜肤面膜	N	盒	195	¥25	¥4,855.5	¥24.9	¥4,855.50
182	强生婴儿润肤露	C	瓶	256	¥13	¥3,200.0	¥10.0	¥2,560.00
183	无芯卷筒卫生纸	C	30卷袋	317	¥14	¥4,501.4	¥11.4	¥3,601.12
			原价总额与折后总额合计			¥1,354,722.6		¥1,033,536.40
			折扣总额			¥321,186.2		

6.18活动

图 3-84　商品促销折算表效果

① 打开本书配套素材“项目三”/“操作题”/“商品促销折算表”工作簿，然后计算原价总额（原价总额=销售量×原价）。

② 计算折后价。根据 A1 单元格中的说明文本，在 H4 单元格中输入公式“=IF(C4="A",F4*0.6,IF(C4="B",F4*0.7,IF(C4="C",F4*0.8,IF(C4="D",F4*0.9,F4))))”并确定，即可计算出第 1 件商品的折后价。其他商品的折后价可使用 H4 单元格的填充柄快速填充。

③ 计算折后总额（折后总额=销售量×折后价）。

④ 计算原价总额和折后总额合计。可直接单击“自动求和”按钮。

⑤ 计算折扣总额（折扣总额=原价总额−折后总额）。

（3）分析年度销售额统计数据，效果如图 3-85 所示。

	A	B	C	D	E
1	华毅科技有限公司2020年年度销售额统计				
2	区域	季度	计划销售额（万元）	实际销售额（万元）	完成比例
3	北京	一季度	¥300.00	¥330.00	110.00%
4	北京	二季度	¥350.00	¥350.00	100.00%
5	北京	三季度	¥420.00	¥400.00	95.24%
6	北京	四季度	¥380.00	¥400.00	105.26%
7	广州	一季度	¥500.00	¥520.00	104.00%
8	广州	二季度	¥550.00	¥580.00	105.45%
9	广州	三季度	¥780.00	¥800.00	102.56%
10	广州	四季度	¥750.00	¥720.00	96.00%
11	江苏	一季度	¥550.00	¥580.00	105.45%
12	江苏	二季度	¥540.00	¥530.00	98.15%
13	江苏	三季度	¥560.00	¥590.00	105.36%
14	江苏	四季度	¥550.00	¥600.00	109.09%
15	南京	一季度	¥380.00	¥400.00	105.26%
16	南京	二季度	¥420.00	¥410.00	97.62%
17	南京	三季度	¥580.00	¥580.00	100.00%
18	南京	四季度	¥650.00	¥600.00	92.31%
19	山东	一季度	¥350.00	¥310.00	88.57%
20	山东	二季度	¥400.00	¥410.00	102.50%
21	山东	三季度	¥420.00	¥420.00	100.00%
22	山东	四季度	¥440.00	¥430.00	97.73%
23	上海	一季度	¥480.00	¥500.00	104.17%
24	上海	二季度	¥450.00	¥420.00	93.33%
25	上海	三季度	¥400.00	¥375.00	93.75%
26	上海	四季度	¥420.00	¥480.00	114.29%
27	重庆	一季度	¥400.00	¥375.00	93.75%
28	重庆	二季度	¥520.00	¥500.00	96.15%
29	重庆	三季度	¥600.00	¥550.00	91.67%
30	重庆	四季度	¥550.00	¥500.00	90.91%

（a）排序数据

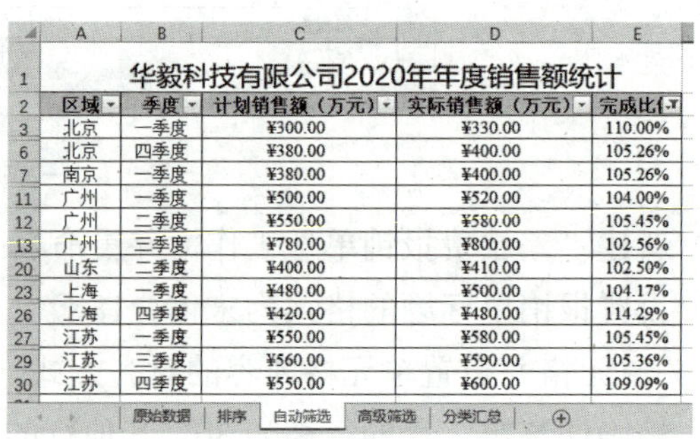

	A	B	C	D	E
1	华毅科技有限公司2020年年度销售额统计				
2	区域	季度	计划销售额（万元）	实际销售额（万元）	完成比例
3	北京	一季度	¥300.00	¥330.00	110.00%
6	北京	四季度	¥380.00	¥400.00	105.26%
7	南京	一季度	¥380.00	¥400.00	105.26%
11	广州	一季度	¥500.00	¥520.00	104.00%
12	广州	二季度	¥550.00	¥580.00	105.45%
13	广州	三季度	¥780.00	¥800.00	102.56%
20	山东	二季度	¥400.00	¥410.00	102.50%
23	上海	一季度	¥480.00	¥500.00	104.17%
26	上海	四季度	¥420.00	¥480.00	114.29%
27	江苏	一季度	¥550.00	¥580.00	105.45%
29	江苏	三季度	¥560.00	¥590.00	105.36%
30	江苏	四季度	¥550.00	¥600.00	109.09%

（b）自动筛选数据

	A	B	C	D	E
19	山东	一季度	¥350.00	¥310.00	88.57%
20	山东	二季度	¥400.00	¥410.00	102.50%
21	山东	三季度	¥420.00	¥420.00	100.00%
22	山东	四季度	¥440.00	¥430.00	97.73%
23	上海	一季度	¥480.00	¥500.00	104.17%
24	上海	二季度	¥450.00	¥420.00	93.33%
25	上海	三季度	¥400.00	¥375.00	93.75%
26	上海	四季度	¥420.00	¥480.00	114.29%
27	江苏	一季度	¥550.00	¥580.00	105.45%
28	江苏	二季度	¥540.00	¥530.00	98.15%
29	江苏	三季度	¥560.00	¥590.00	105.36%
30	江苏	四季度	¥550.00	¥600.00	109.09%
31					
32	区域	季度	计划销售额（万元）	实际销售额（万元）	完成比例
33	北京	四季度	¥380.00	¥400.00	105.26%
34	南京	四季度	¥650.00	¥600.00	92.31%
35	广州	四季度	¥750.00	¥720.00	96.00%
36	重庆	四季度	¥550.00	¥500.00	90.91%
37	山东	四季度	¥440.00	¥430.00	97.73%
38	上海	四季度	¥420.00	¥480.00	114.29%
39	江苏	四季度	¥550.00	¥600.00	109.09%

（c）高级筛选数据

	A	B	C	D	E
1	华毅科技有限公司2020年年度销售额统计				
2	区域	季度	计划销售额（万元）	实际销售额（万元）	完成比例
7	北京 汇总		¥1,450.00	¥1,480.00	
12	广州 汇总		¥2,580.00	¥2,620.00	
17	江苏 汇总		¥2,200.00	¥2,300.00	
22	南京 汇总		¥2,030.00	¥1,990.00	
27	山东 汇总		¥1,610.00	¥1,570.00	
32	上海 汇总		¥1,750.00	¥1,775.00	
37	重庆 汇总		¥2,070.00	¥1,925.00	
38	总计		¥13,690.00	¥13,660.00	
39					

（d）分类汇总数据

图 3-85　年度销售额统计表效果

① 打开本书配套素材“项目三”/“操作题”/“年度销售额统计表”工作簿，在新工作表“排序”中按“地区”升序排序数据。

② 在新工作表“自动筛选”中筛选出完成比例大于 100%的数据。

③ 在新工作表“高级筛选”中筛选出四季度完成比例大于 90%的数据。

④ 在新工作表“分类汇总”中汇总各地区的计划销售额和实际销售额。

（4）分析手机销售统计数据，效果如图 3-86 所示。

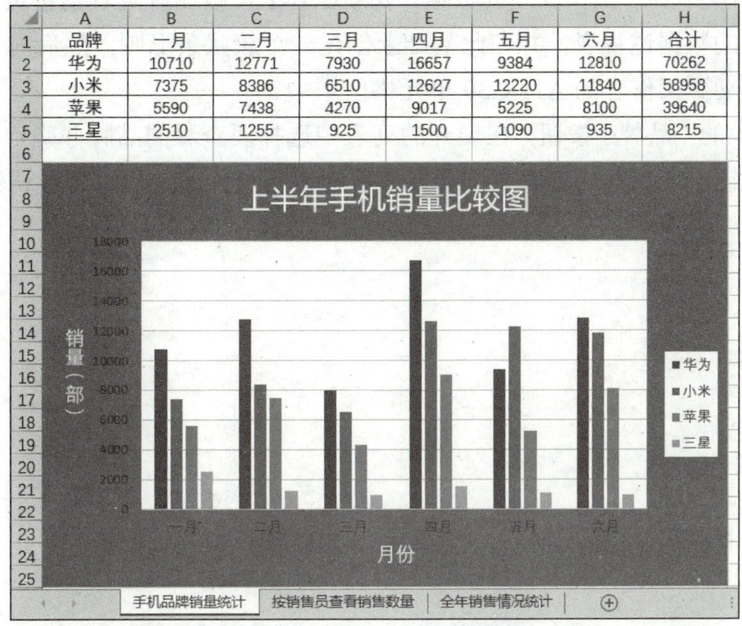

品牌	一月	二月	三月	四月	五月	六月	合计
华为	10710	12771	7930	16657	9384	12810	70262
小米	7375	8386	6510	12627	12220	11840	58958
苹果	5590	7438	4270	9017	5225	8100	39640
三星	2510	1255	925	1500	1090	935	8215

（a）上半年手机销量比较图

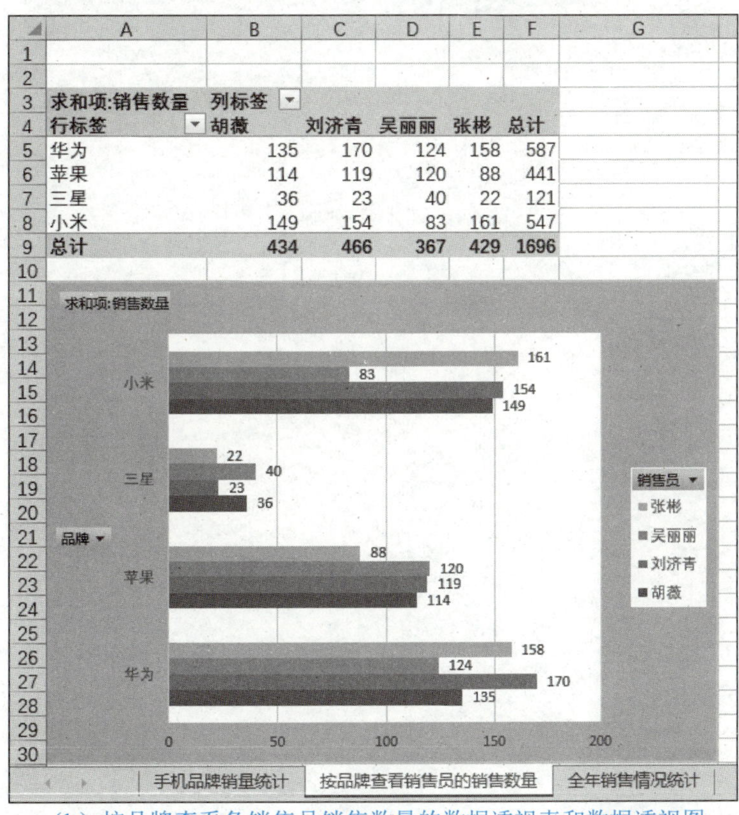

求和项:销售数量	列标签				
行标签	胡薇	刘济青	吴丽丽	张彬	总计
华为	135	170	124	158	587
苹果	114	119	120	88	441
三星	36	23	40	22	121
小米	149	154	83	161	547
总计	434	466	367	429	1696

（b）按品牌查看各销售员销售数量的数据透视表和数据透视图

图 3-86 手机销售统计表效果

① 打开本书配套素材“项目三”/“操作题”/“手机销售统计表”工作簿，在“手机品牌销量统计”工作表中创建图表标题为“上半年手机销量比较图”的簇状柱形图，并为其添加横、纵坐标轴标题“月份”“销量(部)”，

设置图表各标题文本的格式，以及图表区、绘图区和图例区的填充颜色，美观即可，最后将图表移动到工作表的 A7:H25 单元格区域中。

② 利用“全年销售情况统计”工作表中的数据，在新工作表“按品牌查看销售员的销售数量”中创建按品牌查看各销售员销售数量的数据透视表，并在此基础上创建一个簇状条形图，然后对其进行简单的美化操作，显示数据标签，将图表移动到工作表的 A11:G30 单元格区域中。

③ 单击数据透视图中的“品牌”按钮，在展开的列表中选择要查看的品牌并确定，以查看该品牌的销售情况，或单击“销售员”按钮，在展开的列表中选择要查看的销售员并确定，以查看该销售员的销售情况。

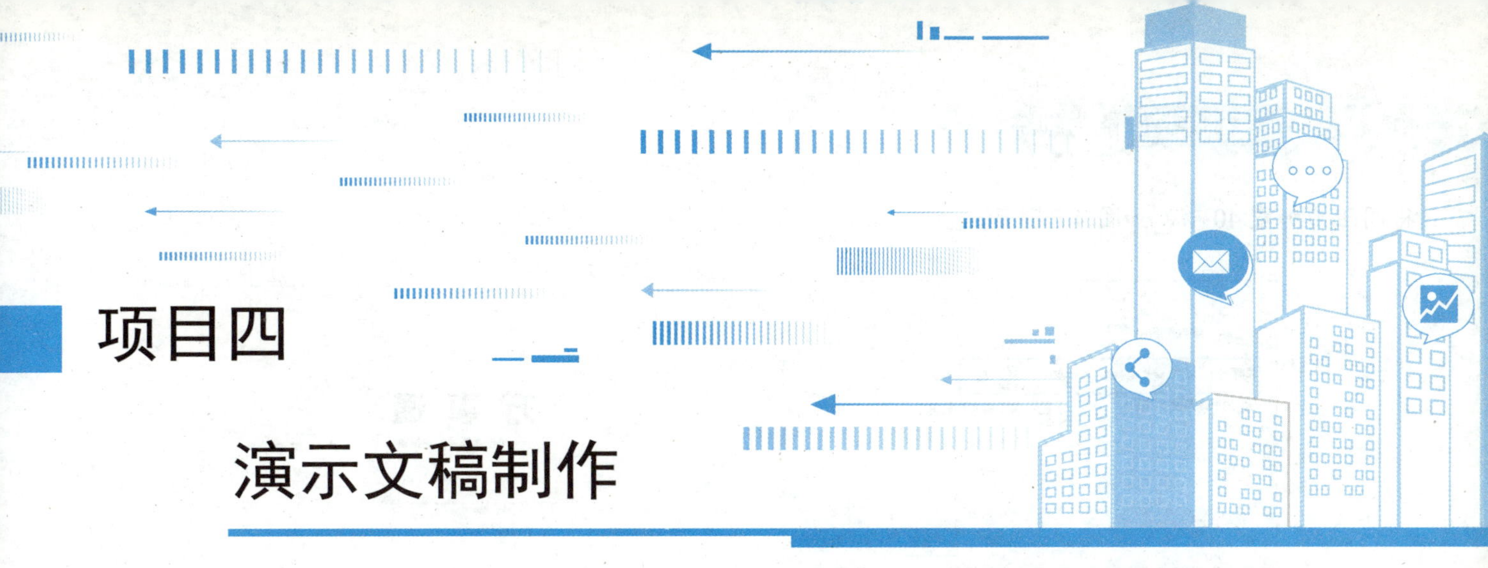

项目四 演示文稿制作

实践一 制作“企业宣传及产品推介”演示文稿

实践描述

本实践通过制作如图 4-1 所示的“企业宣传及产品推介”演示文稿，练习新建与保存演示文稿，在幻灯片中输入与编辑文本，插入与编辑图片、形状、视频，设置幻灯片母版，为幻灯片添加切换效果，为幻灯片中的对象设置动画效果和超链接，以及放映演示文稿等操作。

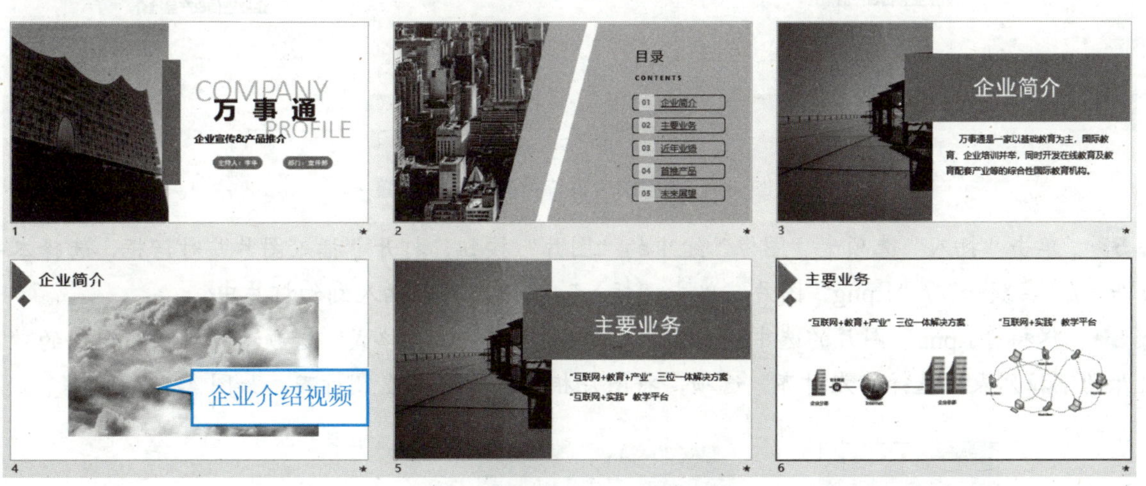

图 4-1 “企业宣传及产品推介”演示文稿效果（部分）

实践步骤

一、制作演示文稿封面

步骤 1▶ 新建一个空白演示文稿，将其以“企业宣传及产品推介”为名保存。

步骤 2▶ 在第 1 张幻灯片的标题占位符中输入文本“万事通”，设置其格式为微软雅黑、66 磅、加粗，字符间距为加宽 40 磅，如图 4-2 所示。

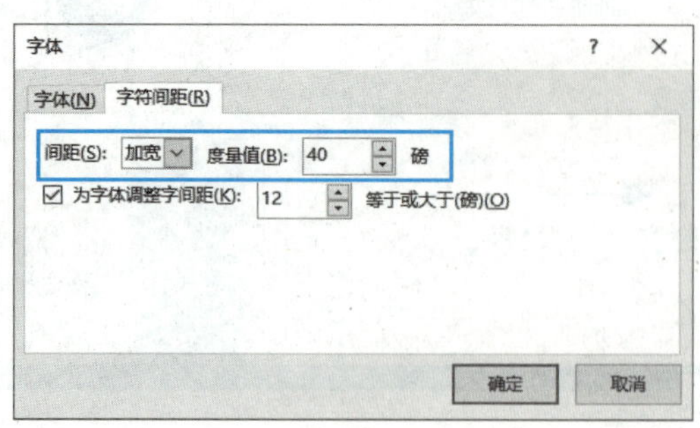

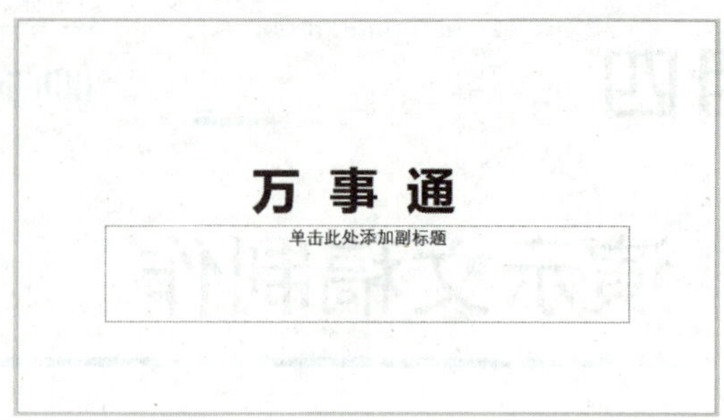

图 4-2 标题效果

步骤 3▶ 在第 1 张幻灯片的副标题占位符中输入文本“企业宣传&产品推介”，设置其格式为微软雅黑、28 磅、加粗。

步骤 4▶ 同时选中标题占位符和副标题占位符，然后将鼠标指针移到任意占位符左侧中部的控制点上，按住鼠标左键并向右拖动，到合适宽度后释放鼠标（在“绘图工具/格式”选项卡的“大小”组中可看到其宽度值），再向左、向下调整副标题占位符的位置，如图 4-3 所示。

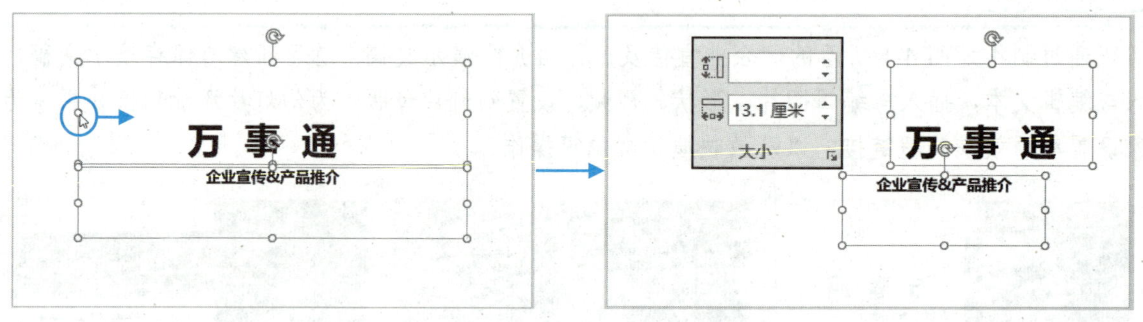

图 4-3 调整两个占位符的大小和位置

步骤 5▶ 单击“插入”选项卡“图像”组中的“图片”按钮，打开“插入图片”对话框，选择本书配套素材“项目四”/“实践一”/“1.png”图片，单击“插入”按钮，将其插入到幻灯片中。

步骤 6▶ 保持“1.png”图片的选中状态，然后单击“图片工具/格式”选项卡“排列”组中的“对齐”按钮，在展开的下拉列表中选择“左对齐”选项，将图片相对于幻灯片左侧对齐，如图 4-4 所示。

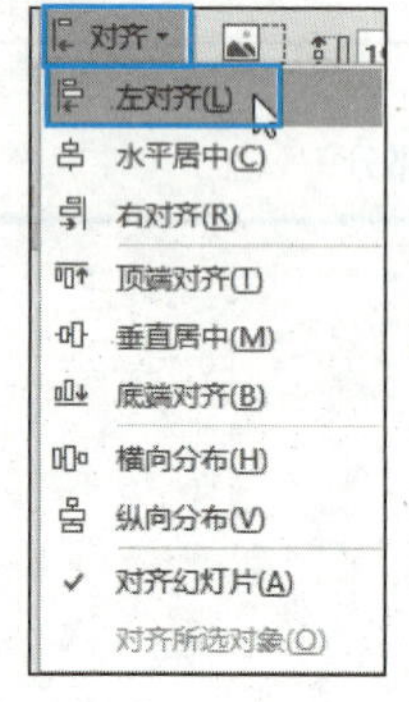

图 4-4 设置图片的对齐方式

步骤 7▶ 在“插入”选项卡“插图”组的“形状”下拉列表中选择“矩形”选项□，然后按住鼠标左键在“1.png”图片的右侧边缘附近拖动，绘制一个高度为 12 厘米、宽度为 1.8 厘米的矩形。

步骤 8▶ 保持矩形的选中状态，然后在“绘图工具/格式”选项卡“形状样式”组的“形状轮廓”下拉列表中选择“无轮廓”选项；在“形状填充”下拉列表中选择“其他填充颜色”选项，打开“颜色”对话框，在“自定义”选项卡的“红色”“绿色”“蓝色”编辑框中分别输入“143”“170”“220”，最后单击“确定”按钮，如图 4-5 所示。

步骤 9▶ 保持矩形的选中状态，然后在“对齐”下拉列表中选择“垂直居中”选项，将矩形相对于幻灯片垂直居中对齐，效果如图 4-6 所示。

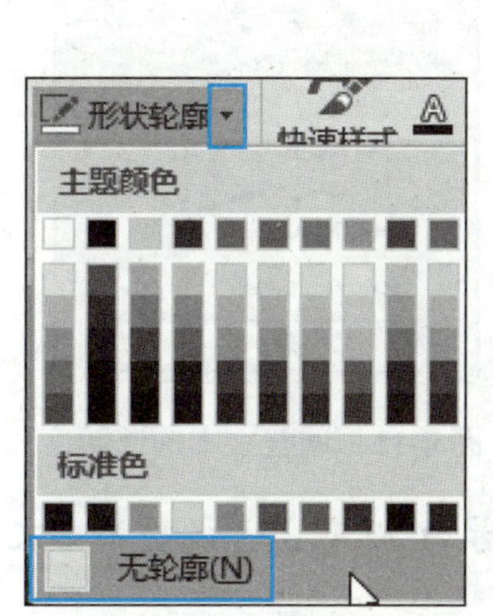

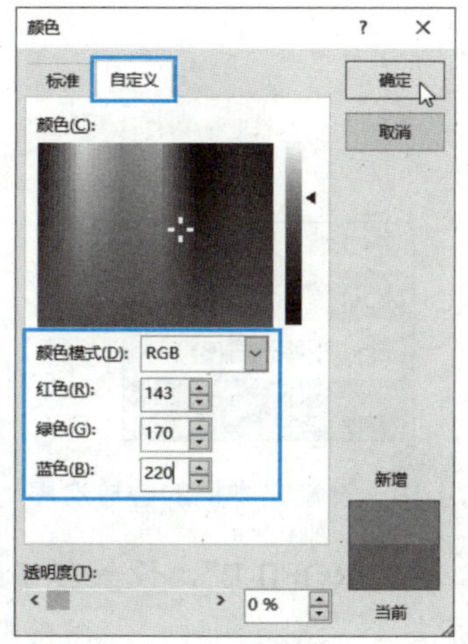

图 4-5 设置矩形的形状轮廓和形状填充

图 4-6 设置矩形的对齐方式后的效果

步骤 10▶ 在副标题的下方绘制一个高度为 1.3 厘米、宽度为 4.7 厘米的圆角矩形，然后向右拖动圆角矩形上的黄色圆形控制点，使其形似一个扁平的椭圆，并设置其形状轮廓为无轮廓。

步骤 11▶ 在“绘图工具/格式”选项卡“形状样式”组的“形状填充”下拉列表中选择“取色器”选项，此时鼠标指针变为✎形状，将其移到矩形上，此时鼠标指针右上角会出现浮动放大器，并显示鼠标指针所在位置的颜色的 RGB 值和颜色名称（见图 4-7），单击即可将圆角矩形的形状填充设置为与矩形相同。

步骤 12▶ 右击圆角矩形，在弹出的快捷菜单中选择“编辑文字”选项，在圆角矩形中输入文本“主讲人：李华”，并设置其字形为加粗，如图 4-8 所示。

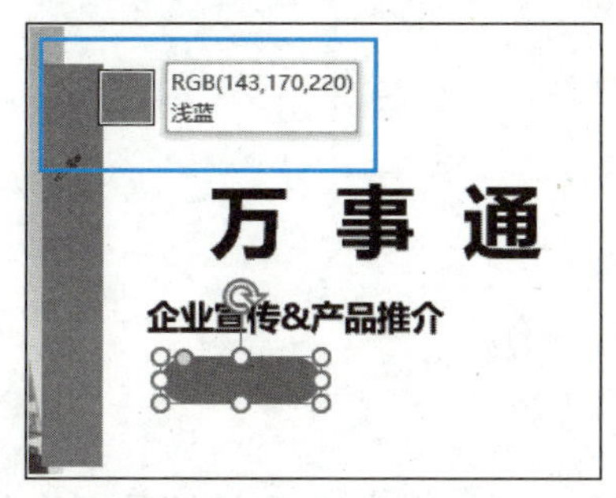

图 4-7 利用取色器吸取颜色

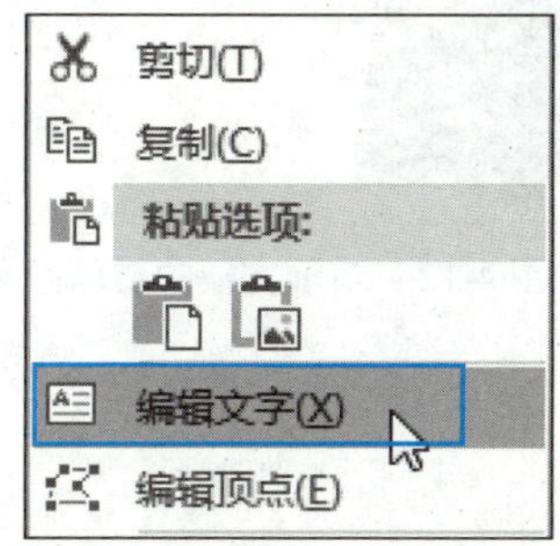

万 事 通

企业宣传&产品推介

主持人：李华

图 4-8 在圆角矩形中输入文本

步骤 13▶ 按住“Shift+Ctrl”组合键的同时向右拖动圆角矩形，将其水平复制一份，然后修改复制的圆角矩形中的文本为“部门：宣传部”，并适当调整两个圆角矩形的位置，使其效果大致如图 4-9 所示。

步骤 14▶ 在“形状”下拉列表中选择“文本框”选项，在幻灯片中按住鼠标左键并拖动，绘制一个文本框，然后在其中输入文本“COMPANY”，并设置其格式为 Calibri Light、88 磅，字体颜色与上面插入的形状的颜色相同。单击“绘图工具/格式”选项卡“排列”组中的“下移一层”下拉按钮，在展开的下拉列表中选择“置于底层”选项，如图 4-10 所示。

步骤 15▶ 保持文本框的选中状态，然后单击“绘图工具/格式”选项卡“艺术字样式”组右下角的对话框启动器按钮，打开“设置形状格式”任务窗格，在“文本选项”选项卡“文本填充与轮廓”类别的“文本填充”设置区中将“透明度”调整为“60%”，如图 4-11 所示。

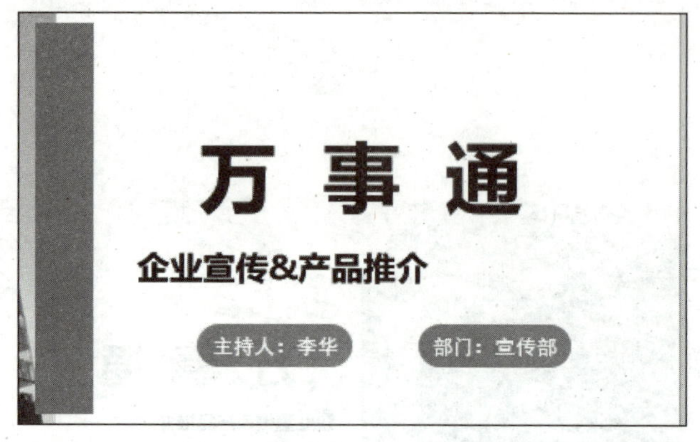

图 4-9 复制圆角矩形并修改其中的文本

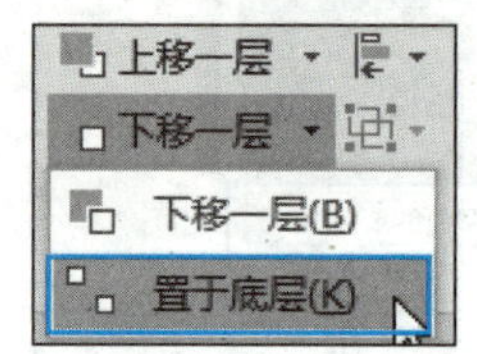

图 4-10 设置文本框的叠放次序

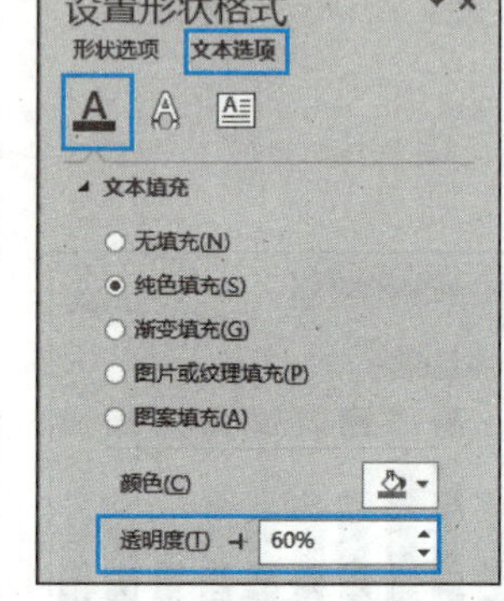

图 4-11 调整文本的透明度

步骤 16▶ 使用拖动法复制文本框，修改其中的文本为“PROFILE”，设置其字号为 72 磅，并调整两个文本框的位置，完成演示文稿封面的制作，效果如图 4-12 所示。

图 4-12 演示文稿的封面效果

二、设置幻灯片母版

步骤 1▶ 单击“视图”选项卡“母版视图”组中的“幻灯片母版”按钮，进入幻灯片母版视图，并自动切换到“幻灯片母版”选项卡，然后在左侧窗格中选择“节标题 版式”母版，如图 4-13 所示。

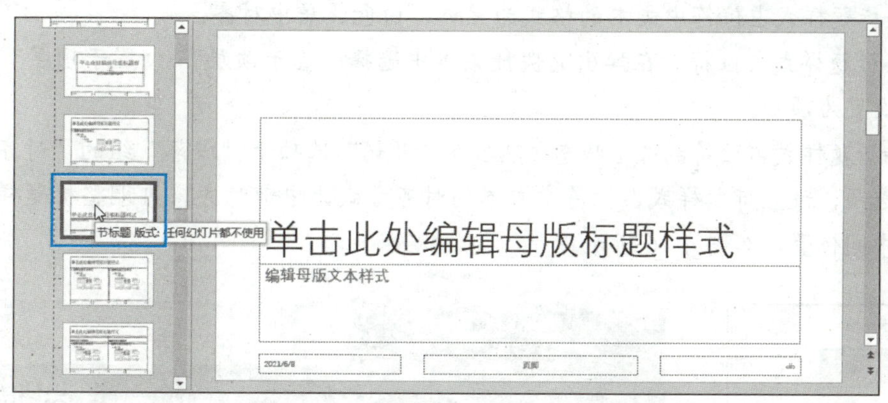

图 4-13　在幻灯片母版视图中选择“节标题 版式”母版

步骤 2▶ 插入本书配套素材“项目四”/“实践一”/“2.png”图片，并将其与幻灯片左侧对齐，然后右击图片，在弹出的快捷菜单中选择“置于底层”/“置于底层”选项，如图 4-14 所示。

图 4-14　插入图片并设置其叠放次序

步骤 3▶ 在幻灯片的右侧靠上位置绘制一个高度为 6.5 厘米、宽度为 21.8 厘米的矩形，其形状填充和形状轮廓与封面中的形状相同，如图 4-15 所示。

图 4-15　绘制矩形

步骤 4▶ 设置标题样式占位符中文本的格式为黑体、白色、居中对齐。

步骤 5▶ 右击标题样式占位符，在弹出的快捷菜单中选择“置于顶层”/“置于顶层”选项，将标题样式占位符的叠放次序设置为顶层。

步骤 6▶ 保持标题样式占位符的选中状态，然后在“开始”选项卡“段落”组的“对齐文本”下拉列表中选择“中部对齐”选项，设置标题样式占位符中文本的对齐方式为中部对齐，再调整标题样式占位符的大小，并将其移到矩形的中间位置，如图 4-16 所示。

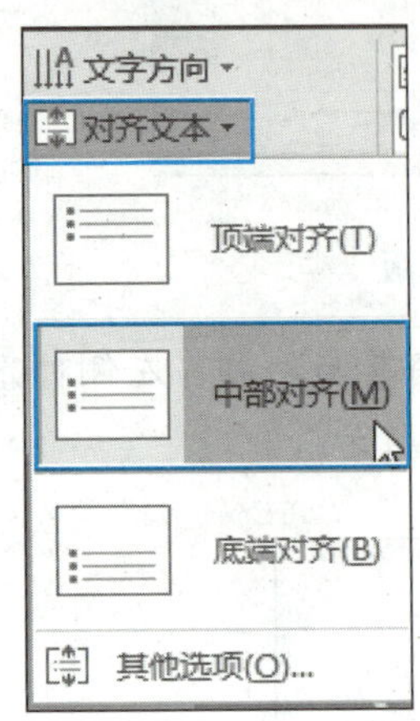

图 4-16 设置标题样式占位符中文本的对齐方式及其大小和位置

步骤 7▶ 设置文本样式占位符中文本的格式为微软雅黑、黑色、1.5 倍行距，然后调整文本样式占位符的大小，并将其移至矩形的下方，效果如图 4-17 所示。

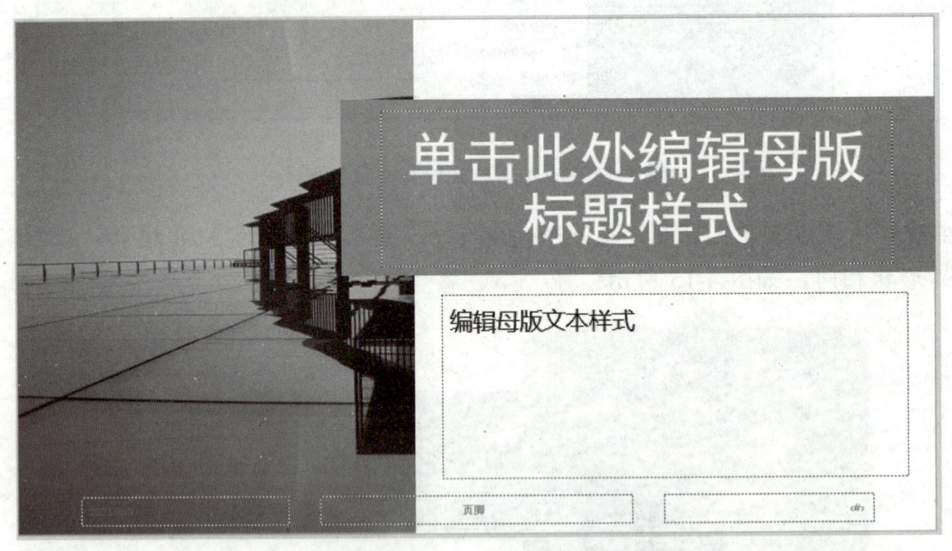

图 4-17 文本样式占位符设置效果

步骤 8▶ 在左侧窗格中选择“仅标题 版式”母版，然后在幻灯片的左上角绘制一个高度和宽度均为 2.6 厘米的直角三角形，设置其形状轮廓和形状填充与封面中的矩形相同，再将其进行旋转，使其斜边紧靠幻灯片的左侧，如图 4-18 所示。

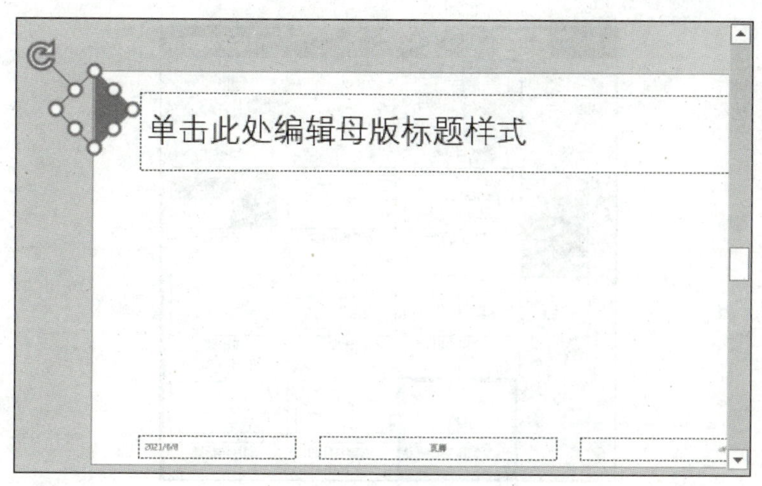

图 4-18　绘制并旋转直角三角形

步骤 9▶ 在直角三角形的下方绘制一个高度和宽度均为 1.1 厘米的菱形，设置其形状填充和形状轮廓均为“白色，背景 1，深色 35%”，如图 4-19 所示。

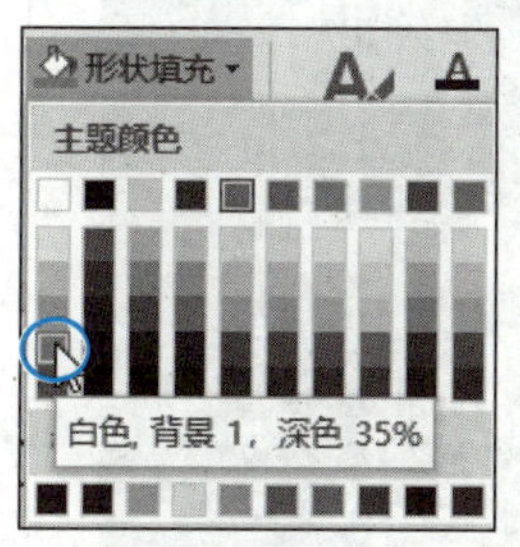

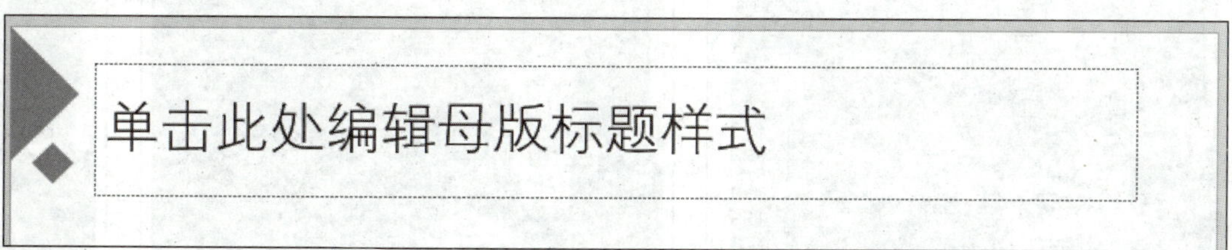

图 4-19　绘制菱形

步骤 10▶ 调整标题样式占位符的高度，并设置标题样式占位符中文本的格式为黑体、字符间距为加宽 5 磅，效果如图 4-20 所示。

步骤 11▶ 单击“幻灯片母版”选项卡“关闭”组中的“关闭母版视图”按钮（见图 4-21），退出幻灯片母版的编辑状态。

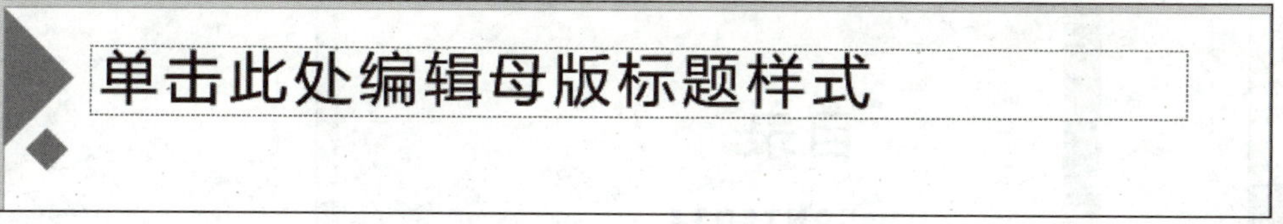

图 4-20　标题样式占位符设置效果

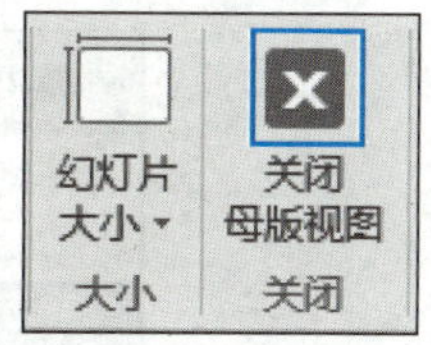

图 4-21　单击“关闭母版视图”按钮

三、制作演示文稿目录页

步骤 1▶ 在第 1 张幻灯片的后面新建一张“空白”版式的幻灯片，如图 4-22 所示。

步骤 2▶ 在第 2 张幻灯片中插入本书配套素材“项目四”/“实践一”/“3.png”图片，将其与幻灯片的左侧对齐，然后单击“图片工具/格式”选项卡“大小”组中的“裁剪”按钮，向左拖动图片右侧中部的控制点，到适当位置后释放鼠标并单击除图片外的任意位置，完成图片的裁剪操作，如图 4-23 所示。

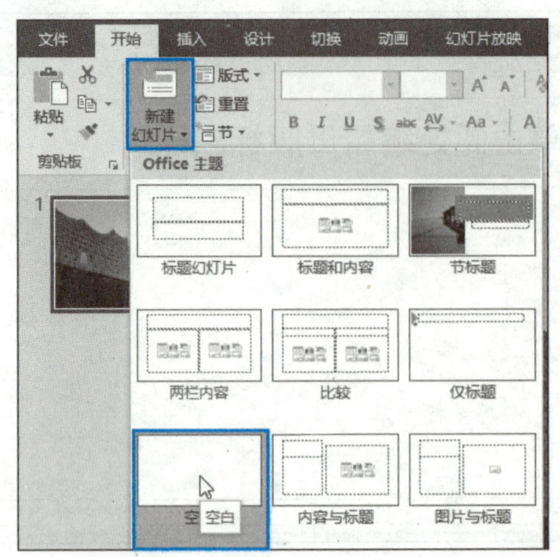

图 4-22 新建“空白”版式的幻灯片

图 4-23 裁剪图片

步骤 3▶ 在幻灯片的右上位置绘制一个横排文本框，并在其中输入文本“目录”“CONTENTS”，设置其字体为微软雅黑，字符间距为加宽 5 磅。设置“目录”文本的字号为 36 磅，“CONTENTS”文本的格式为 16 磅、加粗。选中文本框，单击“开始”选项卡“段落”组中的“行距”按钮，在展开的下拉列表中选择“2.0”选项，将文本框中文本的行距设置为 2 倍行距，如图 4-24 所示。

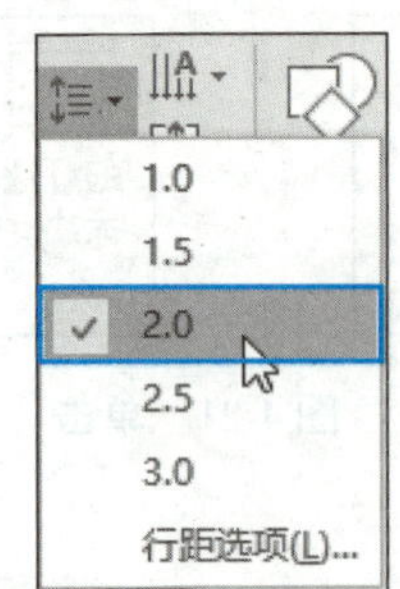

图 4-24 设置目录文本的行距

步骤 4▶ 在文本框的下方绘制一个圆角矩形，设置其形状填充为无填充，形状轮廓为黑色，在其中输入第 1 条目录文本“企业简介”，并设置其格式为微软雅黑、24 磅、黑色。在圆角矩形左侧绘制一个边长比圆角矩形的宽度稍大的正方形，设置其形状填充和形状轮廓均为“白色，背景 1，深色 5%”，在其中添加文本“01”，并设置其格式为微软雅黑、20 磅、加粗，字体颜色的 RGB 值为“135、169、194”，再将圆角矩形和正方形组合，如图 4-25 所示。

步骤 5▶ 保持组合形状的选中状态，然后按住"Shift+Ctrl"组合键的同时向下拖动，将组合形状垂直向下复制 4 份，并修改复制的形状中相应的编号和文本内容，最后利用"对齐"下拉列表中的"纵向分布"选项将 5 个组合图形均匀分布，效果如图 4-26 所示。

图 4-25 第 1 条目录内容效果

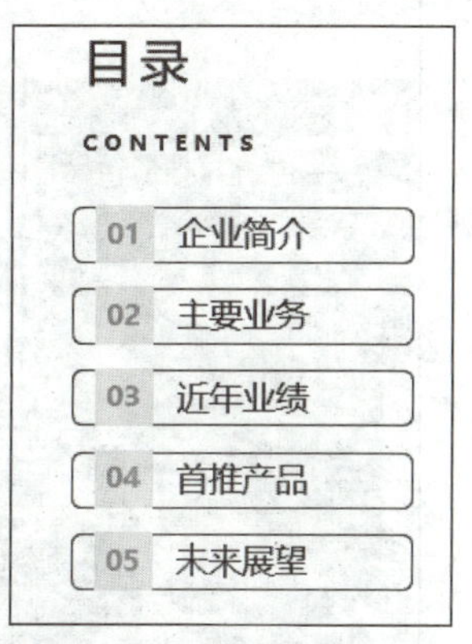

图 4-26 目录内容效果

步骤 6▶ 在幻灯片中绘制一个"流程图：手动输入"形状，然后单击"绘图工具/格式"选项卡"排列"组中的"旋转"按钮，在展开的下拉列表中依次选择"向右旋转 90 度""水平翻转"选项（见图 4-27），将绘制的流程图形状旋转后翻转。

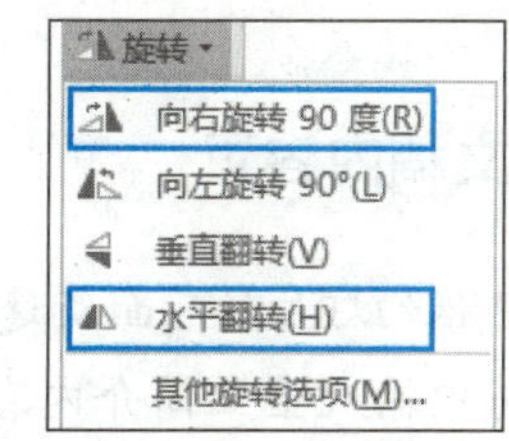

图 4-27 绘制并旋转"流程图：手动输入"形状

步骤 7▶ 设置流程图形状的形状轮廓和形状填充的 RGB 值均为"210、221、241"，设置其叠放次序为在背景图的上一层（依次在形状的右键快捷菜单中选择"置于底层"/"置于底层"选项和"置于顶层"/"上移一层"选项），然后调整流程图的大小，将其放置在幻灯片的右侧，效果大致如图 4-28 所示。

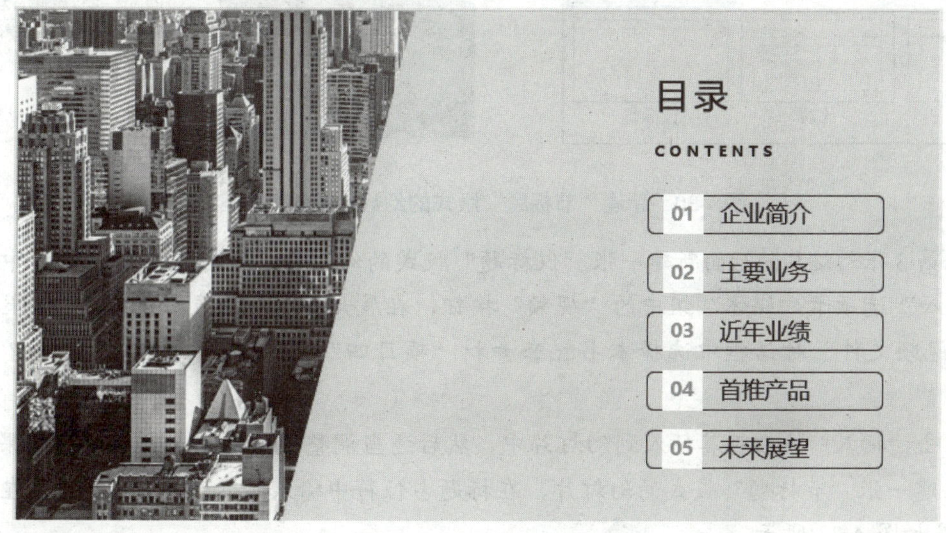

图 4-28 设置流程图形状的格式、大小和位置

步骤 8▶ 在流程图形状内部的左侧绘制一个平行四边形，设置其形状轮廓和形状填充均为白色，并进行适当旋转，效果大致如图 4-29 所示。至此，目录页制作完成。

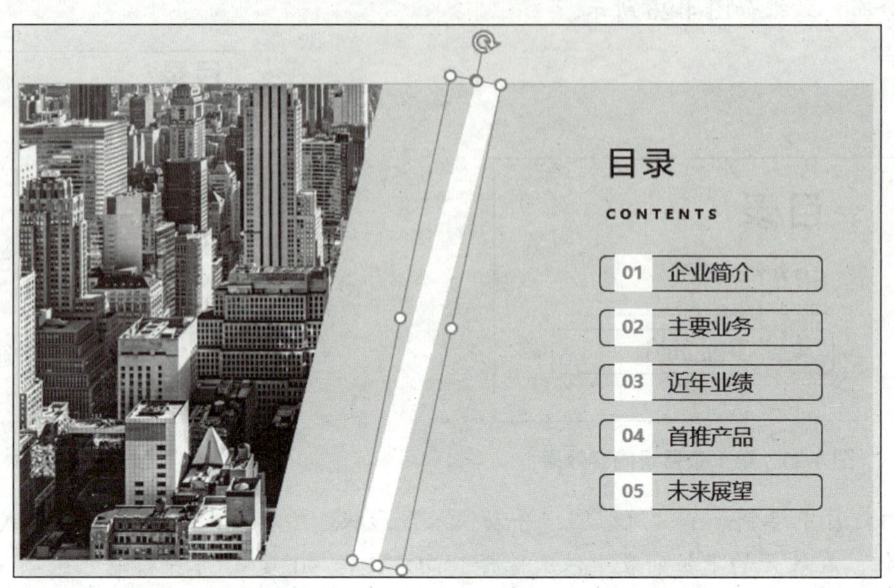

图 4-29　绘制并旋转平行四边形

四、制作演示文稿内容页

步骤 1▶ 在第 2 张幻灯片的后面新建一张“节标题”版式的幻灯片，然后在标题占位符中输入文本“企业简介”，在文本占位符中输入企业简介内容，并设置其首行缩进为 1.27 厘米，如图 4-30 所示。

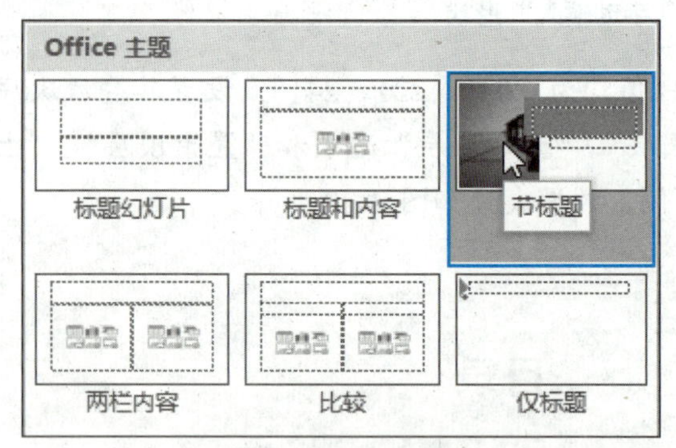

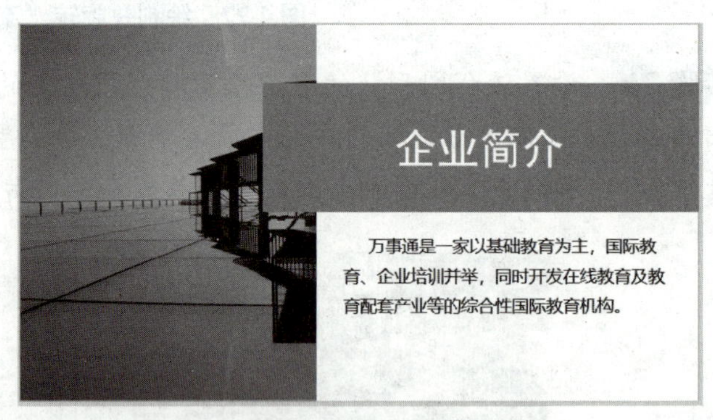

图 4-30　新建“节标题”版式的幻灯片并输入内容

步骤 2▶ 在第 3 张幻灯片的后面新建一张“仅标题”版式的幻灯片，然后在标题占位符中输入文本“企业简介”。单击“插入”选项卡“媒体”组中的“视频”按钮，在展开的下拉列表中选择“PC 上的视频”选项，在打开的“插入视频文件”对话框中选择本书配套素材“项目四”/“实践一”/“企业介绍.mp4”视频，如图 4-31 所示。

步骤 3▶ 单击“插入”按钮将其插入到幻灯片中，然后适当调整视频的大小和位置，效果如图 4-32 所示。

步骤 4▶ 新建一张“节标题”版式的幻灯片，在标题占位符中输入文本“主要业务”，在文本占位符中输入相关内容，效果如图 4-33 所示。

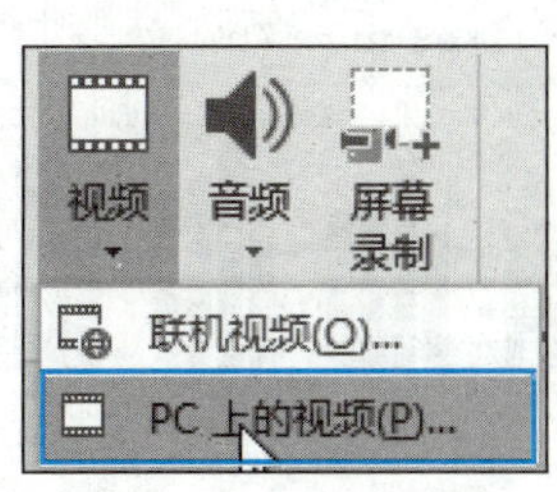

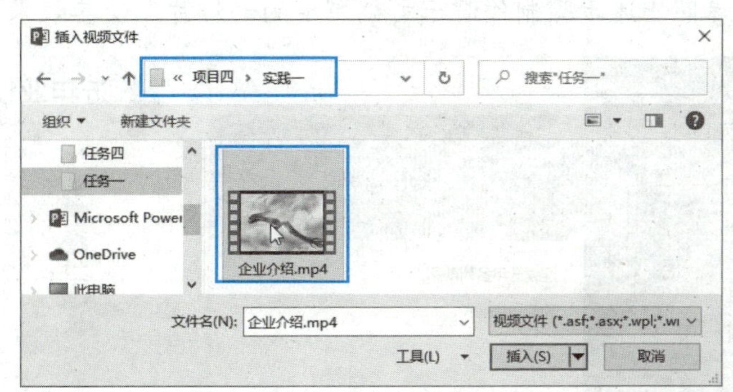

图 4-31 选择要插入的视频

图 4-32 调整视频的大小和位置

图 4-33 "主要业务"页效果

步骤 5▶ 新建一张"仅标题"版式的幻灯片，在标题占位符中输入文本"主要业务"，然后在标题占位符的下方绘制两个文本框并在其中输入内容（第 2 个文本框可通过复制并修改内容得到），设置文本框中内容的格式为微软雅黑、24 磅，效果如图 4-34 所示。

图 4-34 文本框设置效果

步骤 6▶ 在幻灯片中插入本书配套素材"项目四"/"实践一"文件夹中的"4.png""5.png"图片，然后调整它们的大小与位置，效果大致如图 4-35 所示。

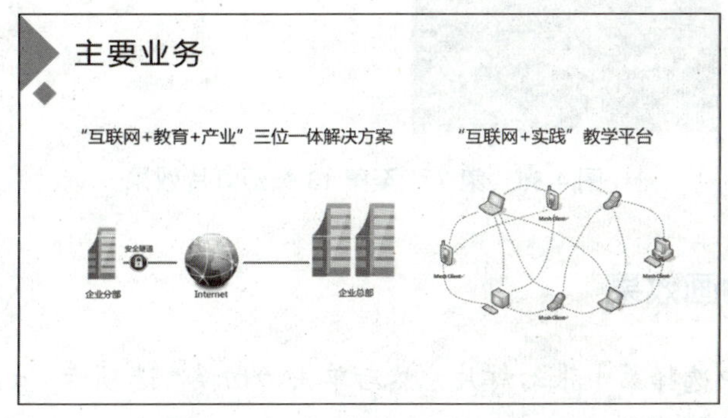

图 4-35 "主要业务"内容页效果

步骤 7▶ 参照上述步骤制作演示文稿剩余的幻灯片，使其效果大致如图 4-36 所示。

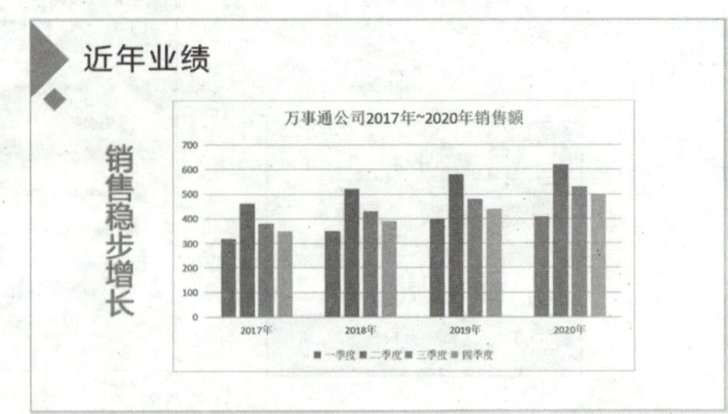

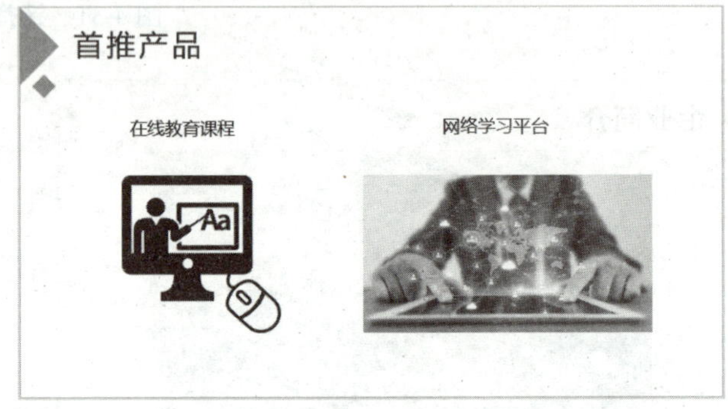

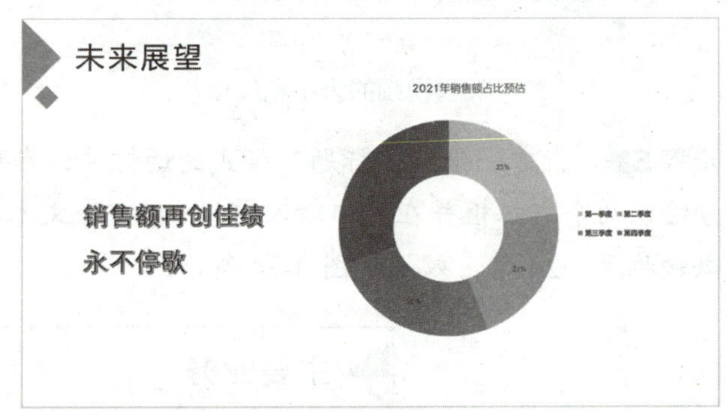

图 4-36　第 7 张至第 13 张幻灯片效果

五、添加切换效果和动画效果

步骤 1▶ 在幻灯片窗格中选择第 1 张幻灯片，然后单击“切换”选项卡“切换到此幻灯片”组中的“其他”按钮，在展开的下拉列表中选择“华丽型”/“立方体”选项，如图 4-37 所示。

步骤 2▶ 在“效果选项”下拉列表中选择“自顶部”选项，然后单击“计时”组中的“全部应用”按钮（见图 4-38），将设置的切换效果应用于演示文稿中的所有幻灯片。

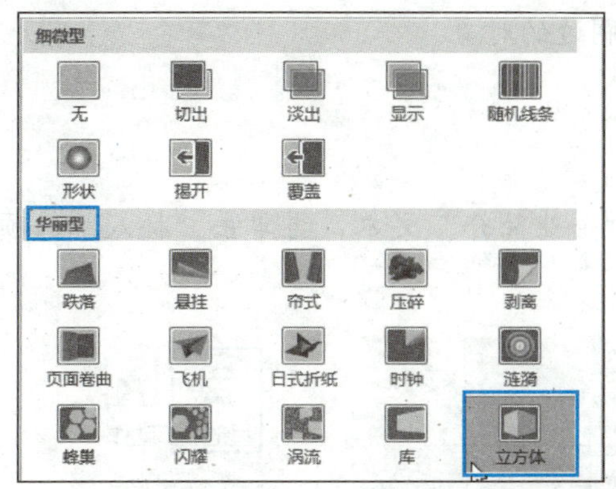

图 4-37 选择切换效果

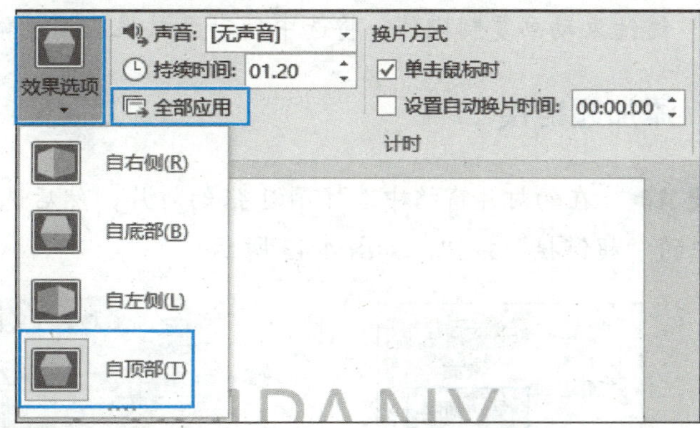

图 4-38 设置切换效果选项

步骤 3▶ 在第 2 张幻灯片中从上到下依次选中目录内容所在形状，然后单击“动画”选项卡“动画”组中的“其他”按钮▾，在展开的下拉列表中选择“进入”/“劈裂”选项，如图 4-39 所示。

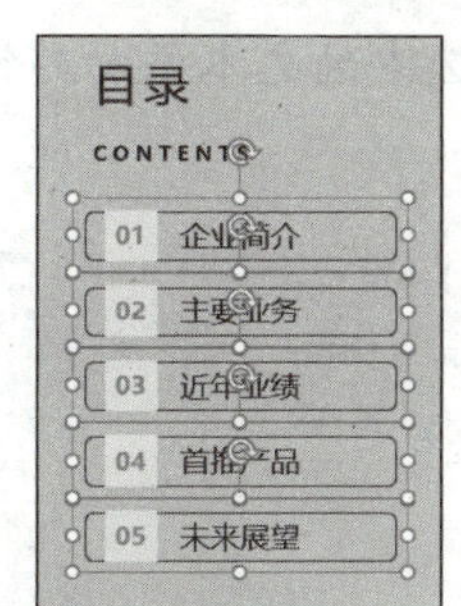

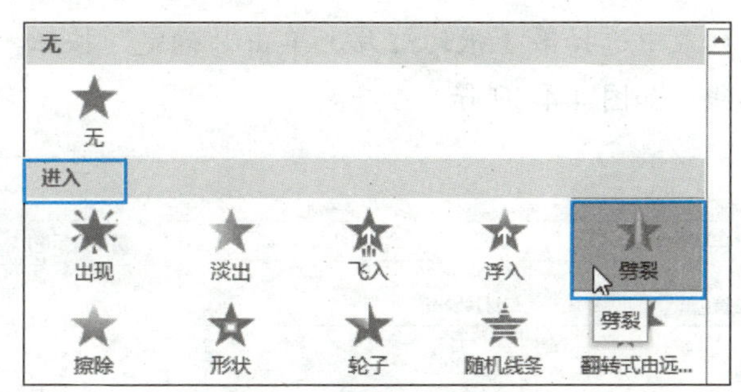

图 4-39 为目录内容所在形状设置动画效果

步骤 4▶ 在“计时”组的“开始”下拉列表中选择“上一动画之后”选项，设置“持续时间”为“00.75”，“延迟”为“00.25”，如图 4-40 所示。

步骤 5▶ 使用相同的方法，选中第 4 张幻灯片中的视频，为其添加“单击时”的“进入”/“飞入”动画，并设置“持续时间”为“01.00”。

步骤 6▶ 依次选中第 6 张幻灯片中文本与图片一一对应的 4 个对象，为其添加“效果选项”为“切出”“菱形”、“开始”为“上一动画之后”、“持续时间”为“02.00”、“延迟”为“00.50”的“进入”/“形状”动画，参数设置如图 4-41 所示。

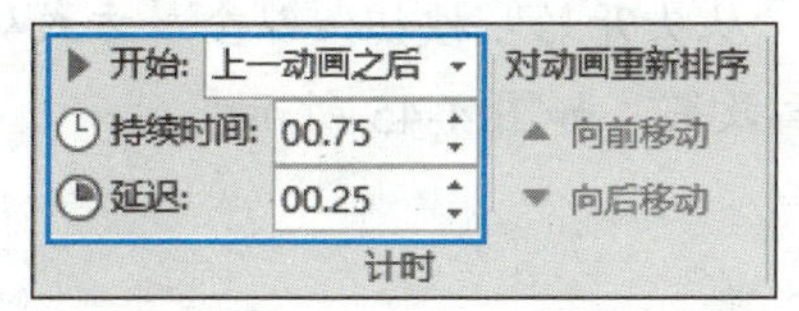

图 4-40 设置“劈裂”动画的计时选项

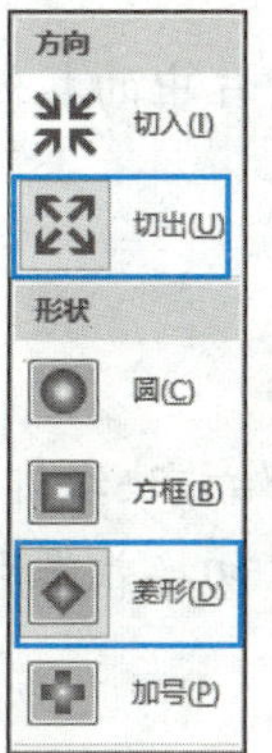

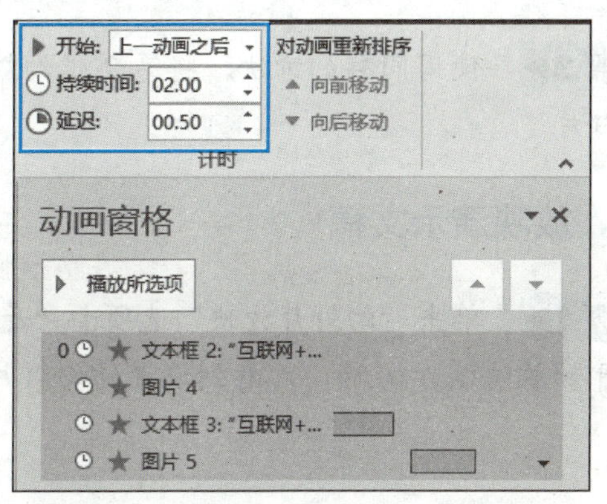

图 4-41 设置“形状”动画的效果选项和计时选项

步骤 7▶ 选中第 6 张幻灯片中除标题外的任意一个对象，然后双击“动画”选项卡“高级动画”组中的“动画刷”按钮（见图 4-42），再依次单击第 8 张、第 10 张和第 12 张幻灯片中的内容对象（除标题外），最后按“Esc”键结束动画复制操作，将选中的动画效果应用于依次刷过的对象。

六、添加超链接

步骤 1▶ 在幻灯片窗格中选择第 2 张幻灯片，然后选中“企业简介”文本，再单击“插入”选项卡“链接”组中的“超链接”按钮，如图 4-43 所示。

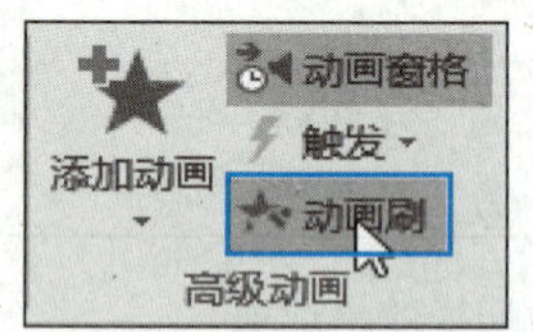

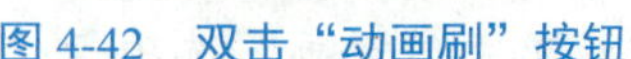
图 4-42 双击“动画刷”按钮

图 4-43 选中文本后单击“超链接”按钮

步骤 2▶ 打开“插入超链接”对话框，在“链接到”列表中选择“本文档中的位置”选项，然后在“请选择文档中的位置”列表中选择第 3 张幻灯片，单击“确定”按钮，为选中的文本添加超链接。此时可看到选中的文本添加了下划线，如图 4-44 所示。

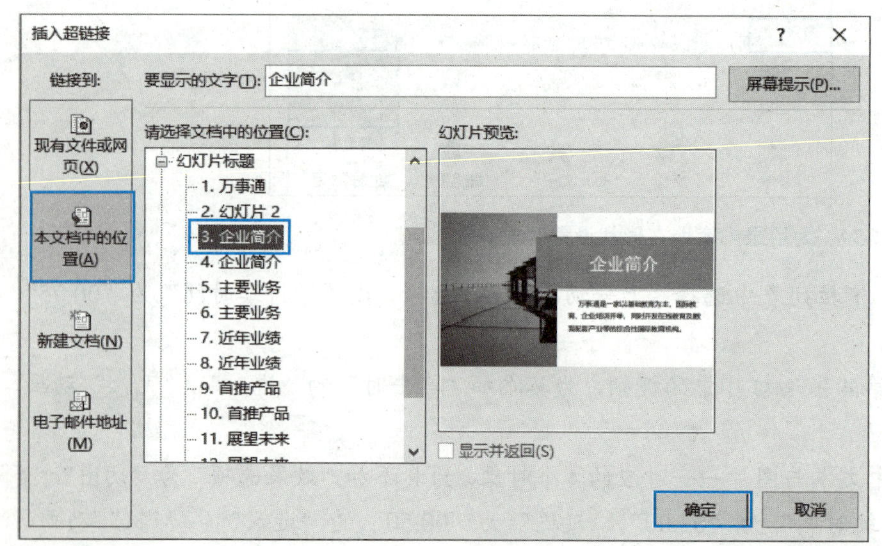

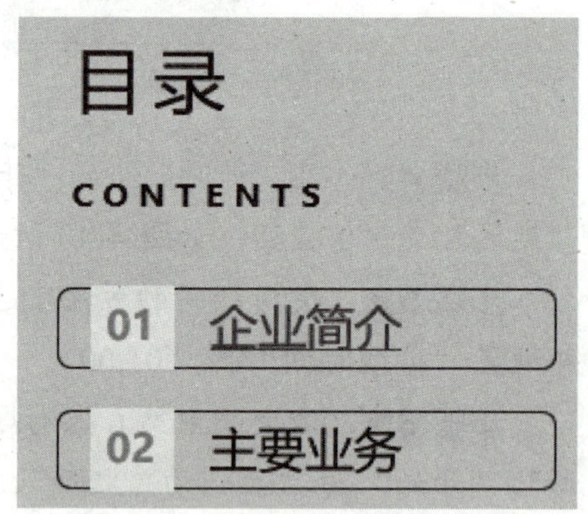

图 4-44 为目录文本添加超链接

步骤 3▶ 使用同样的方法，将第 2 张幻灯片中的其他 4 条目录文本分别链接到本文档中相应标题所在的首张幻灯片。

七、放映演示文稿

步骤 1▶ 单击“幻灯片放映”选项卡“开始放映幻灯片”组中的“从头开始”按钮，以全屏方式从第 1 张幻灯片开始放映演示文稿，可看到设置的幻灯片切换效果和对象的动画效果，如图 4-45 所示。

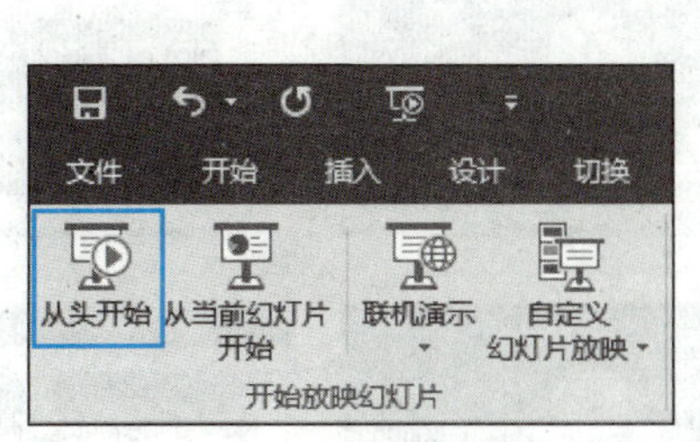

图 4-45 放映幻灯片

步骤 2▶ 第 1 张幻灯片播放完毕，单击可切换到第 2 张幻灯片。单击第 2 张幻灯片中的超链接对象，如“近年业绩”文本，可跳转到第 7 张幻灯片，如图 4-46 所示。

图 4-46 单击超链接跳转到链接的幻灯片

步骤 3▶ 单击第 4 张幻灯片中的视频文件，可播放该视频，如图 4-47 所示。

图 4-47 播放视频

步骤 4▶ 放映结束，单击鼠标或按“Esc”键退出演示文稿放映。

实践二 制作“校园消防安全知识讲座”演示文稿

实践描述

本实践通过制作如图 4-48 所示的“校园消防安全知识讲座”演示文稿，练习设置幻灯片母版，在幻灯片中插入与编辑图片、形状、SmartArt 图形、音频和视频，添加超链接、动作按钮、切换效果和动画效果，以及打包演示文稿等操作。

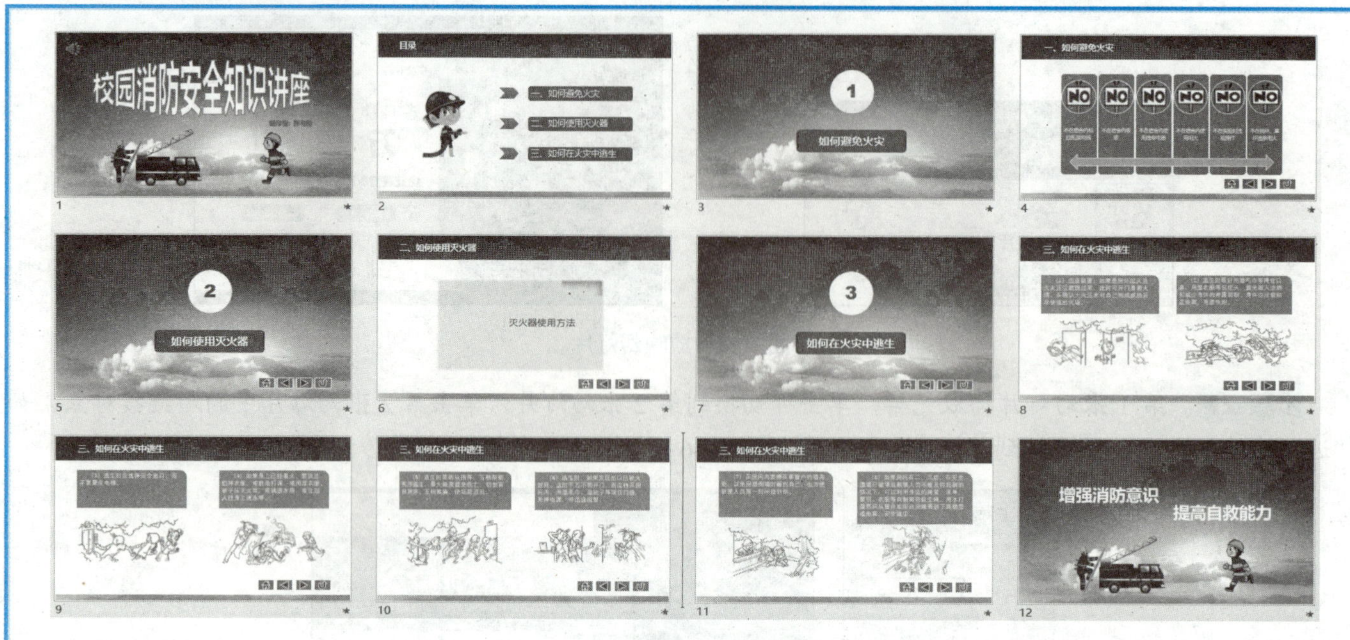

图 4-48 “校园消防安全知识讲座”演示文稿效果

实践步骤

一、设置幻灯片母版

步骤 1▶ 新建一个空白演示文稿，将其以“校园消防安全知识讲座”为名保存。

步骤 2▶ 单击“视图”选项卡“母版视图”组中的“幻灯片母版”按钮，进入幻灯片母版视图，然后在左侧窗格中选择“标题幻灯片 版式”母版，如图 4-49 所示。

步骤 3▶ 插入本书配套素材“项目四”/“实践二”/“消防底图.jpg”图片，设置其叠放次序为置于底层，调整其大小与幻灯片的大小相同，效果如图 4-50 所示。

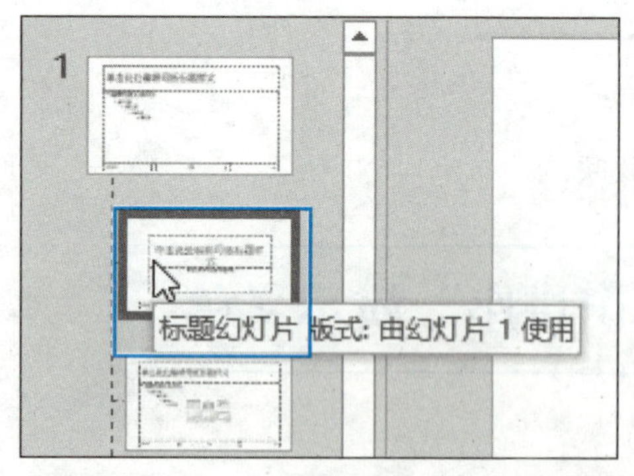

图 4-49 选择“标题幻灯片 版式”母版

图 4-50 在母版中插入图片

步骤 4▶ 使用同样的方法，插入素材图片“消防 1.png”“消防 2.jpg”“消防车.png”，将它们适当缩放后按如图 4-51 所示排列。

步骤 5▶ 选中“消防 2.jpg”图片，然后单击“图片工具/格式”选项卡“调整”组中的“颜色”按钮，在展开的下拉列表中选择“设置透明色”选项，再在图片的白色区域单击，将图片的白色背景清除，如图 4-52 所示。

图 4-51　插入 3 张素材图片并调整其大小和位置

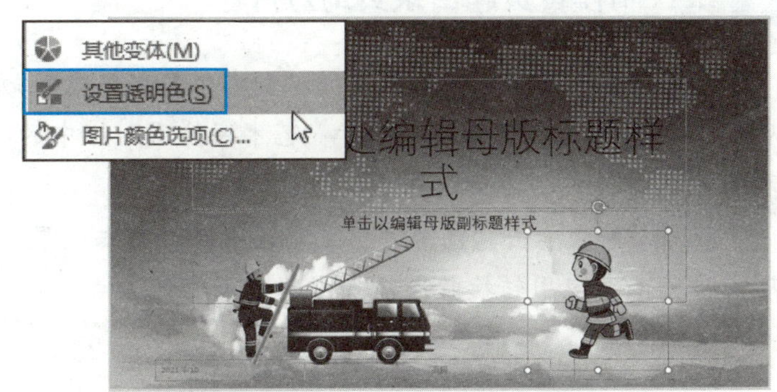

图 4-52　清除图片的背景

步骤 6▶ 修改标题样式的格式为微软雅黑、白色、加粗、阴影，副标题样式的格式为微软雅黑、20 磅、白色、加粗、阴影、右对齐。此时的“标题幻灯片 版式”母版效果如图 4-53 所示。

图 4-53　“标题幻灯片 版式”母版效果

步骤 7▶ 在左侧窗格中选择“标题和内容 版式”母版，然后复制“标题幻灯片 版式”母版中的“消防底图.jpg”图片到该母版中，设置其叠放次序为置于底层，然后删除内容占位符，调整标题样式占位符的位置，并修改其中的文本格式为微软雅黑、28 磅、白色、加粗。

步骤 8▶ 在标题样式占位符的下方绘制一个形状填充和形状轮廓均为白色、高度为 15.5 厘米、与幻灯片等宽的矩形，此时的“标题和内容 版式”母版效果如图 4-54 所示。

步骤 9▶ 在左侧窗格中选择“空白 版式”母版，同样复制“标题幻灯片 版式”母版中的“消防底图.jpg”图片到该母版中，此时的“空白 版式”母版效果如图 4-55 所示。

图 4-54　“标题和内容 版式”母版效果

图 4-55　“空白 版式”母版效果

步骤 10▶ 单击“幻灯片母版”选项卡“关闭”组中的“关闭母版视图”按钮，退出幻灯片母版编辑状态。

二、制作首页和目录页幻灯片

步骤 1▶ 在第 1 张幻灯片的标题占位符中输入标题文本“校园消防安全知识讲座”。选中标题占位符，然后单击“绘图工具/格式”选项卡“艺术字样式”组中的“其他”按钮，在展开的下拉列表中选择如图 4-56 所示的艺术字样式，为标题文本应用艺术字效果。

步骤 2▶ 单击“艺术字样式”组中的“文本效果”按钮，在展开的下拉列表中选择“转换”/“停止”选项，为艺术字应用转换效果，如图 4-57 所示。

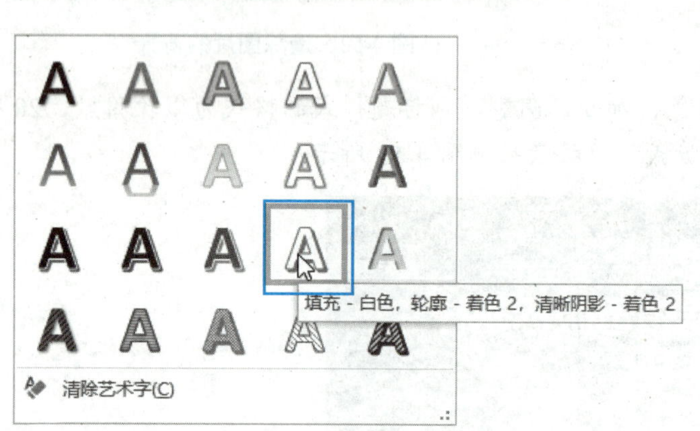

图 4-56 选择艺术字样式

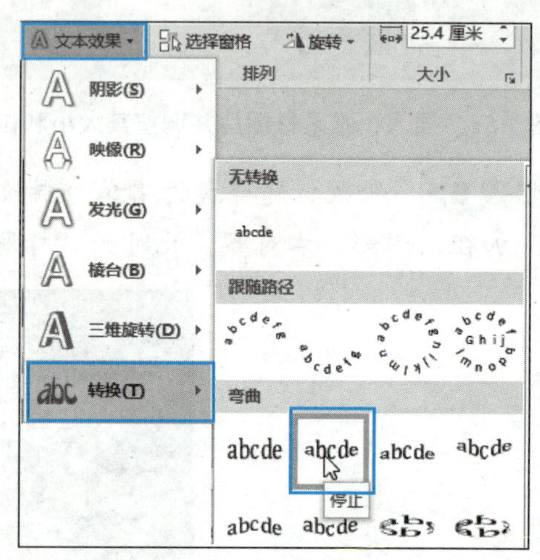

图 4-57 设置艺术字的转换效果

步骤 3▶ 在副标题占位符中输入文本“制作者：郭老师”，并为其应用与标题文本相同的艺术字样式。

步骤 4▶ 单击“插入”选项卡“媒体”组中的“音频”按钮，在展开的下拉列表中选择“PC 上的音频”选项，打开“插入音频”对话框，选择本书配套素材“项目四”/“实践二”/“火灾背景.mp3”文件，然后单击“插入”按钮，如图 4-58 所示。

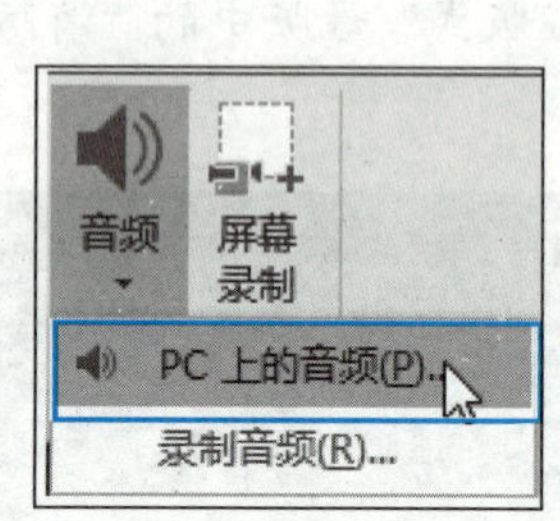

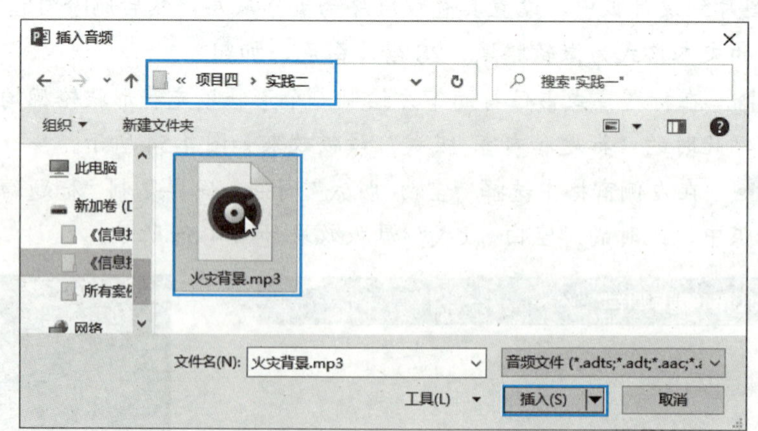

图 4-58 选择要插入的音频文件

步骤 5▶ 将音频图标拖到幻灯片的左上位置，然后在“音频工具/播放”选项卡“音频选项”组的“音量”下拉列表中选择“低”选项；在“开始”下拉列表中选择“自动”选项，并选中“跨幻灯片播放”和“循环播

放，直到停止”复选框，如图 4-59 所示。至此，首页幻灯片制作完毕。

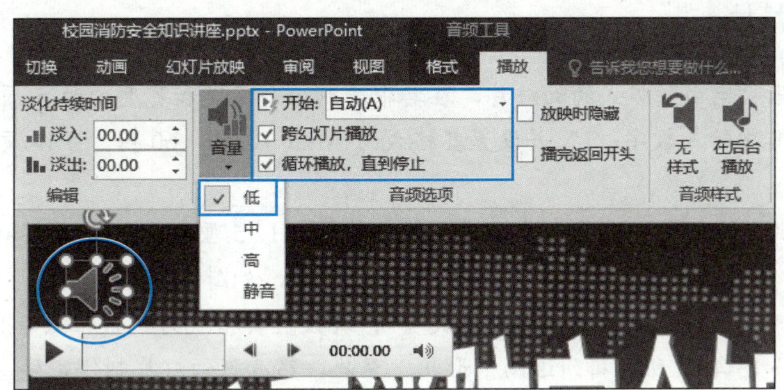

图 4-59 设置音频播放选项

步骤 6▶ 在第 1 张幻灯片后面新建一张“标题和内容”版式的幻灯片，输入标题文本“目录”，然后在幻灯片的左侧插入素材图片“消防 3.jpg”并缩放至合适大小。

步骤 7▶ 在“形状”下拉列表中选择“燕尾形”选项，在幻灯片中按住鼠标左键并拖动，绘制一个高度为 1.3 厘米、宽度为 1.2 厘米的燕尾形，然后在“绘图工具/格式”选项卡“形状样式”下拉列表中为燕尾形应用一种形状样式，如图 4-60 所示。

步骤 8▶ 将燕尾形形状复制两份，横向排列后将它们组合，效果如图 4-61 所示。

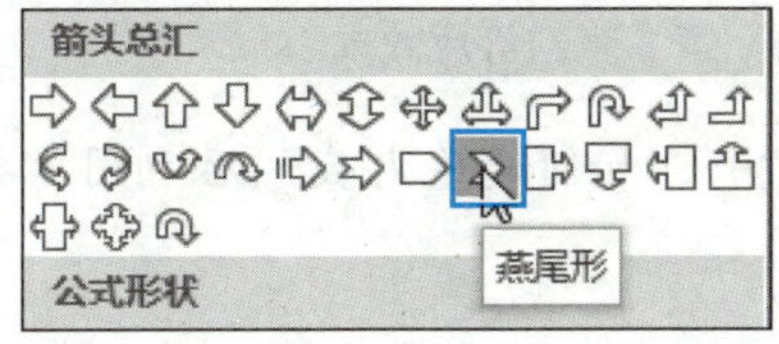

图 4-60 绘制燕尾形并为其应用形状样式

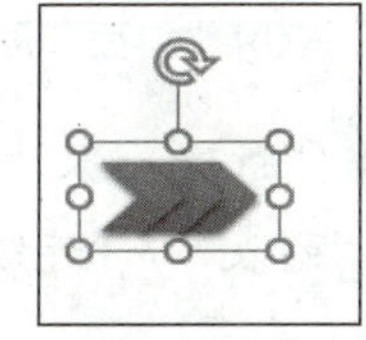

图 4-61 复制并组合燕尾形形状

步骤 9▶ 在组合形状的右侧绘制一个高度为 1.6 厘米、宽度为 12 厘米的圆角矩形，设置其形状填充和形状轮廓的 RGB 值均为“232、76、34”，然后在其中输入文本，并设置文本的格式为微软雅黑、28 磅、白色、左对齐，效果如图 4-62 所示。

步骤 10▶ 同时选中燕尾形组合形状和圆角矩形，按住“Shift+Ctrl”组合键的同时向下拖动，将它们垂直向下复制两份，然后修改圆角矩形中的内容，效果如图 4-63 所示。至此，目录页幻灯片制作完毕。

图 4-62 在圆角矩形中编辑文本

图 4-63 目录页幻灯片效果

三、制作其他幻灯片

步骤 1▶ 新建一张“空白”版式的幻灯片，在其中绘制一个高度和宽度均为 5 厘米、形状填充和形状轮廓均为白色的正圆，在其中输入数字“1”并设置其格式为 Arial Black、60 磅，字体颜色的 RGB 值为“232、76、34”。

步骤 2▶ 在正圆的下方绘制一个高度为 2.5 厘米、宽度为 12.5 厘米、形状填充和形状轮廓的颜色与数字“1”相同的圆角矩形，并为其应用“棱台”/“斜面”形状效果，如图 4-64 所示。

步骤 3▶ 在圆角矩形中输入文本“如何避免火灾”，并设置其格式为微软雅黑、36 磅、白色、加粗、阴影、居中对齐，然后按如图 4-65 所示排列这两个形状。至此，第 3 张幻灯片制作完毕。

图 4-64　应用“斜面”形状效果

图 4-65　第 3 张幻灯片效果

步骤 4▶ 新建一张“标题和内容”版式的幻灯片，输入标题文本“一、如何避免火灾”后利用“插入”选项卡插入“列表”/“连续图片列表”SmartArt 图形，如图 4-66 所示。

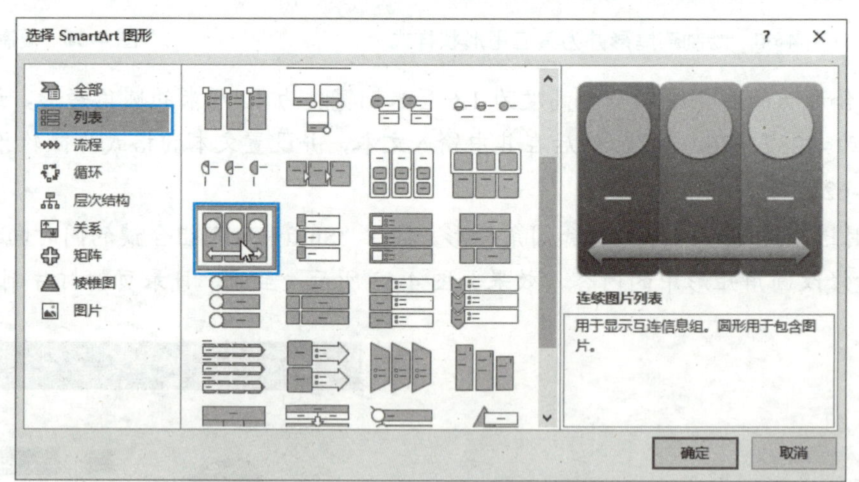

图 4-66　选择“连续图片列表”SmartArt 图形

步骤 5▶ 单击 SmartArt 图形中最左侧的图片占位符，在打开的对话框中选择“从文件”选项，打开“插入图片”对话框，选择本书配套素材“项目四”/“实践二”/“1.png”图片，将其插入到图片占位符中，如图 4-67 所示。

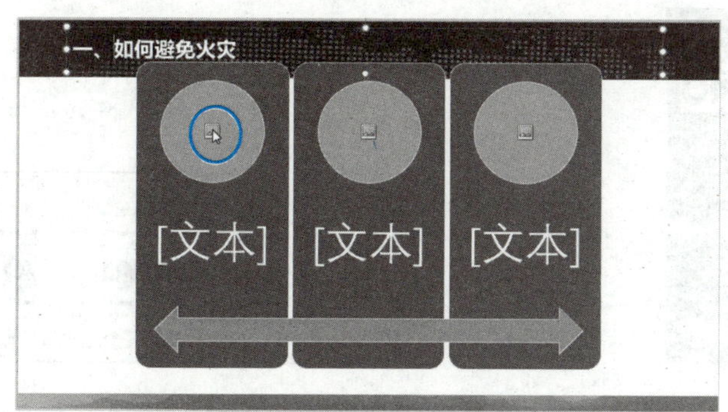

图 4-67 在图片占位符中插入素材图片

步骤 6▶ 在图片下方的文本占位符中输入文本，如图 4-68 所示。

步骤 7▶ 使用同样的方法，在其他两个形状中插入素材图片并输入文本，如图 4-69 所示。

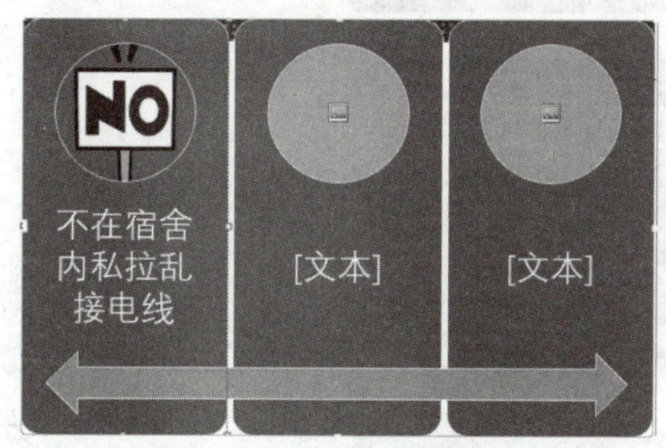

图 4-68 在文本占位符中输入文本

图 4-69 在其他形状中插入图片并输入文本

步骤 8▶ 选中 SmartArt 图形中最右侧的形状，然后单击“SmartArt 工具/设计”选项卡“创建图形”组中的“添加形状”下拉按钮，在展开的下拉列表中选择“在后面添加形状”选项，在所选形状的后面添加一个形状，并在其中插入图片、输入文本，如图 4-70 所示。

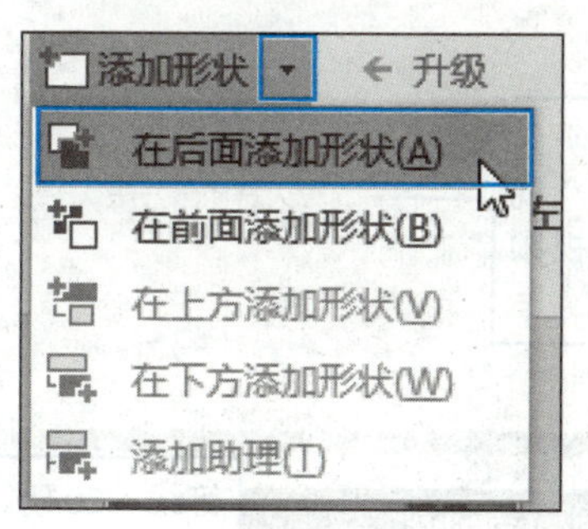

图 4-70 添加形状并在其中插入图片、输入文本

步骤 9▶ 使用同样的方法，在现有形状的后面再添加两个形状并插入图片、输入文本，如图 4-71 所示。

步骤 10▶ 选中整个 SmartArt 图形，然后在“SmartArt 工具/设计”选项卡“SmartArt 样式”组的“更改颜色”下拉列表中选择“个性色”/“彩色填充-个性色 2”选项，如图 4-72 所示。

图 4-71　再次添加两个形状

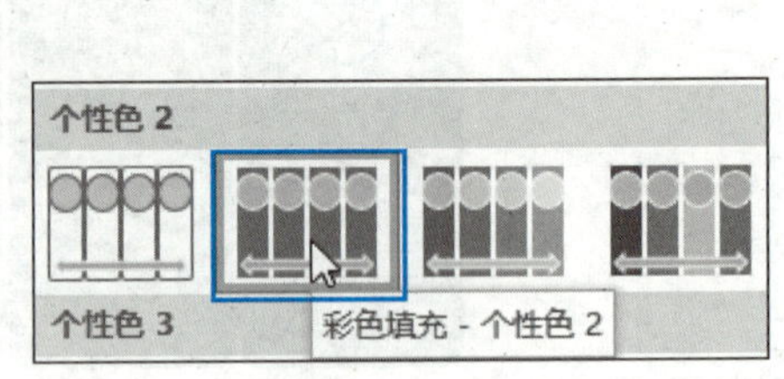

图 4-72　选择“彩色填充-个性色 2”选项

步骤 11▶　设置 SmartArt 图形内文本的格式为微软雅黑、16 磅，然后适当调整 SmartArt 图形的大小和位置，如图 4-73 所示。至此，第 4 张幻灯片制作完毕。

图 4-73　第 4 张幻灯片效果

步骤 12▶　使用类似的方法，制作演示文稿的其他幻灯片，效果如图 4-74 所示（大多数幻灯片均可利用复制幻灯片并修改内容的方法得到）。

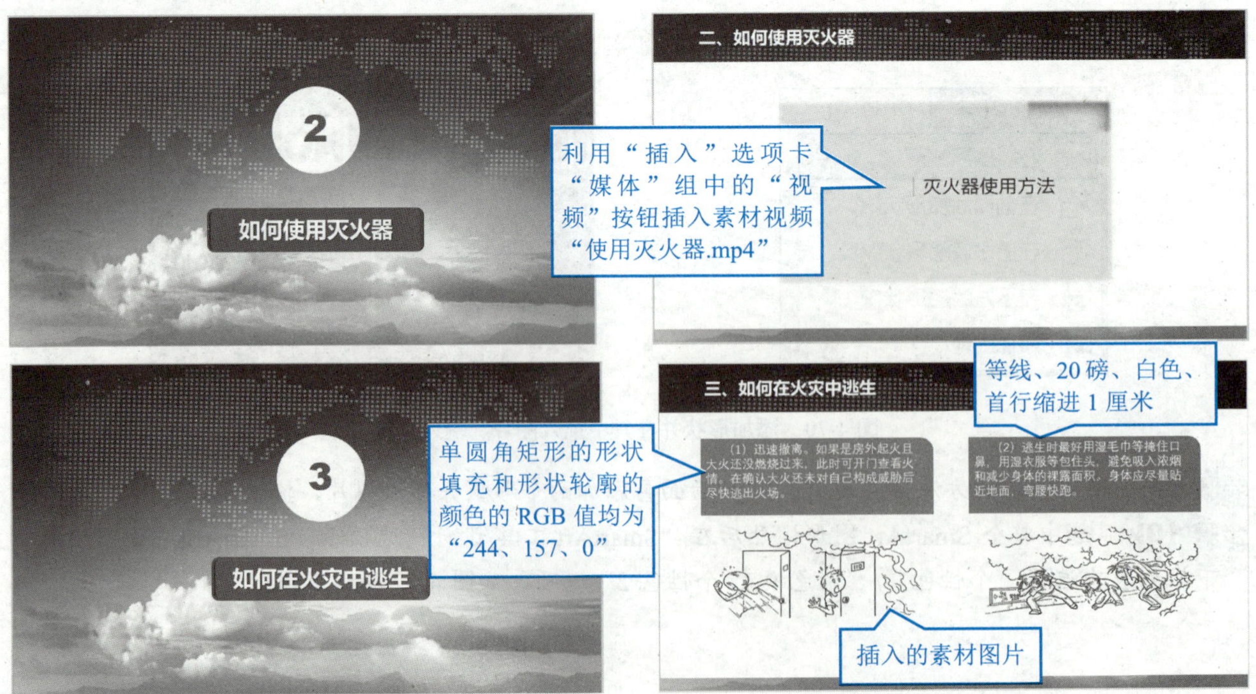

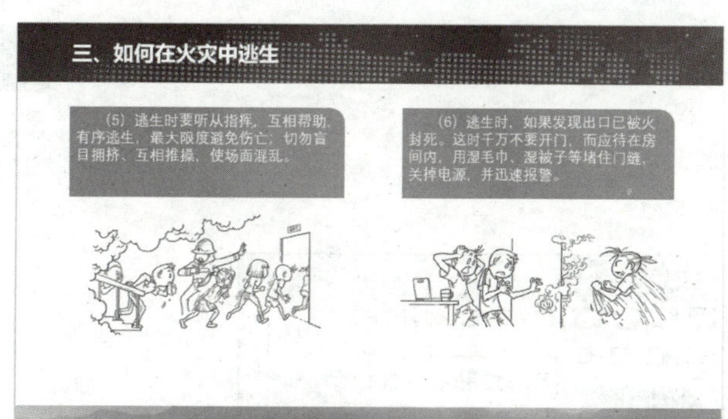

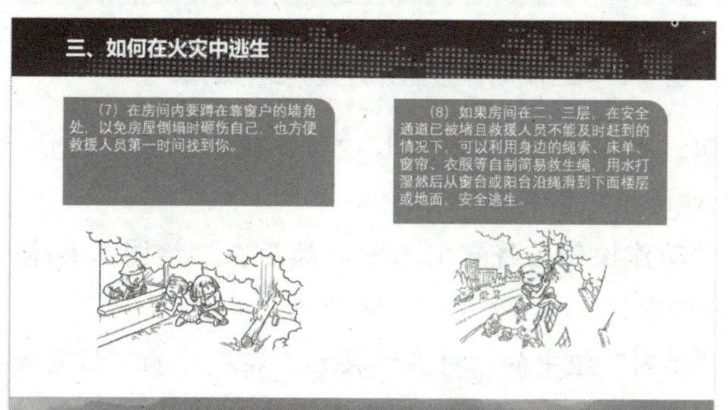

图 4-74　演示文稿的第 5 张到第 12 张幻灯片效果

四、添加超链接和动作按钮

步骤 1▶ 选中第 2 张幻灯片中“一、如何避免火灾”文本所在形状（见图 4-75），然后单击“插入”选项卡“链接”组中的“超链接”按钮。

图 4-75　选中要设置超链接的对象

步骤 2▶ 打开“插入超链接”对话框，在“链接到”列表中选择“本文档中的位置”选项，然后在“请选择文档中的位置”列表中选择第 3 张幻灯片，单击“确定”按钮，为选中形状添加超链接。

步骤 3▶ 使用同样的方法，将第 2 张幻灯片中其他两处目录文本所在形状分别链接到本文档中的第 5 张和第 7 张幻灯片。

步骤 4▶ 在幻灯片窗格中选择第 4 张幻灯片，然后在“形状”下拉列表中选择“动作按钮”类别中的“动作按钮：第一张”选项，如图 4-76 所示。

步骤 5▶ 在幻灯片的右下位置绘制动作按钮，释放鼠标后打开“操作设置”对话框，保持“超链接”单选钮及其链接对象的选中状态，直接单击“确定”按钮，如图 4-77 所示。

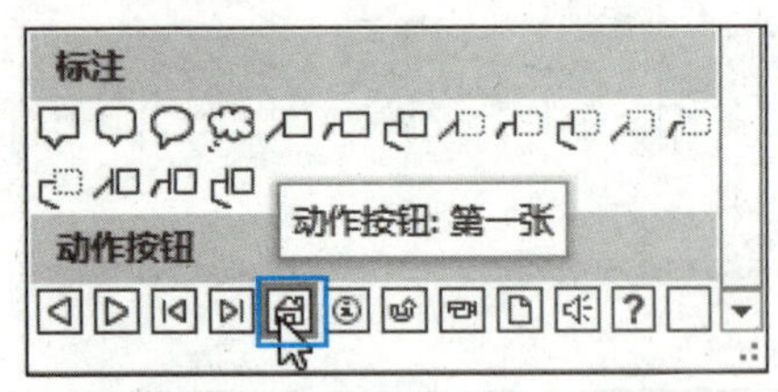

图 4-76 选择要绘制的动作按钮

图 4-77 绘制动作按钮并设置其链接对象

步骤 6▶ 依次在现有动作按钮的右侧绘制“动作按钮：后退或前一项”、“动作按钮：前进或下一项”和“动作按钮：上一张”，并在相应的“操作设置”对话框中保持默认设置。

步骤 7▶ 按住“Shift”键的同时依次单击绘制的 4 个动作按钮，将它们选中，然后在“绘图工具/格式”选项卡的“大小”组中设置其高度为 1.2 厘米，宽度为 1.8 厘米。

步骤 8▶ 保持 4 个动作按钮的选中状态，然后单击“排列”组中的“对齐”按钮，在展开的下拉列表中保持“对齐所选对象”选项的选中状态，再依次选择“顶端对齐”和“横向分布”选项，将 4 个动作按钮相对于所选对象顶端对齐并横向均匀分布，如图 4-78 所示。

步骤 9▶ 将 4 个动作按钮组合，并为其应用如图 4-79 所示的形状样式，然后将动作按钮复制到第 5 张至第 11 张幻灯片中。

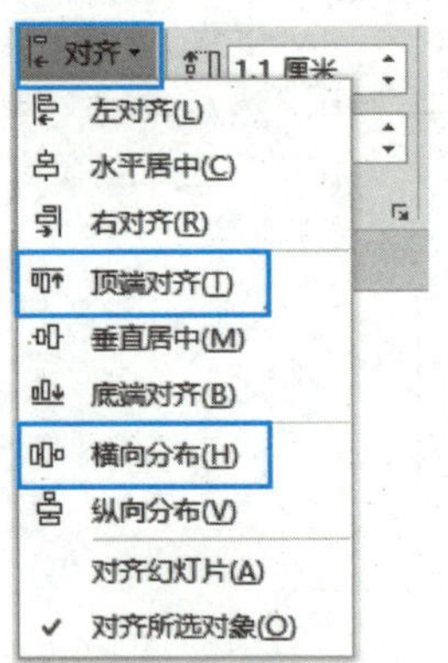

图 4-78 设置动作按钮的对齐和分布方式

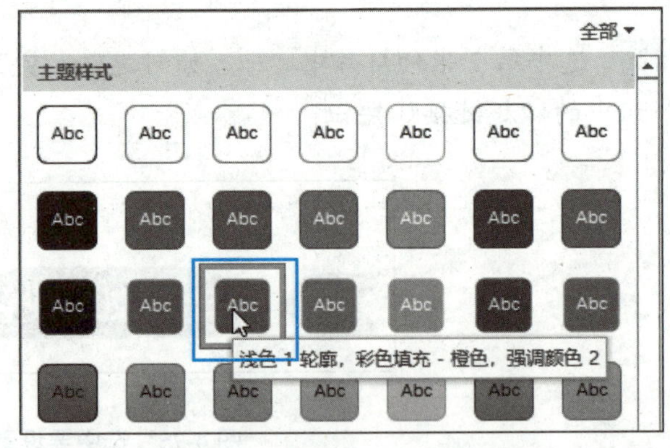

图 4-79 为动作按钮应用形状样式

五、添加切换效果和动画效果

步骤 1▶ 选中演示文稿中的任意幻灯片，然后在“切换”选项卡“切换到此幻灯片”下拉列表中选择“华丽型”/“梳理”选项，如图 4-80 所示。

步骤 2▶ 在“效果选项”下拉列表中选择“垂直”选项，再单击“计时”组中的“全部应用”按钮，将设置的切换效果应用于演示文稿的所有幻灯片，如图 4-81 所示。

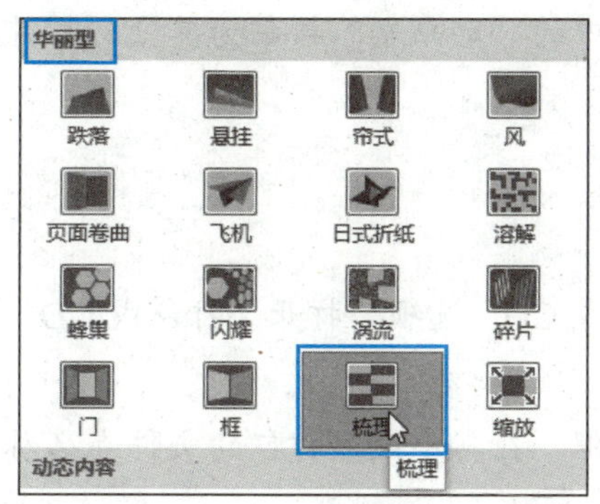

图 4-80 选择“梳理”选项

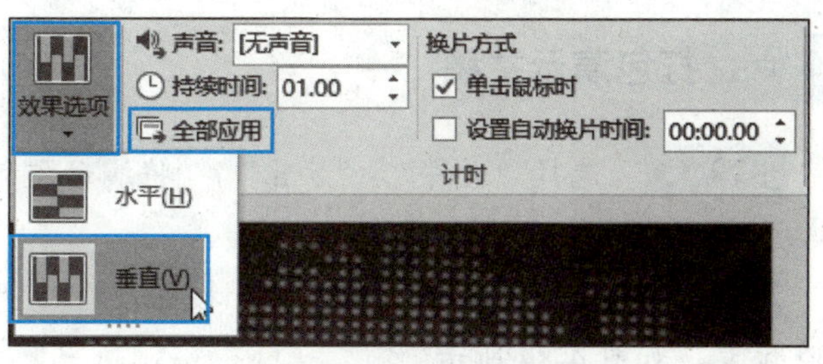

图 4-81 设置效果选项和应用范围

步骤 3▶ 选中第 2 张幻灯片中左侧的图片，然后按住“Shift”键的同时按如图 4-82 所示顺序选中幻灯片中的燕尾形和圆角矩形。

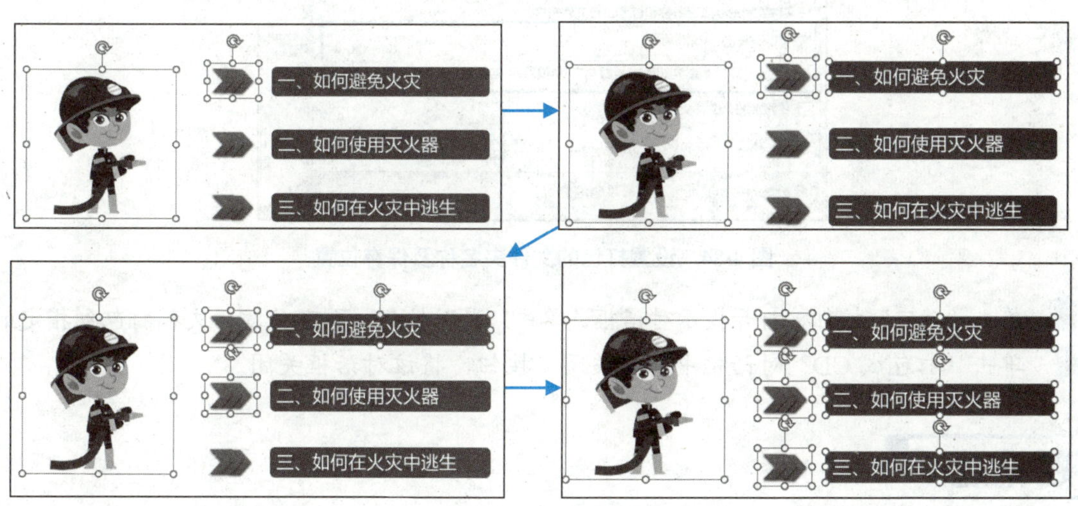

图 4-82 按顺序选中要添加动画的对象

步骤 4▶ 在“动画”下拉列表中选择“飞入”选项，然后设置 3 个燕尾形动画的效果选项为“自左侧”，3 个圆角矩形动画的效果选项为“自右侧”；设置燕尾形和圆角矩形的开始播放方式均为“上一动画之后”，延迟时间均为“00.25”。

步骤 5▶ 选中第 4 张幻灯片中的 SmartArt 图形，为其添加“进入”/“擦除”动画，并设置其效果选项为“自顶部”“逐个”(见图 4-83)，“延迟”为“00.25”，开始播放方式为“上一动画之后”。

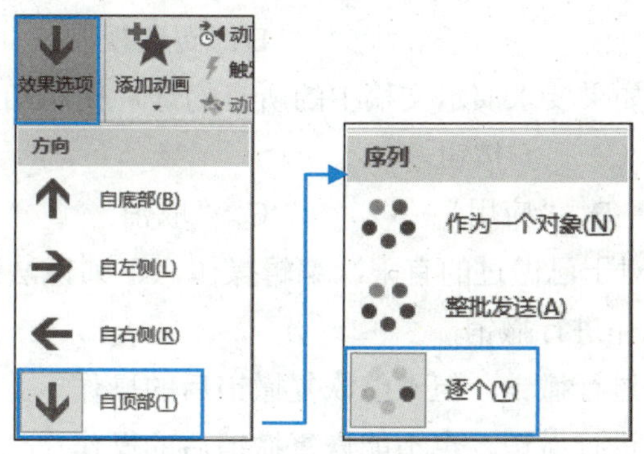

图 4-83 设置“擦除”动画的效果选项

步骤 6▶ 使用同样的方法，或利用“动画”选项卡“高级动画”组中的“动画刷”按钮为其他幻灯片中的对象添加动画效果

六、打包演示文稿

步骤 1▶ 选择“文件”/“导出”/“将演示文稿打包成 CD”/“打包成 CD”选项，打开“打包成 CD”对话框。

步骤 2▶ 单击“复制到文件夹”按钮，打开“复制到文件夹”对话框，在其中设置打包的文件夹名称及保存位置，如图 4-84 所示。

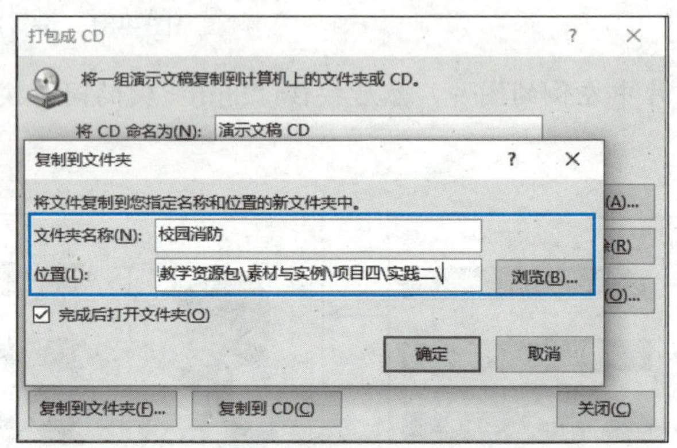

图 4-84 设置打包的文件夹名称及保存位置

步骤 3▶ 单击“确定”按钮，打开提示对话框，单击“是”按钮，即可将演示文稿打包到指定的文件夹中。

步骤 4▶ 单击“打包成 CD”对话框中的“关闭”按钮，将该对话框关闭。

习题精选

一、选择题

（1）PowerPoint 2016 演示文稿默认的文件扩展名是（　　）。

A．opx　　B．pptx　　C．dwg　　D．jpg

（2）在 PowerPoint 2016 中，系统默认的视图方式是（　　）。

A．大纲视图　　B．幻灯片浏览视图

C．普通视图　　D．阅读视图

（3）在 PowerPoint 2016 中，如果要求演示文稿中的所有幻灯片使用相同的背景，则在设置好背景后应单击“设置背景格式”任务窗格中的（　　）按钮。

A．“全部应用”　　B．“应用”　　C．“取消”　　D．“重置背景”

（4）在 PowerPoint 2016 中，对于已做过的有限次编辑操作，下列说法正确的是（　　）。

A．不能对已经做过的操作进行撤销

B．能对已经做过的操作进行撤销，但不能恢复撤销后的操作

C．不能对已做过的操作进行撤销，也不能恢复撤销后的操作

D．既能对已做过的操作进行撤销，也能恢复撤销后的操作

（5）在 PowerPoint 2016 的幻灯片浏览视图中，按住“Ctrl”键的同时拖动某张幻灯片，可以完成（　　）操作。

A. 移动幻灯片　　B. 复制幻灯片　　C. 删除幻灯片　　D. 选择幻灯片

（6）在 PowerPoint 2016 中输入文本时，按一次“Enter”键则系统生成一个新的段落。如果要在段落中另起一行，需要按（　　）组合键。

A.“Ctrl+Shift+Enter”　　B.“Ctrl+Enter”

C.“Shift+Enter”　　D.“Ctrl+Shift+Delete”

（7）在 PowerPoint 2016 中，要选择演示文稿中的全部幻灯片，可使用快捷键（　　）。

A.“Shift+A”　　B.“Ctrl+A”　　C.“F3”　　D.“F4”

（8）如果计算机没有连接打印机，则 PowerPoint 2016 将（　　）。

A. 不能进行幻灯片的放映和打印

B. 按文件类型区分，有的能进行幻灯片的放映，有的则不能

C. 可以进行幻灯片的放映，但不能打印

D. 按文件大小区分，有的能进行幻灯片的放映，有的则不能

（9）在 PowerPoint 2016 中，如果要求幻灯片能够在无人操作的环境下自动播放，应该事先对演示文稿设置（　　）。

A. 自动播放　　B. 排练计时　　C. 存盘　　D. 打包

（10）在 PowerPoint 2016 中，当在幻灯片中插入音频后，幻灯片中将会出现（　　）。

A. 喇叭标记　　B. 一段文字说明

C. 超链接说明　　D. 超链接按钮

（11）在 PowerPoint 2016 中，可以在（　　）选项卡中为幻灯片中的对象设置动画效果。

A.“插入”　　B.“动画”　　C.“切换”　　D.“设计”

（12）在 PowerPoint 2016 中，下列关于裁剪图片的说法中，错误的是（　　）。

A. 裁剪图片是指图片保存的大小不变，而将不希望显示的部分隐藏起来

B. 当需要重新显示被隐藏的部分时，可以通过“裁剪”工具进行恢复

C. 如果要裁剪图片，首先要选择图片，然后单击“裁剪”按钮

D. 按住鼠标右键向图片内部拖动时，可以隐藏图片的部分区域

（13）在 PowerPoint 2016 中，在幻灯片中插入音频会生成一个喇叭状的音频图标，用户（　　）。

A. 可以编辑音频，但不能改变音频图标的大小和位置

B. 不可以编辑音频，但可以改变音频图标的大小和位置

C. 可以编辑音频，也可以改变音频图标的大小和位置

D. 不可以编辑音频，也不可以改变音频图标的大小和位置

（14）在 PowerPoint 2016 中，若要使某张图片出现在演示文稿的每一张幻灯片中，则需要将此图片插入到（　　）中。

A. 幻灯片模板　　B. 幻灯片母版　　C. 标题幻灯片　　D. 备注页

（15）在 PowerPoint 2016 中，幻灯片布局中的虚线框称为（　　）。

A. 占位符　　B. 图文框　　C. 文本框　　D. 表格

（16）在 PowerPoint 2016 中，保存演示文稿的快捷键是（　　）。

A.“Ctrl+O”　　B.“Ctrl+S”　　C.“Ctrl+A”　　D.“Ctrl+D”

（17）在 PowerPoint 2016 的幻灯片浏览视图中，要选择连续的多张幻灯片，可先选择起始的幻灯片，然后按住（　　）键再选择末尾的幻灯片。

A．“Ctrl”　　B．“Enter”　　C．“Alt”　　D．“Shift”

（18）下列关于演示文稿的说法中，错误的是（　　）。

A．如果幻灯片母版中添加了放映控制按钮，则所有幻灯片中都会包含放映控制按钮

B．幻灯片之间不能进行跳转链接

C．在幻灯片中可以插入自己录制的音频文件

D．在放映幻灯片时，可以随时终止放映

（19）在“动画”选项卡中为对象添加动画效果时，不包括（　　）动画类型。

A．进入　　B．退出　　C．切换　　D．动作路径

（20）在 PowerPoint 2016 中，下列说法错误的是（　　）。

A．可以动态显示文本、形状等对象　　B．可以更改动画对象的出现顺序

C．图表中的元素不可以设置动画效果　　D．可以设置幻灯片的切换效果

（21）在 PowerPoint 2016 中，如果要以擦除方式进入下一张幻灯片，应选择（　　）选项卡中的“擦除”效果。

A．“插入”　　B．“设计”　　C．“切换”　　D．“动画”

（22）在 PowerPoint 2016 的幻灯片浏览视图中，不能进行的操作是（　　）。

A．删除幻灯片　　B．编辑幻灯片内容

C．移动幻灯片　　D．设置幻灯片的放映方式

（23）下列关于幻灯片背景的说法中，错误的是（　　）。

A．用户可以为幻灯片设置不同的颜色、阴影、图案或纹理背景

B．可以使用图片作为幻灯片的背景

C．可以为单张幻灯片设置背景

D．不可以同时为多张幻灯片设置背景

（24）在 PowerPoint 2016 中，要在放映时实现不同幻灯片之间的跳转，需要为其设置（　　）。

A．放映方式　　B．动作按钮　　C．排练计时　　D．录制幻灯片演示

（25）下列关于幻灯片中多媒体内容的说法中，错误的是（　　）。

A．可以插入 PC 上的音频和视频　　B．可以插入录制的音频

C．可以插入联机视频　　D．放映时只能自动放映，不能手动放映

（26）下列关于视图的说法中，错误的是（　　）。

A．可以在幻灯片浏览视图中更改某张幻灯片中动画对象的出现顺序

B．可以在普通视图中设置文本、形状等对象动态显示

C．可以在幻灯片浏览视图中设置幻灯片切换效果

D．可以在普通视图中设置幻灯片的切换效果

（27）在 PowerPoint 2016 的（　　）视图中，可以轻松地按顺序组织幻灯片，如插入、删除、移动幻灯片等。

A．备注页　　B．幻灯片浏览　　C．幻灯片放映　　D．黑白

（28）在 PowerPoint 2016 中，当需要将制作的演示文稿转至其他地方正常放映时，应（　　）。

A．将演示文稿发送至磁盘　　B．将演示文稿打包

C．设置幻灯片的放映效果　　D．将幻灯片分成多个子幻灯片，以存入磁盘

（29）在放映演示文稿时，如果要求演讲者对放映具有完整的控制权，应选择（ ）放映类型。

A．演讲者放映　　B．观众自行浏览

C．在展台浏览　　D．重置背景

（30）在 PowerPoint 2016 中，下列不是演示文稿输出形式的是（ ）。

A．打印输出　　B．幻灯片放映

C．网页　　D．幻灯片拷贝

二、填空题

（1）关闭当前演示文稿的快捷键是“________”。

（2）新建幻灯片的默认版式是______________。

（3）在 PowerPoint 2016 中，默认插入的新幻灯片将出现在____________________。

（4）PowerPoint 2016 的视图模式有__________、__________、__________、__________、__________。

（5）使用____________可以为演示文稿中的幻灯片设置相同的颜色、渐变或图片背景等。

（6）使用“________”下拉列表中的选项，可以在幻灯片中绘制椭圆、直线、箭头、矩形和禁止符等形状。

（7）如果要在非标注类形状中添加文本，必须在形状的右键快捷菜单中选择____________选项，然后才能输入文本。

（8）PowerPoint 2016 中的文本框有________和________两种类型。

（9）要在幻灯片中插入图片，应单击“________”选项卡中的“图片”按钮。

（10）要将设置的背景格式应用于演示文稿的所有幻灯片，应在“设置背景格式”任务窗格中单击“____________”按钮。

（11）如果要统一设置演示文稿中各张幻灯片的内容和格式，可在______________中进行操作。

（12）如果要从一张幻灯片淡入到下一张幻灯片，应在“________”选项卡为当前幻灯片设置“淡出”切换效果。

（13）在 Power Point 2016 中，可通过“_______”选项卡为每张幻灯片设置切换声音。

（14）在 PowerPoint 2016 中，动画效果有 4 种类型，分别为___________、___________、___________、___________。

（15）动画效果的开始播放方式有 3 种，分别为______________、______________、______________。

（16）在“幻灯片放映”选项卡的“开始放映幻灯片”组中单击“________________”按钮，可以从当前幻灯片开始放映。

（17）直接按“________”键，可以从第 1 张幻灯片开始放映演示文稿。

（18）在放映演示文稿的过程中，按“________”键可以终止放映。

（19）要使幻灯片在放映时能够切换到网易主页，应该为其设置________________。

（20）将演示文稿打包的目的是____。

三、判断题

（1）在“切换”选项卡中不可以更改幻灯片的换片方式。（ ）

（2）在 PowerPoint 2016 中，不能为文字添加动画效果。（ ）

（3）在“动画窗格”中可以随意更改各动画效果的播放顺序。（ ）

（4）在 PowerPoint 2016 中，可以将对象超链接到新文档。（　　）

（5）如果幻灯片中没有插入音频，则不能放映该演示文稿。（　　）

（6）在 PowerPoint 2016 中插入的图表只能是直方图。（　　）

（7）可以利用自定义放映对演示文稿进行组织，以满足不同时间或场合的放映需要。（　　）

（8）在放映演示文稿时，使用“Esc”键可以随时终止放映。（　　）

（9）设置幻灯片的切换效果时，不能同时使用两种换片方式。（　　）

（10）使用动作按钮可以在幻灯片放映时运行另一个程序。（　　）

（11）PowerPoint 2016 的空白版式演示文稿是不允许用户修改的。（　　）

（12）利用 PowerPoint 2016 可以制作出交互式演示文稿。（　　）

（13）在放映演示文稿时，可以看到为对象设置的各种动画效果。（　　）

（14）在 PowerPoint 2016 中不能插入表格。（　　）

（15）设置幻灯片的“百叶窗”“形状”等切换效果时，不能设置持续时间。（　　）

（16）在 PowerPoint 2016 中，占位符和文本框一样，也是一种可插入的对象。（　　）

（17）对演示文稿应用设计主题后，原有的幻灯片母版、标题母版等不变。（　　）

（18）在 PowerPoint 2016 中，不能在形状中添加文本。（　　）

（19）在 PowerPoint 2016 中，幻灯片中不能插入联机图片。（　　）

（20）在 PowerPoint 2016 中，可以在幻灯片的任意位置插入艺术字、表格、图表等特殊对象。（　　）

四、操作题

（1）制作“营销技术展示”演示文稿，效果如图 4-85 所示。

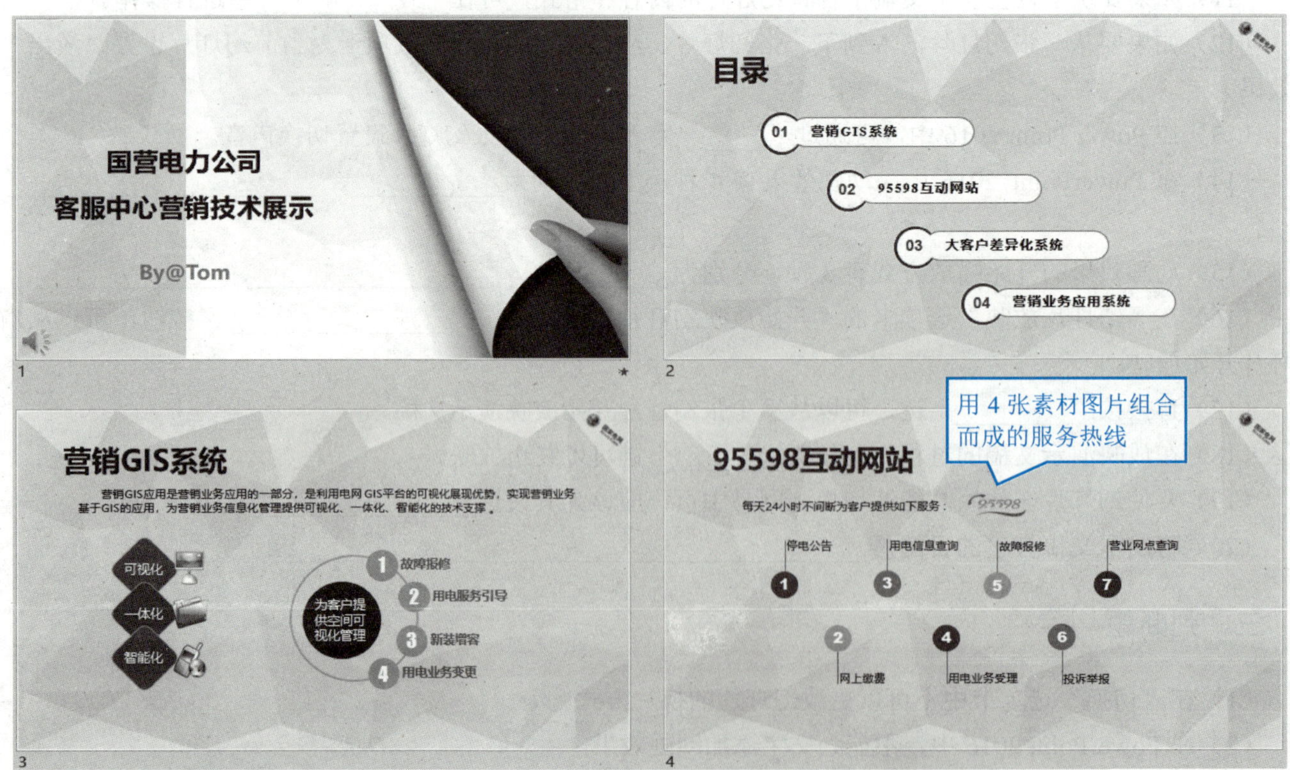

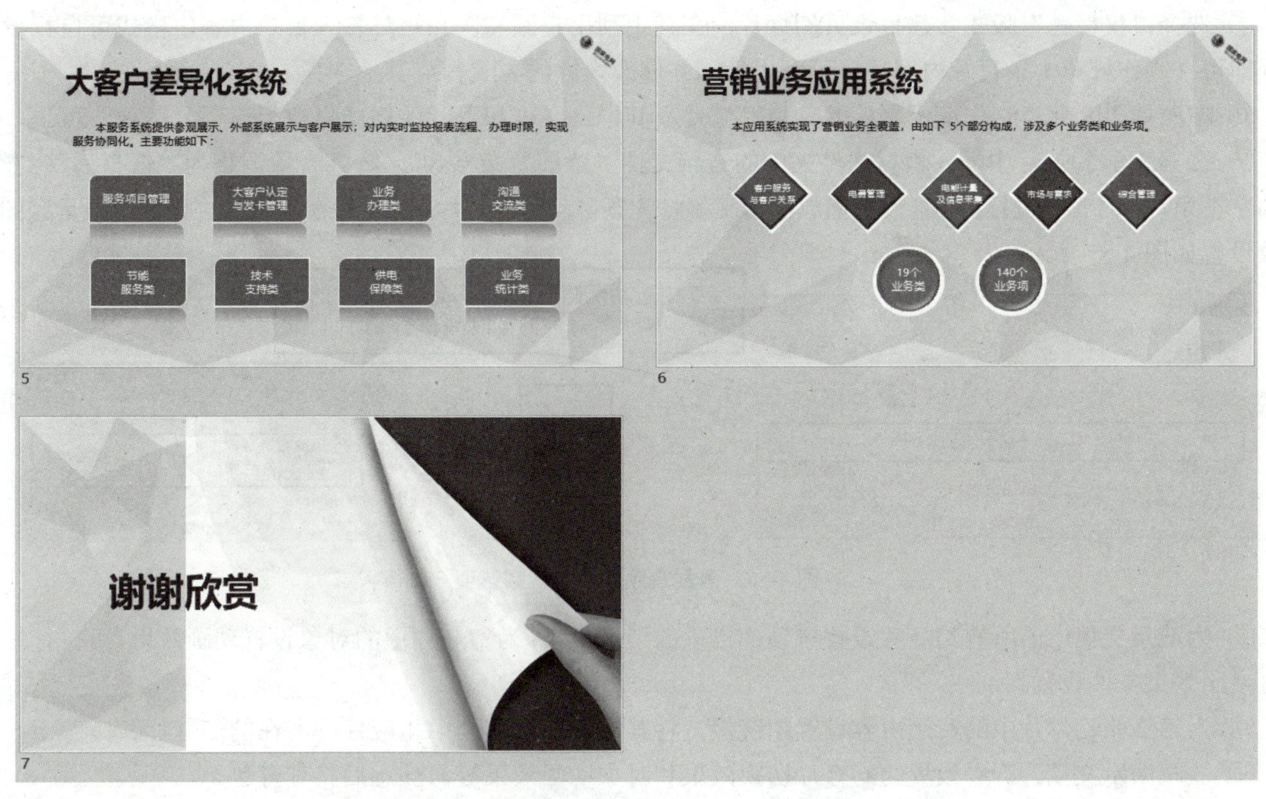

图 4-85 “营销技术展示”演示文稿效果

① 新建空白演示文稿后编辑“幻灯片母版”。为标题样式应用如图 4-86 所示的艺术字样式，并设置艺术字文本的填充颜色为红色；设置标题样式和文本样式的字体均为微软雅黑，并为标题样式设置文字阴影效果。

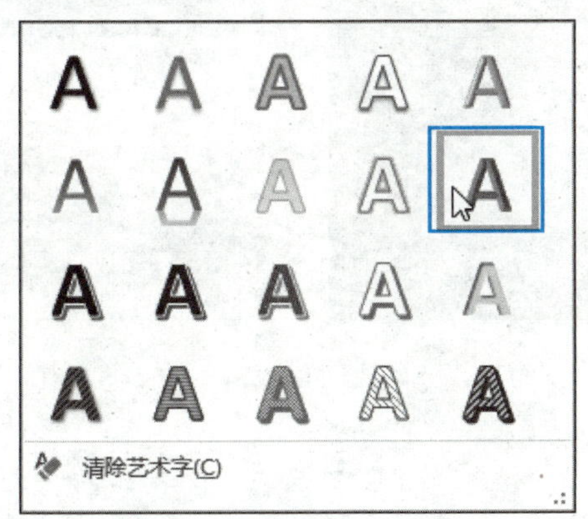

图 4-86 选择艺术字样式

② 在幻灯片母版的右上角插入素材图片“国电标志.png”并进行适当旋转，然后插入素材图片“背景.png”并将其放大，使其与幻灯片的大小相等，置于底层（制作当前演示文稿所需的素材均位于本书配套素材“项目四”/“习题精选”/“营销技术展示”文件夹中）。

③ 编辑“标题幻灯片 版式”母版。在幻灯片右侧插入素材图片“翻页.jpg”，并将其置于底层；修改标题样式的字号为 40 磅，副标题样式的格式为微软雅黑、32 磅、加粗、“白色，背景 1，深色 35%”。

④ 参照效果文件，在第 1 张幻灯片中输入文本，并设置标题文本的字符间距为加宽 0.5 磅，行距为 1.5 倍行距，适当调整标题占位符和副标题占位符的大小及位置。

⑤ 选择“仅标题”版式新建目录页幻灯片，在其中利用正圆和圆角矩形输入目录内容，格式可自行设置，美观即可（制作好第 1 条目录内容后，可利用复制并修改内容的方式得到其他 3 条）。

⑥ 参照效果文件，制作演示文稿的其他幻灯片。其中，文本和形状的格式可自行设置，美观即可。

⑦ 在第 1 张幻灯片中插入素材文件夹中的音频文件“营展背景.wav”，将其音量调整为“低”后移到幻灯片的左下角，并对音频进行剪裁，设置播放演示文稿时音频自动跨幻灯片播放，并在放映的过程中隐藏音频图标，参数设置如图 4-87 所示。

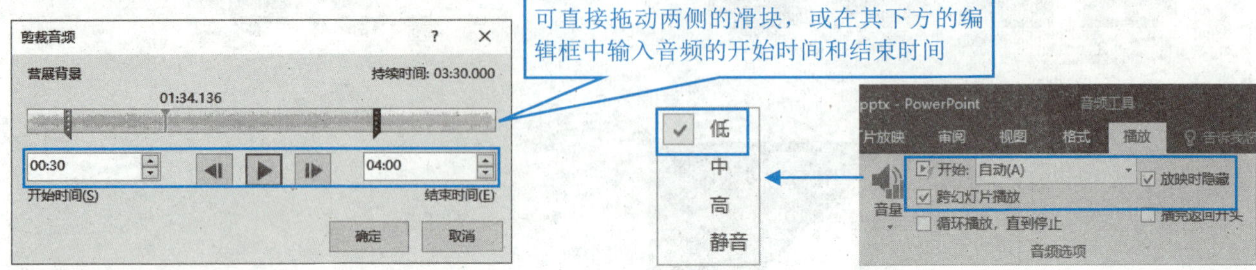

图 4-87　剪裁音频并设置音频选项

⑧ 为演示文稿中的所有幻灯片设置自顶部推进的切换效果；为幻灯片中的对象设置动画效果，可自行设置，也可参照效果文件设置。

⑨ 为第 2 张幻灯片中的目录内容设置超链接，将其链接到本文档中相应标题所在的幻灯片。

⑩ 放映演示文稿，查看设置的幻灯片切换效果和对象动画效果等，满意后将其打包。

（2）制作“旅游纪念电子相册”演示文稿，效果如图 4-88 所示。

图 4-88 “旅游纪念电子相册”演示文稿效果

① 新建空白演示文稿后编辑“幻灯片母版”，设置其背景颜色的 RGB 值为“234、232、226”。

② 制作各幻灯片。插入素材图片，缩放后对其应用图片样式，置于各幻灯片的合适位置（制作当前演示文稿所需的素材均位于本书配套素材“项目四”/“习题精选”/“旅游电子相册”文件夹中）。

③ 利用横排文本框或竖排文本框输入照片说明文本并设置其格式，美观即可。

④ 分别为各张幻灯片设置切换效果。

⑤ 为幻灯片中的所有或部分对象设置合适的动画效果，可自行设置，也可参照效果文件设置。

⑥ 在第 1 张幻灯片中插入素材文件夹中的音频文件“相册背景音乐.mp3”，设置其跨幻灯片自动播放，并将音频图标拖至幻灯片的左上角外侧，放映时隐藏音频图标。

⑦ 放映演示文稿，查看设置的幻灯片切换效果和对象动画效果等，满意后将其打包。

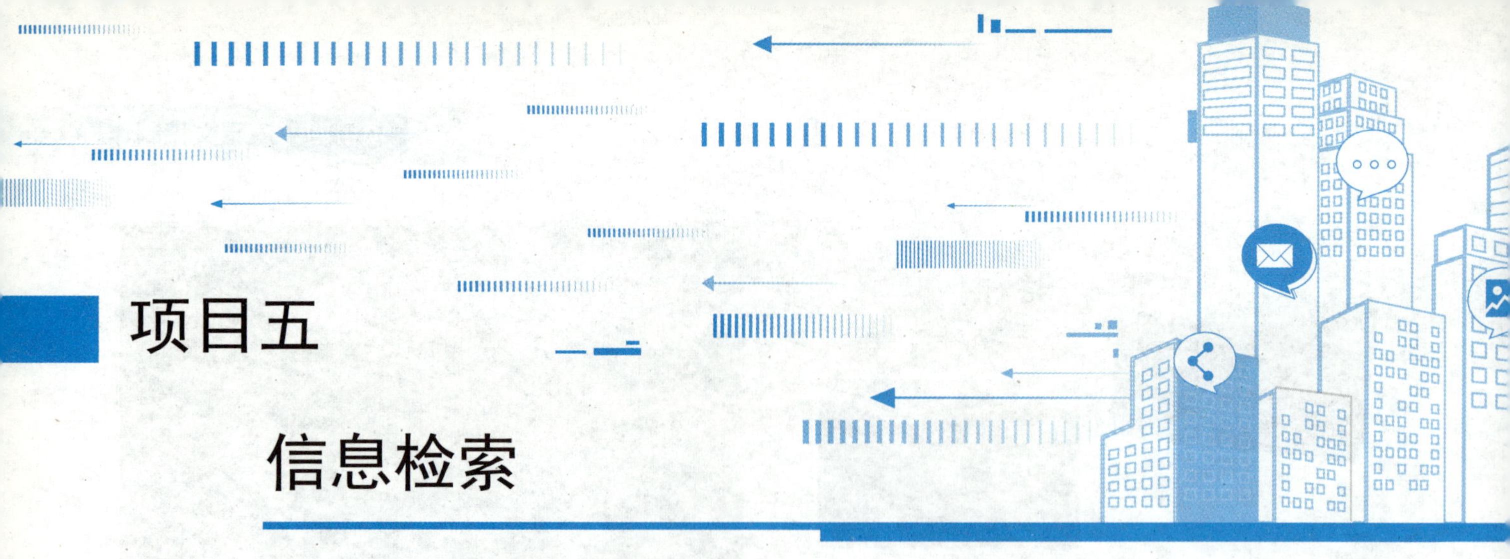

项目五 信息检索

实践一 使用百度搜索引擎检索主题班会素材

实践描述

在信息时代，无论是日常生活还是工作学习，都离不开信息检索，而搜索引擎无疑是众多检索工具中使用最简单、最方便的。因此，掌握使用搜索引擎进行信息检索的方法和技巧，可以帮助我们快速、准确地获取所需信息。

本实践将介绍使用百度搜索引擎检索主题班会素材的方法，体验信息检索为我们的生活和学习带来的便利。

实践步骤

2020年年初，一场突如其来的疫情席卷全国，尤以武汉疫情形势最为严峻。一时间，全民进入了抗疫的紧张时期，举国支援武汉。在抗击疫情期间，出现了很多令人感动的事迹，这些事迹的主人公用无私奉献、为国为民的壮举感动着每一个中国人。为了向他们致敬，某班班长计划开展一场主题为“武汉疫情中的最美逆行者”的班会。

在筹划这次班会时，班长决定制作一个演示文稿，以图文新闻和电视节目为主要展现形式，重点介绍武汉抗疫的感人事迹。为此，班长使用百度搜索引擎搜集了所需信息，具体过程如下。

一、检索新闻报道

步骤 1▶ 启动 Microsoft Edge 浏览器，访问百度搜索引擎首页，在搜索框中输入检索式“疫情 感人事迹”，然后按“Enter”键，进入搜索结果页，如图 5-1 所示。

步骤 2▶ 在搜索框的关键词后空一格输入“intitle:武汉”，然后按“Enter”键，显示限制检索后的搜索结果。可以看到，搜索结果将仅包含武汉抗疫的感人事迹，如图 5-2 所示。

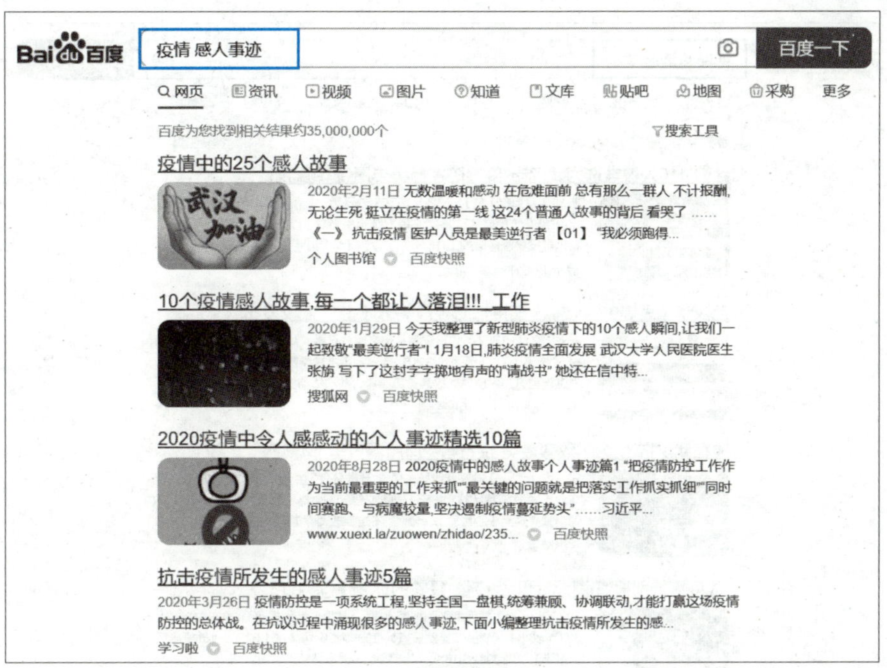

图 5-1 “疫情 感人事迹”搜索结果页

图 5-2 使用“intitle:”限制算符后的搜索结果页

二、检索视频资料

步骤 1▶ 返回百度搜索引擎首页，在搜索框中输入检索式“武汉 疫情 最美”，然后按“Enter”键，进入搜索结果页，如图 5-3 所示。

图 5-3 “武汉 疫情 最美”搜索结果页

步骤 2▶ 在搜索框的关键词后空一格输入“site:cctv.com”，然后按“Enter”键，显示限制检索后的搜索结果。可以看到，搜索结果将仅显示来自央视网的网页，如图 5-4 所示。

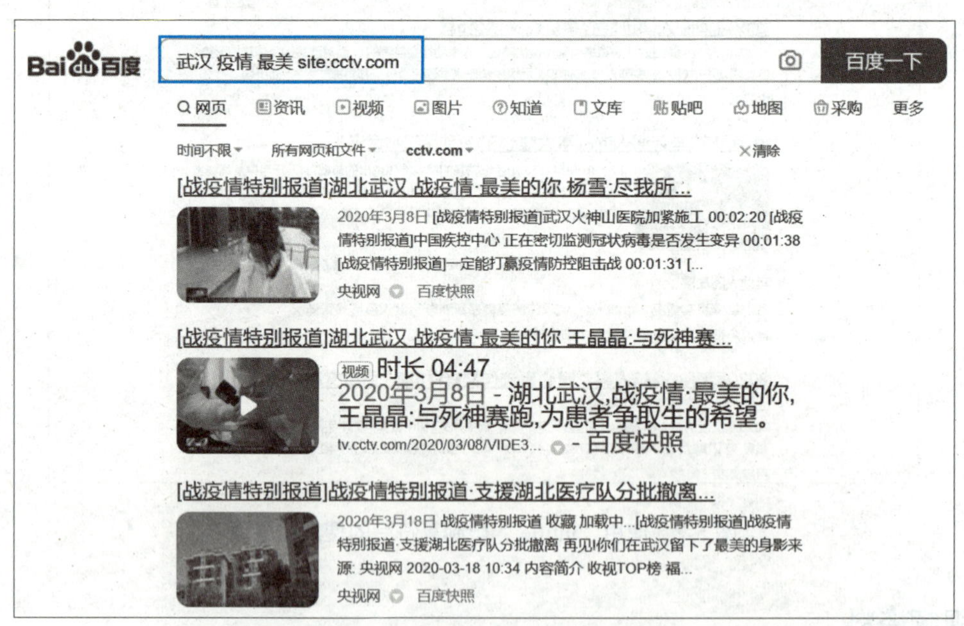

图 5-4 使用“site:”限制算符后的搜索结果页

步骤 3▶ 单击搜索框下方的“视频”图标，切换至“视频”版块，即可从所有搜索结果中筛选出视频资料，如图 5-5 所示。

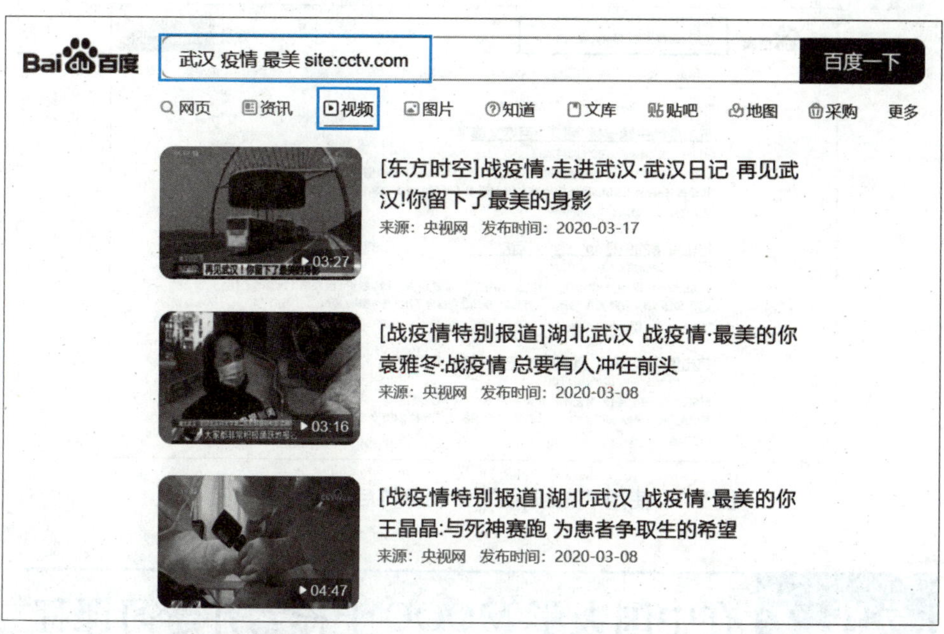

图 5-5 筛选视频资料

三、检索 PPT 模板

步骤 1▶ 返回百度搜索引擎首页，在搜索框中输入检索式“抗疫 免费模板”，然后按“Enter”键，进入搜索结果页，如图 5-6 所示。

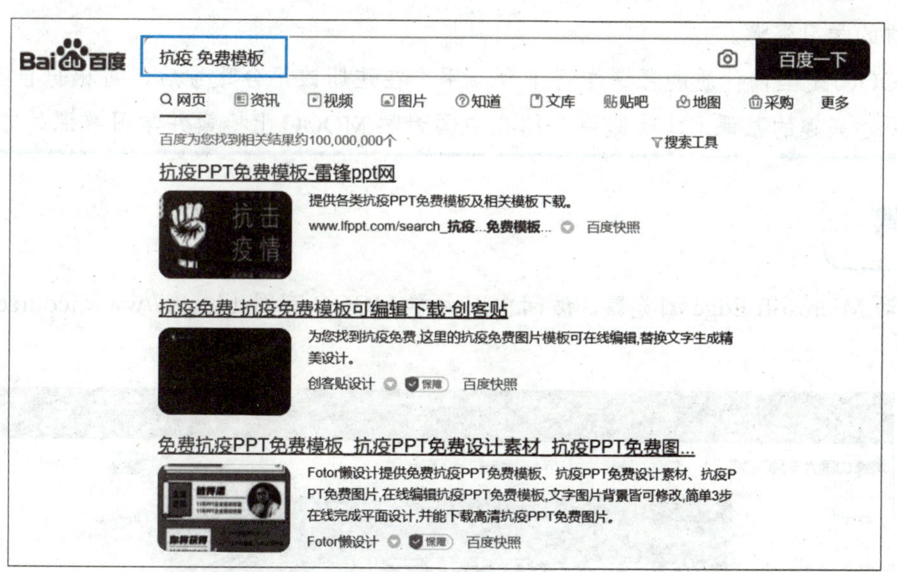

图 5-6 “抗疫 免费模板”搜索结果页

步骤 2▶ 在搜索框的关键词后空一格输入“filetype:ppt”，然后按“Enter”键，显示限制检索后的搜索结果。可以看到，搜索结果将仅包括演示文稿文件，如图 5-7 所示。

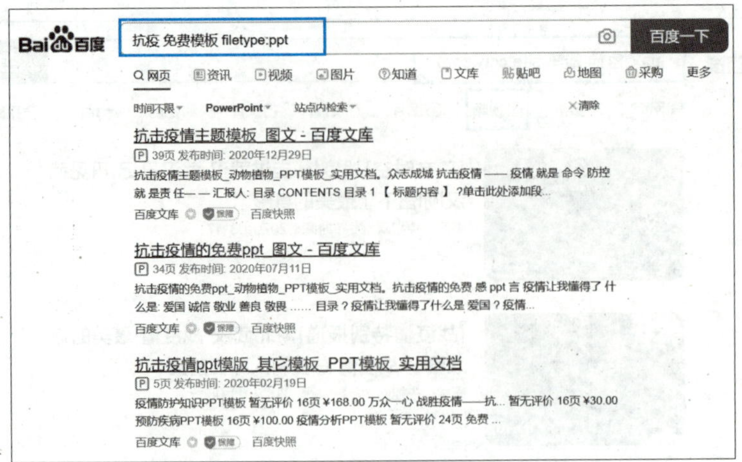

图 5-7 使用“filetype:”限制算符后的搜索结果页

实践二 在中国大学 MOOC 上检索并学习课程

实践描述

慕课即大型开放式在线课程（massive open online courses，MOOC），它是一种新兴的网络学习模式，旨在打破地域、年龄乃至国籍的限制，将名校、名师、名课以“互联网+教育”的形式展现出来，从而使所有人都能享受到优质的学习资源。

中国大学 MOOC 是国内优质的慕课学习平台，用户在注册该平台账号后，可根据自身学业特点、兴趣爱好等选择并学习感兴趣的慕课。本实践将介绍在中国大学 MOOC 上检索并学习慕课的方法。

实践步骤

步骤 1▶ 启动 Microsoft Edge 浏览器，访问中国大学 MOOC 官网（https://www.icourse163.org），如图 5-8 所示。

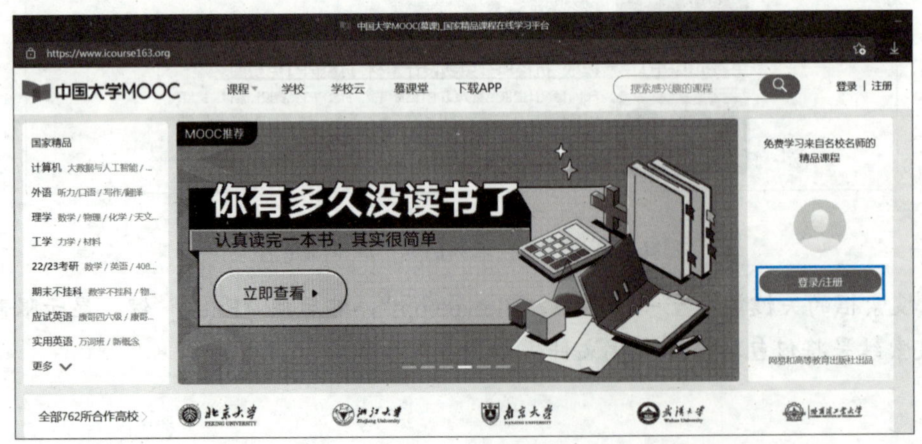

图 5-8 中国大学 MOOC 首页

步骤 2▶ 单击首页右上方的“登录/注册”按钮，打开手机 App 扫码登录界面（见图 5-9），单击左下角的“其他登录方式”按钮，在打开的窗口中切换至“手机号登录”界面，如图 5-10 所示。

图 5-9 手机 App 扫码登录界面

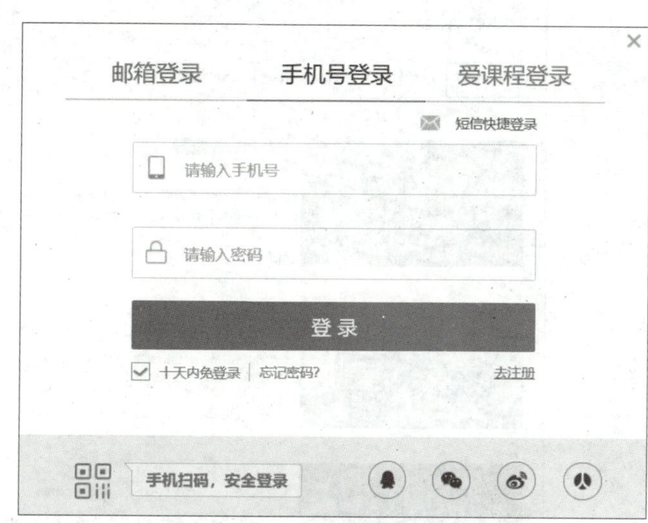

图 5-10 “手机号登录”界面

步骤 3▶ 单击“登录”按钮下方的“去注册”按钮，打开“手机号注册”界面，依次输入手机号和密码，然后单击“获取验证码”按钮（见图 5-11），打开“请完成安全验证”对话框（见图 5-12），向右拖动滑块填充拼图，返回“手机号注册”界面，在“获取验证码”按钮左侧的编辑框中输入收到的短信验证码，然后单击“注册并登录”按钮，即可完成注册。

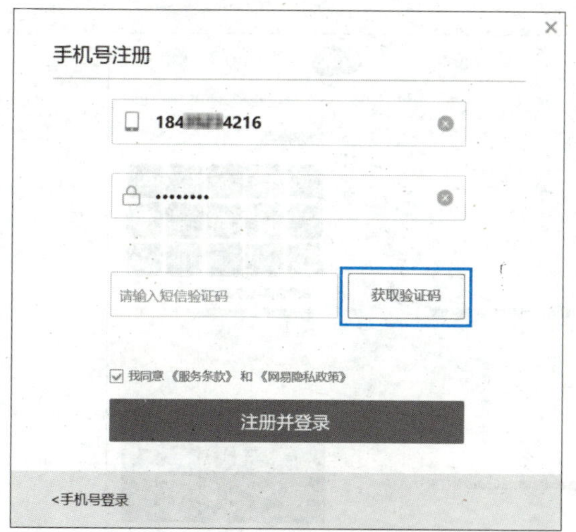

图 5-11 “手机号注册”界面

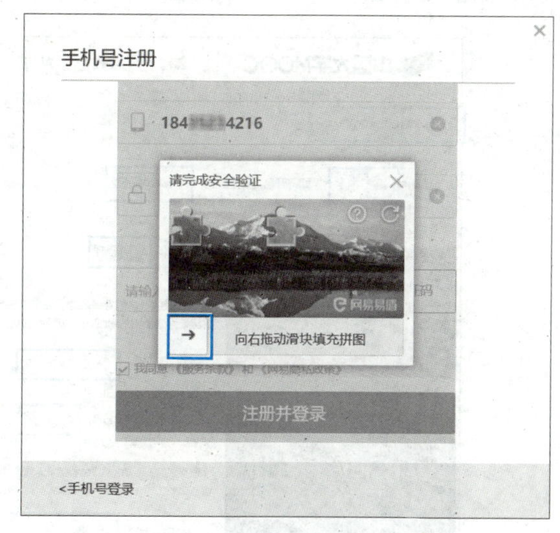

图 5-12 “请完成安全验证”对话框

步骤 4▶ 注册成功后，在“手机号登录”界面中登录中国大学 MOOC 并返回首页，在右上方的搜索框中输入感兴趣的课程名称，如“信息检索”，然后按“Enter”键或单击“搜索”按钮，打开搜索结果页，如图 5-13 所示。

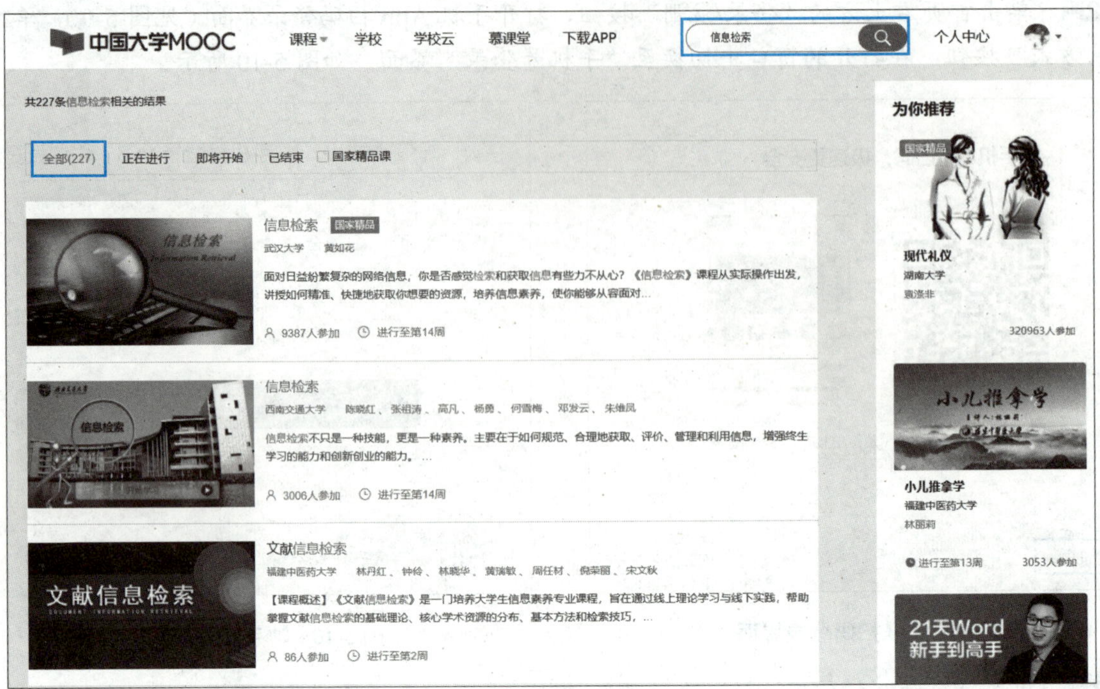

图 5-13 “信息检索”搜索结果页

步骤 5▶ 在搜索结果页中单击“正在进行”链接文字，然后选中“国家精品课”复选框，即可筛选正在进行的国家精品慕课，结果如图 5-14 所示。

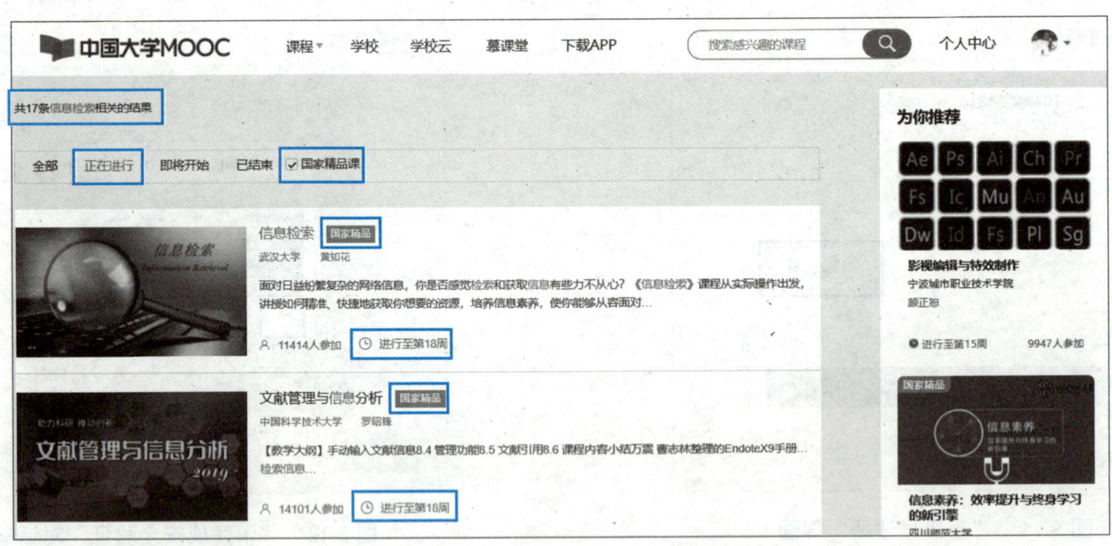

图 5-14 筛选出正在进行的国家精品慕课

步骤 6▶ 单击感兴趣的慕课链接，打开慕课选课页，单击“立即参加”按钮即可加入当前慕课的学习，如图 5-15 所示。

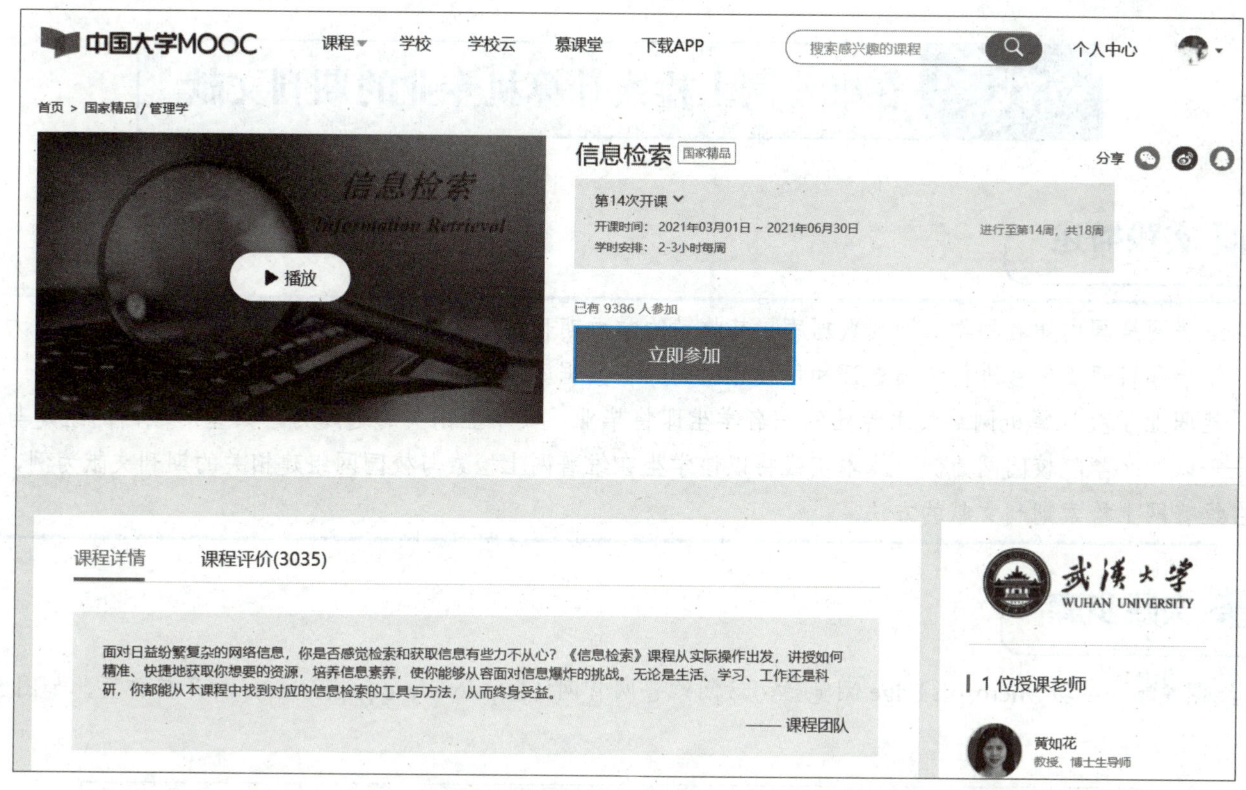

图 5-15 选择并学习感兴趣的慕课

步骤 7▶ 此时“立即参加”按钮将变为“已参加，进入学习”按钮，单击该按钮，打开慕课详情页。单击左侧列表中的“课件”按钮，切换至“课件”窗口，在“课件”组中选择课程进度（如时间、章节等），即可开始慕课学习，如图 5-16 所示。

图 5-16 开始慕课学习

实践三 在维普网上检索计算机专业的期刊文献

实践描述

维普网是国内知名的学术期刊数据库，其收录的学术期刊文献数量大、覆盖范围广、更新快，是广大教师、学生和科研工作者进行科技查证和科技查新的必备数据库。

某职业学院计算机网络技术专业的一名学生即将毕业，其毕业论文的选题为“大型局域网的组建与维护——以××学院校园网为例”。本实践将以该学生在维普网上检索与校园网组建相关的期刊文献为例，介绍在维普网上检索期刊文献的方法。

实践步骤

步骤 1▶ 启动 Microsoft Edge 浏览器，访问维普网官网（http://www.cqvip.com），打开其首页，如图 5-17 所示。

图 5-17 维普网首页

步骤 2▶ 单击“开始搜索”按钮下方的“高级检索”链接文字，打开高级检索页面，在“题名或关键词”编辑框中输入“校园网”，然后单击其右侧的“模糊”按钮，在展开的下拉列表中选择“精确”选项，如图 5-18 所示。

图 5-18　输入题名或关键词并设置精确检索

步骤 3▶　单击“题名或关键词”编辑框右侧的“同义词扩展+”按钮，打开“同义词扩展”对话框，取消“全部”复选框，然后选中下方符合条件的“校园网”同义词前的复选框，最后单击“确定”按钮，如图 5-19 所示。

步骤 4▶　返回高级检索页面，单击“文摘”按钮，在展开的下拉列表中选择“关键词”选项（见图 5-20），然后在右侧编辑框中输入“局域网”。

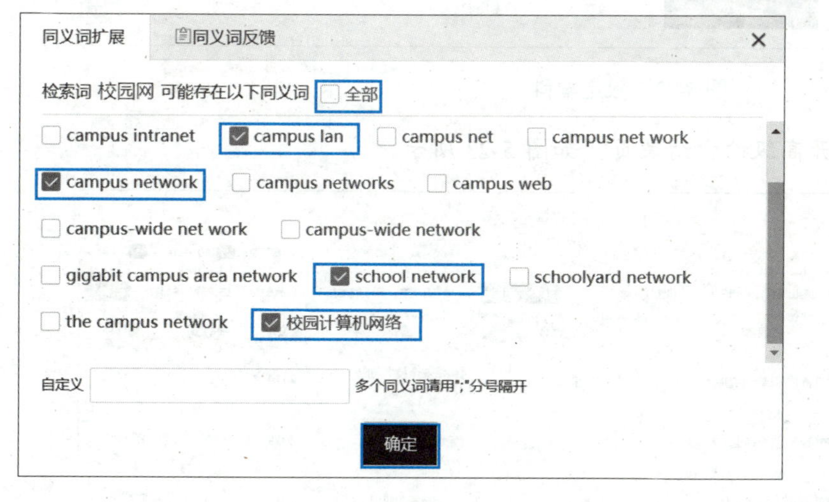

图 5-19　选择检索词“校园网”的同义词

图 5-20　选择“关键词”选项

步骤 5▶　参照步骤 3，为检索词“局域网”选择同义词，然后在“时间限定”组中单击“收录起始年”按钮，在展开的下拉列表中选择“2010”选项，如图 5-21 所示。

步骤 6▶　取消“学科限定”组中的“全选”按钮，然后单击右侧的“展开”按钮 ›，在展开的列表中选中“电子电信”和“自动化与计算机技术”复选框，如图 5-22 所示。

图 5-21　选择检索词“局域网”的同义词并限定时间段

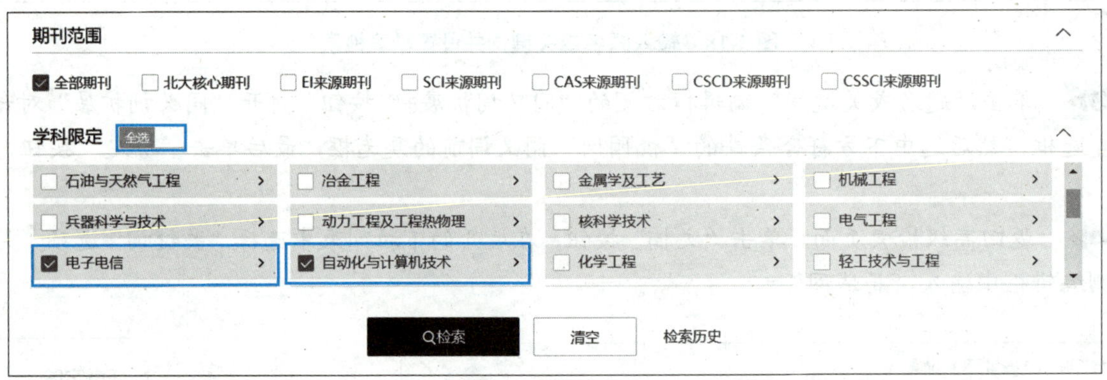

图 5-22　限定学科

步骤 7▶　单击“检索”按钮，打开高级检索结果页，如图 5-23 所示。

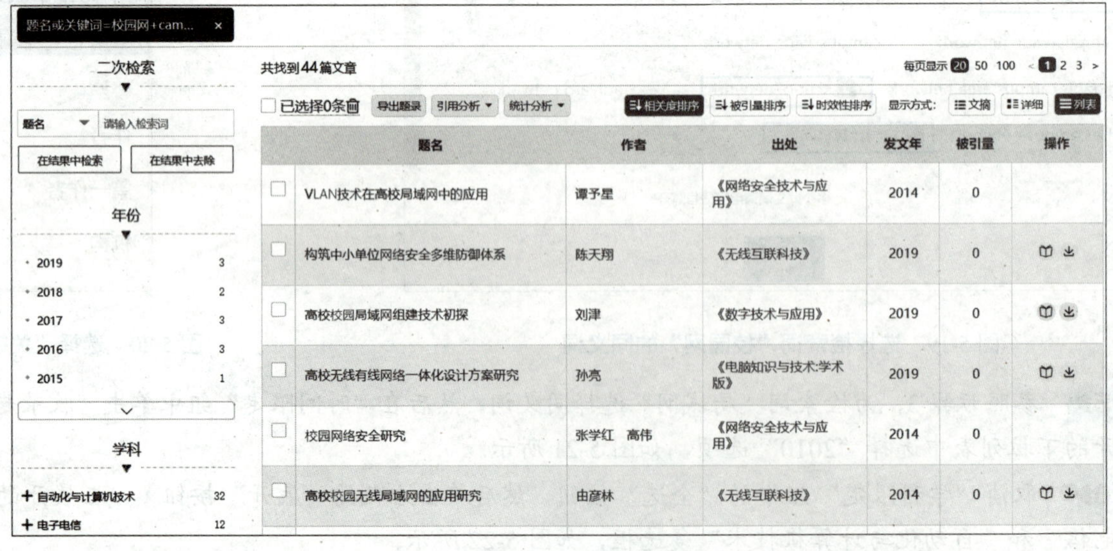

图 5-23　高级检索结果页

步骤 8▶ 在高级检索结果页中单击要查看详情的期刊文献题名，打开该文献的详情页，在其中可了解文献的详细信息，还可在线阅读或下载该文献的 PDF 格式，如图 5-24 所示。

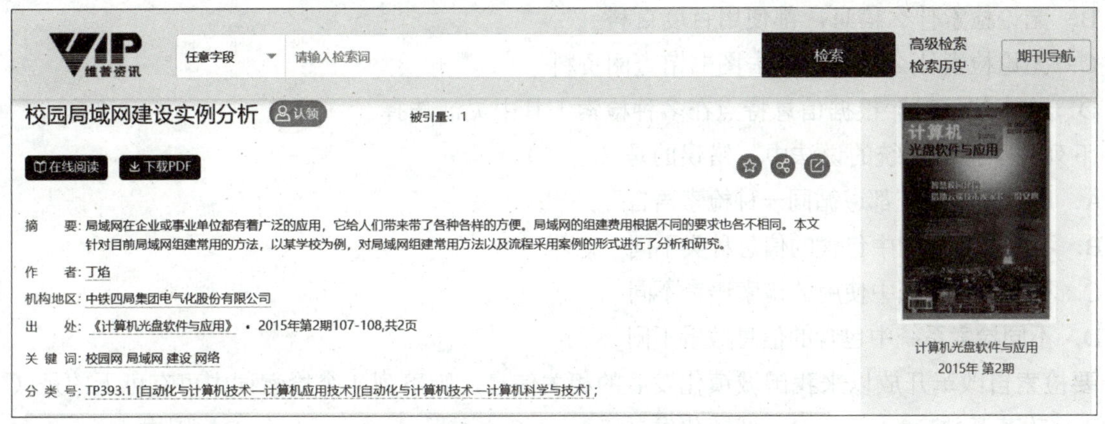

图 5-24 文献详情页

习题精选

一、选择题

（1）下列关于信息检索的说法中，错误的是（　　）。

A．信息检索就是使用搜索引擎搜索信息

B．信息检索是人们获取信息的主要方式

C．信息检索为人们的学习和生活带来了很大便利

D．信息检索能帮助人们快速、准确地找到所需信息

（2）下列关于信息检索概念的说法中，错误的是（　　）。

A．信息检索是人们根据特定的需要将相关信息准确查找出来的过程

B．信息检索的概念有狭义和广义之分

C．广义的信息检索包括信息存储和信息搜索两个过程

D．狭义的信息检索只包括信息存储这一个过程

（3）下列选项中，不属于信息检索行为的是（　　）。

A．拨打 114 查询电话号码　　B．去图书馆查阅资料

C．去超市买菜　　D．使用百度搜索关键词

（4）下列选项中，不属于信息检索基本流程的是（　　）。

A．分析竞争对手，确立竞品意识

B．选择检索工具，了解检索系统

C．实施检索策略，浏览初步结果

D．评价检索结果，获取所需信息

（5）下列选项中，不属于检索工具的是（　　）。

A．搜索引擎　　B．操作系统　　C．门户网站　　D．电子数据库

（6）下列选择检索工具的做法中，正确的是（　　）。

A．无论检索什么信息，都使用搜索引擎

B．无论检索什么信息，都使用百度百科

C．无论检索什么信息，都去图书馆查阅资料

D．检索信息时，根据信息特点在多种检索工具中灵活选择

（7）下列关于检索系统的说法中，错误的是（　　）。

A．所有检索系统都遵循同一种检索语言

B．不同检索系统中包含的信息种类不同

C．不同检索系统中使用的检索语言不同

D．不同检索系统中包含的信息数量不同

（8）要检索自改革开放以来我国城镇化发展的相关信息，则下列 4 个检索词中可有可无的是（　　）。

A．改革开放　　B．城镇化发展　　C．进程　　D．国内

（9）要检索过度放牧的危害的相关信息，则下列检索词中属于可删除的虚词和低频词的是（　　）。

A．造成　　B．过度放牧

C．草原退化　　D．水土流失

（10）要检索当代青少年对手机依赖程度的相关信息，则下列选项中不能对“手机”这一检索词进行替换和补充的是（　　）。

A．smart phone　　B．智能移动终端

C．智能手机　　D．公共移动通信网络

（11）下列关于信息检索的说法中，正确的是（　　）。

A．检索式就是将检索词进行简单罗列

B．无论是什么检索系统，检索式的呈现形式都是相同的

C．用户应对同一个检索词进行多次检索，直至对检索结果满意为止

D．若检索结果无法满足自身需求，用户应及时调整检索策略

（12）下列选项中，不属于常用的信息检索方法的是（　　）。

A．布尔逻辑检索　　B．限制检索

C．路径检索　　D．截词检索

（13）要搜索南京市著名的旅游景点，应使用逻辑算符（　　）将检索词“南京市”和“旅游景点”连接为一个检索式。

A．AND　　B．OR　　C．NOT　　D．XOR

（14）检索式“气温 OR 湿度”表示（　　）。

A．检索结果中可包含“气温”，也可包含“湿度”，但不能同时包含两者

B．检索结果中只能包含“气温”，不能包含“湿度”

C．检索结果中可包含“气温”，也可包含“湿度”，也可同时包含两者

D．检索结果中既不能包含“气温”，也不能包含“湿度”

（15）若希望检索结果中只包含检索词“大熊猫”而不包含检索词“人工繁育”，可使用检索式（　　）进行检索。

A．“大熊猫 OR 人工繁育”　　B．“大熊猫 AND 人工繁育”

C．“大熊猫 NOT 人工繁育”　　D．“大熊猫 BOTH 人工繁育”

（16）在布尔逻辑检索中，能扩大检索范围的逻辑算符是（　　）。

A．OR　　B．NOT

C．AND　　D．BUT

（17）下列关于截词检索的说法中，错误的是（　　）。

A．截词检索可以扩大信息检索范围

B．截断后的检索词具有多种可能的词义

C．截词检索的截词符号全网通用

D．截词检索可节省输入的检索词数目

（18）截词“comput*”属于（　　）截断。

A．前　　B．中　　C．后　　D．上

（19）要在外文文献库中检索 1900 年至 1999 年年间全球极端气候的相关信息，可采用（　　）截断的方法节省输入的检索词数目。

A．前　　B．中　　C．后　　D．上

（20）下列关于位置检索的说法中，错误的是（　　）。

A．位置检索可限制检索词的前后顺序

B．“(W)”表示两个检索词之间只允许有空格或一个标点符号

C．“(*n*W)”表示两个检索词之间允许间隔 *n* 个单词

D．句级位置检索的位置算符包括“(S)”和“(*n*S)”

（21）检索式“冬奥会 intitle:开幕式”表示（　　）。

A．检索结果中必须同时包含检索词“冬奥会”和“开幕式”

B．检索结果中可以包含检索词“冬奥会”或“开幕式”

C．检索结果中必须包含检索词“冬奥会”，不可以包含“开幕式”

D．检索结果中必须包含检索词“开幕式”，不可以包含“冬奥会”

（22）要在百度上搜索与职业技能等级认定相关的 Word 文档，可使用检索式（　　）筛选搜索结果。

A．“职业技能等级认定 filetype:doc”

B．“职业技能等级认定 filetype:PDF”

C．“职业技能等级认定 filetype:ppt”

D．“职业技能等级认定 filesize:doc”

（23）某学生使用百度搜索关键词“高效学习”，若希望搜索结果中只包含来自知乎（https://www.zhihu.com）的网页，则该学生应使用的检索式为（　　）。

A．“高效学习 intitle:知乎”

B．“高效学习 site:知乎”

C．“高效学习 filetype:zhihu.com”

D．“高效学习 site:zhihu.com”

（24）下列关于搜索引擎的说法中，错误的是（　　）。

A．搜索引擎是如今人们使用最多的信息检索工具

B．搜索引擎并不是寻常意义上的网站，因为它可以离线使用

C．百度是一个知名度较高、使用人数较多的搜索引擎

D．搜索引擎依托多种技术，如网络爬虫技术、检索排序技术等

（25）下列关于全文搜索引擎的说法中，错误的是（　　）。

A．全文搜索引擎也称通用搜索引擎

B．利用全文搜索引擎，用户通过简单的操作即可快速检索想要获取的内容

C．全文搜索引擎非常适合尚未明确自身检索意图的用户

D．使用全文搜索引擎检索到的信息数量普遍较少

（26）（　　）是针对某一个行业的专业搜索引擎。

A．全文搜索引擎　　B．目录搜索引擎

C．垂直搜索引擎　　D．元搜索引擎

（27）下列选项中，不属于搜索引擎特点的是（　　）。

A．可检索互联网上的任何信息

B．信息抓取迅速

C．深入开展信息挖掘

D．检索内容多样、广泛

（28）下列选项中，不属于常用搜索引擎的是（　　）。

A．百度　　B．搜狗搜索　　C．谷歌　　D．网易严选

（29）要查看社会、民生领域的实时热点资讯及舆论趋势变化，最适合的信息检索平台是（　　）。

A．新浪微博　　B．百度百科

C．道客巴巴　　D．哔哩哔哩

（30）下列说法中，错误的是（　　）。

A．专用平台是供科研人员检索学术信息的信息检索平台

B．互联网上很多内容难以通过搜索引擎搜索出来

C．中国知网就是一个典型的专用平台

D．在校学生无须掌握专用平台的操作方法

（31）CNKI 是指（　　）。

A．超星数字图书馆　　B．中国知网

C．万方数据知识服务平台　　D．维普网

（32）在中国知网中，无法检索的数据类型是（　　）。

A．中国学术期刊　　B．中国博士学位论文

C．电视节目　　D．中国优秀硕士学位论文

（33）下列关于万方数据知识服务平台的说法中，错误的是（　　）。

A．万方是一个涵盖期刊、论文、科技报告等多种文献类型的大型数据库

B．万方的数据库中收录了很多学科的多种类型的学术文献

C．万方的文献来源包括外文文献数据库

D．万方不提供多种学术资源的一站式检索

（34）要检索某个专利的相关信息，可使用（　　）。

A．中国商标网

B．国家标准全文公开系统

C．国家知识产权局专利检索及分析系统

D．超星数字图书馆

（35）用户无须在检索界面中输入逻辑算符、截词算符等符号，而只需在其提供的检索界面中选择或填入检索限制条件后，即可执行检索的检索方法是（　　）。

A．二次检索　　B．检索字段

C．位置检索　　D．高级检索

二、填空题

（1）________________是当今世界上最大的信息宝库。

（2）________________是时下最流行、使用最广泛的信息检索工具。

（3）________________是人们根据特定的需要将相关信息准确查找出来的过程。

（4）广义上的信息检索包括______________和______________两个过程。

（5）一般来说，信息检索的基本流程包括________________，明确信息需求；________________，了解检索系统；____________________，浏览初步结果；评价检索结果，获取所需信息。

（6）根据检索范围的不同，检索工具可大致分为________检索工具和________检索工具两类。

（7）在选择检索工具时，应遵循________和________两大原则。

（8）________________是如今国内图书馆使用最广泛的分类体系。

（9）________________是指用户检索信息时用到的检索工具、数据库、检索语言等组成的系统。

（10）实施检索策略主要包括______________和______________两个步骤。

（11）常用的信息检索方法包括______________、______________、位置检索和______________等。

（12）目前较常用的布尔逻辑算符包括逻辑“______”、逻辑“______”和逻辑“______”3 种。

（13）根据截词符号所在的位置，截词检索可分为__________、__________和中截断。

（14）一般来说，位置检索可分为________位置检索、________位置检索和________位置检索。

（15）位置算符“______”表示两个检索词之间只允许有空格或一个标点符号，但不对两者的前后位置进行限制。

（16）____________是一种通过限制算符限制检索范围，达到优化检索结果、提高检索效率目的的信息检索方法。

（17）限制算符“____________”表示搜索结果的标题中必须包含其后的检索词。

（18）限制算符“____________”表示搜索结果只能是其后规定的文件格式。

（19）限制算符“____________”表示搜索结果只能来源于其后的网站。

（20）搜索引擎大致可分为_____搜索引擎、元搜索引擎、_____搜索引擎和_____搜索引擎。

（21）__________是如今全网最火的微博平台。

（22）要检索一些质量和可信度较高的视频资料，则可通过_________平台进行检索。

（23）中国国家知识基础设施工程简称_________。

（24）目前，中文学术信息资源检索专用平台以______________、_________数据知识服务平台和________最为知名。

（25）________即定期出版的刊物，具有信息连续、观点丰富、时效性强等优点。

（26）各专用平台的常用检索工具包括______________、______________和__________等。

（27）各专用平台为方便读者检索文献，会根据文献的内在内容（如分类、主题、关键词、摘要等）和外在成分（如作者、机构、刊名、标题等）对文献进行标签化处理，这些标签统称为____________。

（28）________即在第一次检索结果的基础上，通过补充输入关键词、添加筛选条件等方式再次检索。

（29）________是各大专用平台提供的精准化检索工具，可使用户只需在其提供的检索界面中选择或填入检索限制条件，即可执行检索。

（30）________是针对全国各行各业的产品生产、岗位职责和安全卫生等的要求和规范的总称。

三、判断题

（1）百度可搜到互联网上的一切内容。（　　）

（2）在信息时代，信息检索显得尤为重要。（　　）

（3）信息检索就是网络信息检索。（　　）

（4）“分析检索内容，明确信息需求”这一信息检索步骤并不重要，可直接略过。（　　）

（5）搜索引擎并不总是高效的。（　　）

（6）用户可去一些权威性高的检索系统中检索对应信息，从而提高检索效率和检索结果的可靠性。（　　）

（7）用户在选择和使用检索工具时，应当根据自身信息需求灵活搭配多种检索工具，但这样可能会降低检索效率。（　　）

（8）专业性检索工具和综合性检索工具的分类依据是检索范围的大小。（　　）

（9）选取检索词时，应注意将抽象的检索词具体化。（　　）

（10）在多个检索系统中，可采用同一个检索式进行检索。（　　）

（11）检索式“A AND B”表示检索结果中必须同时包含 A 和 B。（　　）

（12）几乎所有的检索系统都支持布尔逻辑检索，且所有检索系统的布尔逻辑算符都一样。（　　）

（13）截词是指利用“?”“*”“$”等截词符号替换检索词的某处，使截断后的检索词具有多种可能的词义。（　　）

（14）若用户要检索的多个内容仅单词单复数、年份、作者等元素不同，则可使用前截断的截词检索方式检索所需信息。（　　）

（15）各检索系统中的截词符号不尽相同。（　　）

（16）位置算符“(*n*W)”表示两个检索词之间只允许间隔 1 个单词，且两者的前后位置必须保持一致。（　　）

（17）某用户在百度搜索框中输入检索式“计算机二级真题 filetype:doc”后，搜索结果中将只包含 Word 文档。（　　）

（18）利用限制检索筛选检索结果，可达到精确检索范围的效果。（　　）

（19）百度的搜索工具可实现与限制算符“filetype:”“site:”类似的功能。（　　）

（20）全文搜索引擎搜索到的信息数量少，质量高，用户直接从中挑选所需信息即可。（　　）

（21）元搜索引擎即“搜索引擎的搜索引擎”。（　　）

（22）大多数数据类型都已成为搜索引擎的检索对象。（　　）

（23）目前国内较知名的视频平台包括抖音、西瓜视频、央视网、哔哩哔哩弹幕网等。（　　）

（24）知识百科检索平台鼓励每位互联网用户参与到词条的创建、解释及完善工作中，使他们充分发扬参与和奉献精神，共同构建供全人类免费使用的知识库。（　　）

（25）百度文库是当前国内较为知名的文件资料搜索和下载网站。 （ ）
（26）学术信息资源是搜索引擎无论如何也搜不到的。 （ ）
（27）掌握在专用平台上检索学术资源的方法，是在校学生撰写论文的基本功。 （ ）
（28）中国知网是目前全球最大的中文学术资源数据库。 （ ）
（29）维普网是全国最大的综合性期刊文献服务网站。 （ ）
（30）二级检索可在第一次检索结果的基础上进一步扩大检索范围。 （ ）

四、简答题

（1）什么是信息检索？
（2）简述信息检索的基本流程。
（3）简述常用的信息检索方法。
（4）常用的布尔逻辑算符有哪些？请分别举例说明其含义。
（5）常用的限制算符有哪些？请分别说明其含义。
（6）什么是搜索引擎？常用的搜索引擎有哪些？
（7）简述搜索引擎的分类。
（8）常用的通用信息检索平台有哪些？请分别举例说明。
（9）简述常用的信息检索专用平台。
（10）简述使用专用平台检索信息的方法。

五、操作题

请选择合适的检索工具和平台，分别检索下列信息：
（1）注册会计师全国统一考试的最新资料。
（2）北京市近 10 年来，冬季最低气温低于−15℃的天数。
（3）近一周最受关注的民生话题。
（4）神舟十二号发射的资讯和视频。
（5）通俗易懂的“神经网络”科普视频。
（6）国家级非物质文化遗产代表性项目名录。
（7）21-三体综合征最新研究成果的期刊论文。
（8）凤阳县县志。
（9）“无人机机翼保护”的相关专利。
（10）“电动汽车生产”相关国家标准。

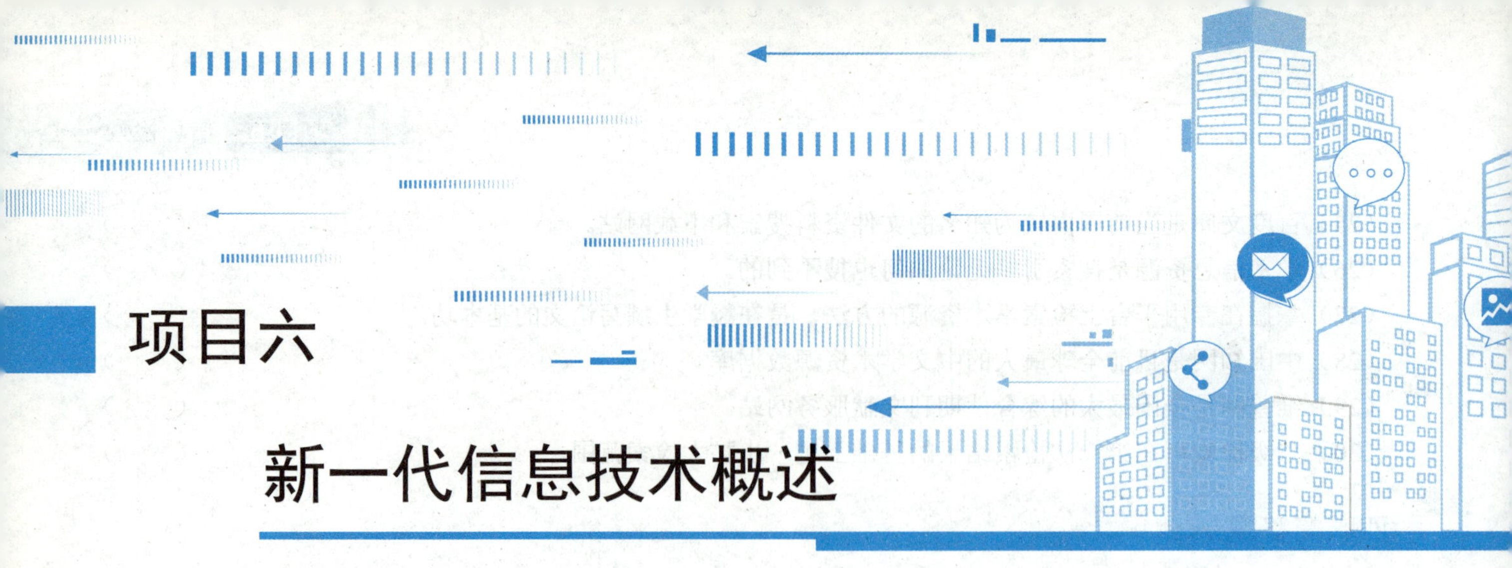

项目六 新一代信息技术概述

实践一 体验共享单车

实践描述

共享单车是指企业在校园、地铁站点、公交站点、居民区、商业区、公共服务区等提供单车共享服务，它是一种分时租赁模式，也是物联网技术的典型应用。

本实践将以使用哈啰单车为例，介绍使用共享单车的基本操作步骤，体验物联网为出行带来的便利。

实践步骤

步骤 1▶ 在手机上下载并安装哈啰出行 App。打开该 App 的主界面（见图 6-1），点击“立即登录”链接文字。

小提示

用户也可在支付宝 App 的“哈啰出行”频道中使用哈啰单车。

步骤 2▶ 打开登录界面（见图 6-2），在编辑框中输入手机号码，勾选“同意《法律条款与隐私政策》”单选钮，点击“开始”按钮，这时系统会给输入的手机号码发送验证码，在打开的验证码界面输入收到的验证码，点击“开始”按钮即可登录。

步骤 3▶ 返回主界面，点击“单车”图标，进入“哈啰单车”界面（见图 6-3），在界面中会显示用户附近的地图，并以醒目的蓝色图标将用户周围停放的可以骑的单车标记出来。

步骤 4▶ 在地图上找一个距离最近的单车，点击蓝色图标，准备使用这辆单车。这时，系统会根据用户当前的位置自动规划最佳路线，同时计算距离及步行所需时间，如图 6-4 所示。点击“预约用车”按钮即可。

小提示

点击“预约用车”按钮就能将该辆单车锁定 10 分钟。锁定之后其他人的哈啰出行 App 上将不显示该辆单车信息，也就无法预约或者使用了。

图 6-1 主界面

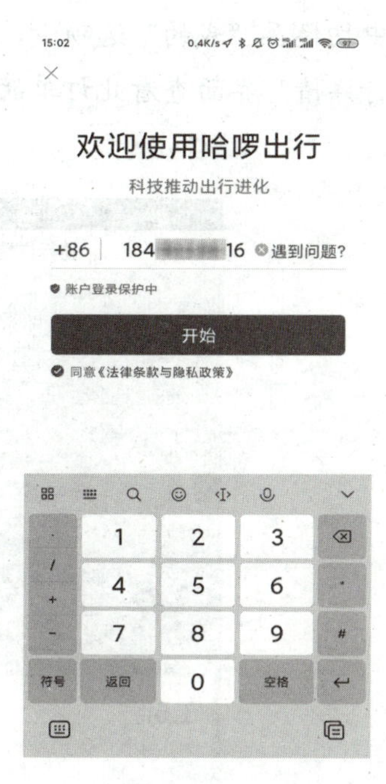

图 6-2 登录界面

图 6-3 “哈啰单车”界面

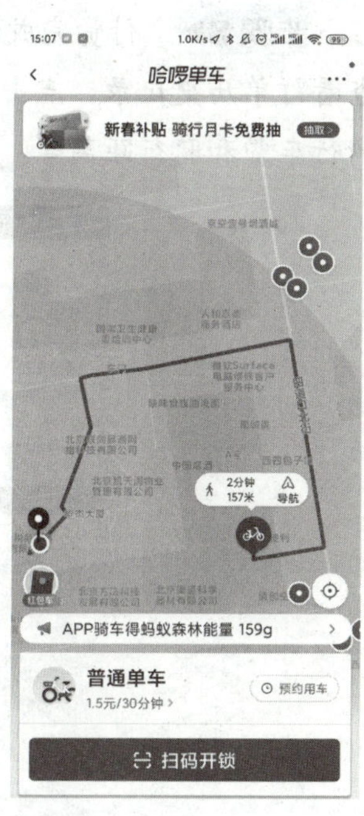

图 6-4 规划最佳路线

步骤 5▶ 步行到已预约单车的停放位置，点击“扫码开锁”按钮，弹出“申请相机权限”对话框，点击“确定”按钮，然后用哈啰出行 App 扫描车身上的二维码，扫描成功后会花一小段时间来自动打开车锁，如图 6-5 所示。

小 提 示

扫码骑车需要使用手机上的蓝牙功能。因此，用户在扫码前，应确保手机已开启蓝牙功能。

步骤 6▶ 骑行到达目的地后，手动为单车上锁，如图 6-6 所示。

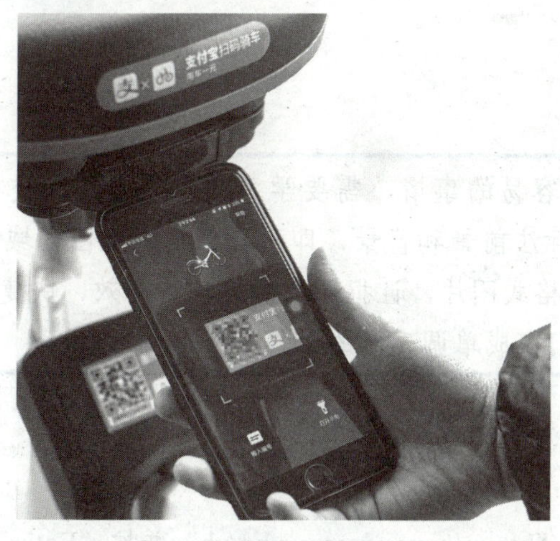

图 6-5 扫码开锁

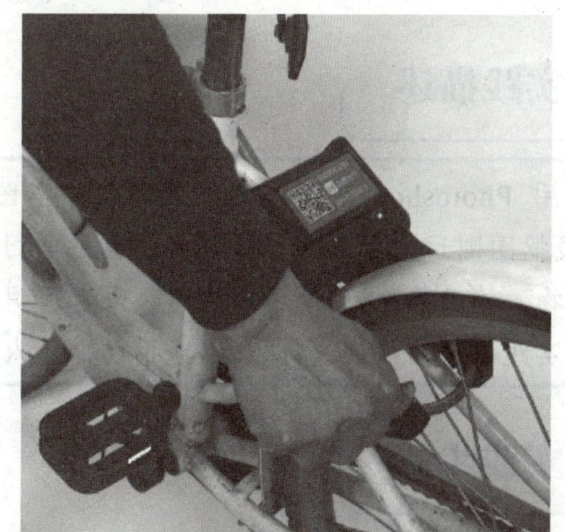

图 6-6 手动上锁

步骤 7▶ 此时哈啰出行 App 会提示用户付费，点击“立即支付”按钮（见图 6-7），并在付款方式中选择“支付宝”选项，即可连接到支付宝 App 进行支付。

步骤 8▶ 付费完成后，用户可以在哈啰出行 App 中切换至“我的”选项卡，并点击“我的订单”按钮，查看订单历史记录。点击其中的某条订单，可进入“骑行详情”界面查看此订单的行程信息，包括骑行时间、骑行车费和骑行距离等，如图 6-8 所示。

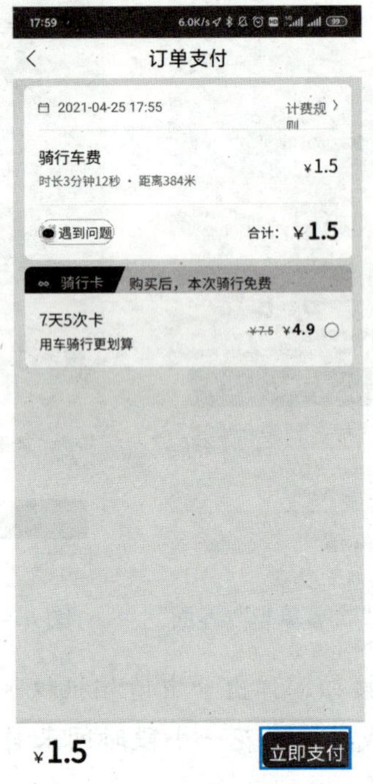

图 6-7 点击“立即支付”按钮

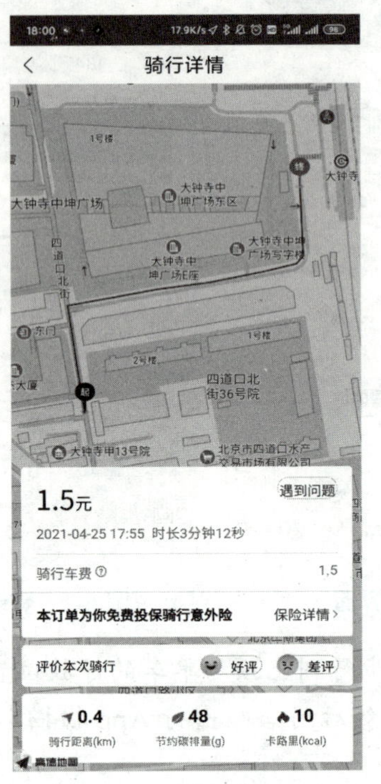

图 6-8 查看行程信息

实践二 体验 AI 在线抠图

实践描述

利用 Photoshop 等传统图像处理软件抠图并不是一件容易的事情，需要学习大量的方法和技巧。而 AI 在线抠图则运用了人工智能强大的自主学习能力，无须标注前景和背景，即可自动识别抠图区域（如人物、动物、物品等），帮助用户快速获得带透明背景的 PNG 格式图片，让抠图更加方便、高效、快捷。

本实践将介绍如何进行 AI 在线抠图，让人工智能替我们完成单调乏味的工作。

实践步骤

步骤 1▶ 启动 Microsoft Edge 浏览器，在地址栏中输入“https://www.remove.bg/zh”并按“Enter”键，打开 remove.bg 中文主页，单击“上传图片”按钮，如图 6-9 所示。

图 6-9 remove.bg 中文主页

步骤 2▶ 打开"打开"对话框，选择一张要消除背景的图片（如本书配套素材"项目六"/"实践二"文件夹中的"boy.jpg"图片），然后单击"打开"按钮，如图 6-10 所示。

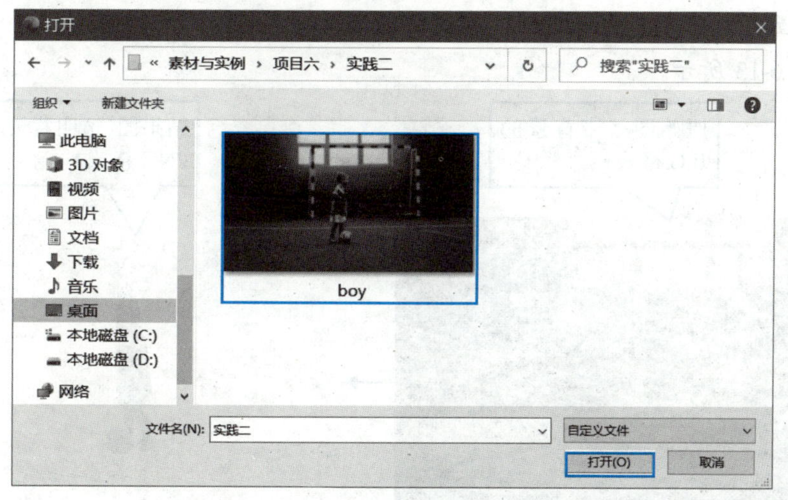

图 6-10 选择图片并上传

步骤 3▶ 此时会显示图片上传进度，如图 6-11 所示。

图 6-11 图片上传进度

步骤 4▶ 稍等片刻，即可看到已消除背景的图片，如图 6-12 所示。

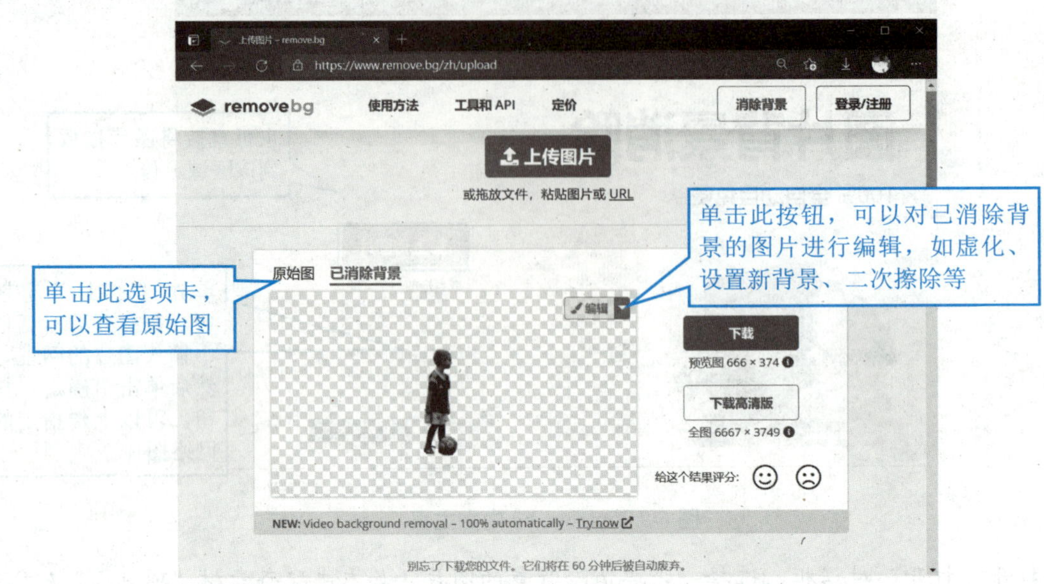

图 6-12　完成 AI 抠图

步骤 5▶ 单击界面右侧的“下载”按钮，可以将已消除背景的图片（PNG 格式）保存到本地磁盘，AI 抠图前后的效果对比如图 6-13 所示。

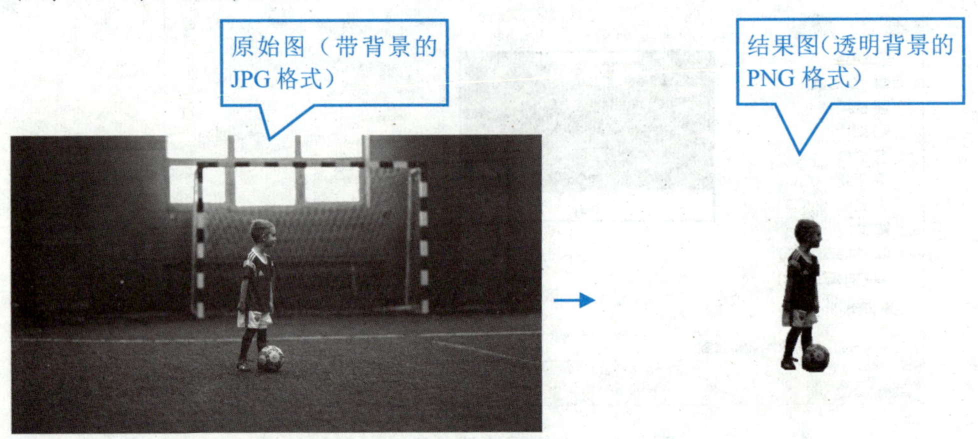

图 6-13　AI 抠图前后的效果对比

知识链接

除了自动抠图，人工智能在图像处理领域的应用还有很多，如为黑白照片一键上色、智能修复老照片等。

（1）打开 Petalica Paint 网站（网址为“https://petalica-paint.pixiv.dev/index_zh.html”），单击“上传图像”按钮，可以用 AI 为黑白照片或绘画作品等自动上色，如图 6-14 所示。

（2）打开美图秀秀 App，在工具箱中点击“老照片修复”，可以选择老照片进行一键翻新，如图 6-15 所示。

图 6-14 AI 自动上色

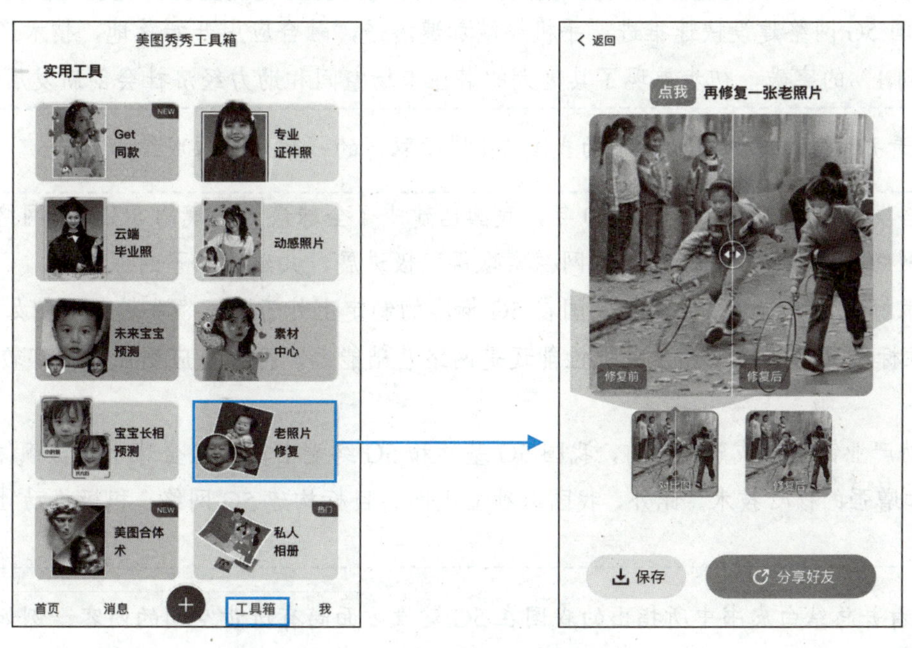

图 6-15 AI 智能修复老照片

实践三 了解我国 5G 建设与发展现状

实践描述

2020 年 12 月，中国信息通信研究院发布了《中国 5G 发展和经济社会影响白皮书（2020 年）》。白皮书指出，在我国 5G 商用以来的一年多时间里，尽管遭受了新冠疫情的冲击，但中国 5G 产业发展仍然逆势上扬。

本实践将以《中国 5G 发展和经济社会影响白皮书（2020 年）》为依据，带领读者了解我国 5G 建设与发展现状。

实践步骤

步骤 1▶ 访问中国通信研究院官网（http://www.caict.ac.cn），搜索并下载《中国 5G 发展和经济社会影响白皮书（2020 年）》文档。

小提示

用户也可直接使用本书配套素材“项目六”/“实践三”文件夹中的《中国 5G 发展和经济社会影响白皮书（2020 年）》文档。

步骤 2▶ 打开并浏览《中国 5G 发展和经济社会影响白皮书（2020 年）》文档，从该文档中了解我国 5G 建设与发展的现状。例如：

2020 年，我国 5G 网络建设快速推进，手机终端加速渗透，融合应用开始落地，技术产业持续创新，多方面实现“从 0 到 1”的突破，初步展现了其庞大的潜在市场空间和助力经济社会创新发展的巨大潜能。

步骤 3▶ 查看并总结白皮书中所列举的我国 5G 建设取得的一系列喜人成绩。例如：

（1）5G 网络发展初具规模。截至 2020 年，我国已建成了全球最大规模的 5G 商用网络，独立组网率先实现规模商用，网络性能显著提升，虚拟专网探索取得积极进展，共建共享不断深化。

（2）5G 技术标准持续创新。目前，我国在 5G 标准的制定上处于国际领先地位。例如，2020 年 6 月发布的 5G 增强技术标准 R16 标准无论是关键性能还是网络基础能力，抑或是应用能力，都较上一代 R15 标准有了显著提升。

（3）5G 移动产业链逐步成熟。目前，我国 5G 基站和 5G 终端出货量在全球市场份额保持领先，并掌握着 5G 网络建设和增强的核心技术。此外，我国以独立组网为目标构建 5G 网络，积极推动独立组网产业链主要环节成熟。

步骤 4▶ 查看并总结白皮书中所指出的我国在 5G 建设方面尚有进步空间的内容。例如：

尽管我国 5G 网络建设进度和用户规模发展迅速，但我国 5G 网络仍处于规模覆盖初期，用户渗透率仅超过 10%。5G 消费级应用仍处于导入初期，创新型应用尚在培育，业务仍以增强 4G 业务应用体验为主，各方都在积极探索基于增强移动宽带的视频类应用。

步骤 5▶ 查看并总结白皮书中所提出的我国在 5G 建设方面的战略目标。例如：

我国 5G 网络市场具有无限潜力。2021 年～2025 年将是 5G 网络主要建设期，基站、天线等核心硬件市场需求有望爆发，其投资规模合计将近 2 000 亿元。据中国移动测算，5G 将带动各行业经济发展迈上新台阶。到 2030 年，对 GDP 贡献约为 6.6 万亿元，将带动直接和间接就业机会约 2 000 万个。

习题精选

一、选择题

（1）物联网的基础是（　　）。

A．局域网　　B．传感网

C．4G 网络　　D．互联网

（2）射频识别技术的英文缩写为（　　）。

A．GPS　　B．RFID

C．M2M　　D．Wi-Fi

（3）RFID 系统主要由（　　）部分组成。

A．3　　B．4　　C．5　　D．6

（4）RFID 可读取（　　）。

A．模拟信号　　B．调频信号

C．数字信号　　D．射频信号

（5）传感器是一种（　　）。

A．集成软件系统　　B．信息采集设备

C．信号发射设备　　D．数据编码设备

（6）RFID 通常处于物联网 3 层结构模型中的（　　）。

A．感知层　　B．网络层

C．数据链路层　　D．应用层

（7）物联网的信息传感设备通常不包括（　　）。

A．射频识别装置　　B．红外感应器

C．手机 App　　D．全球定位系统

（8）在物联网体系结构中，（　　）有一个信息处理中心，用来处理从感知层得到的信息，以实现物体的智能化识别、定位、跟踪、监控和管理等实际应用。

A．感知层　　B．网络层

C．云计算平台　　D．应用层

（9）在物联网体系结构中，感知层可体现物联网的（　　）。

A．全面感知　　B．可靠传递

C．智能处理　　D．机器学习

（10）物联网在智慧医疗领域的应用不包括（　　）。

A．远程医疗　　B．病人监控

C．人脸识别取药　　D．医院物资管理

（11）下列不属于典型的物联网系统的是（　　）。

A．智能客服系统　　B．智能交通系统

C．智慧物流系统　　D．智能监控系统

（12）下列关于智能家居的说法中，错误的是（　　）。

A．智能家居是一个小型物联网系统

B．智能家居中的各设施通过互联网实现互联互通

C．智能家居无须与外界进行信息交换

D．智能音箱、智能冰箱、智能门锁都属于智能家居产品

（13）人工智能又称 AI，它的英文全称是（　　）。

A．automatic intelligence　　B．automatic information

C．artificial information　　D．artificial intelligence

（14）下列选项中，不属于人工智能关键技术的是（　　）。

A．定位服务　　B．机器学习　　C．语音识别　　D．计算机视觉

（15）下列应用中，体现了人工智能的是（　　）。

A．某市开通了“轻松行”服务，一张公交卡可在全市公共交通系统中使用

B．疫情期间，“健康码”是以真实数据为基础，生成属于个人的二维码

C．“口袋动物园”是一款基于 AR 技术的儿童启蒙教育 App，可呈现立体的、活生生的 3D 卡通动物

D．“世界很复杂，百度更懂你”，百度识图可以实现用户上传图片并在互联网上搜索与该图片相似的其他图片资源

（16）下列关于人工智能的说法中，错误的是（　　）。

A．人工智能在智能制造方面的应用主要表现在智能装备和智能工厂

B．人工智能在医疗方面的应用包括辅助诊疗和疾病预测

C．不停车收费系统（ETC）没有采用人工智能

D．物流企业可以使用人工智能实现货物自动化搬运

（17）下列选项中，没有采用自然语言处理技术的是（　　）。

A．自动翻译　　B．AI 围棋　　C．舆情监控　　D．聊天机器人

（18）下列关于机器人的说法中，正确的是（　　）。

A．机械手属于服务机器人

B．智能机器人都是具有实体的

C．工业机器人的研制仍处于实验室阶段

D．机器人技术是人工智能的关键技术之一

（19）下列选项中，无法利用人工智能实现的是（　　）。

A．帮助法院判决案件

B．通过计算知晓过去所有发生的事

C．利用软件远程控制家中电器的启动和关闭

D．大数据人脸识别，帮助警察锁定在逃的犯罪嫌疑人

（20）要想让机器具有智能，必须让机器具有知识。因此，在人工智能中有一个研究领域，主要研究计算机如何自动获取知识和技能并实现自我完善，这门研究分支学科叫（　　）。

A．专家系统　　B．智慧物流　　C．机器学习　　D．模式识别

（21）人工智能是知识与智力的综合。下列选项中，不属于人工智能特征的是（　　）。

A．具有情感　　B．具有感知能力

C．具有学习能力　　D．具有自适应能力

(22) 下列选项中，不属于人工智能应用的是（ ）。

A．王浩和计算机下象棋

B．张扬通过 QQ 与李彤在网上聊天

C．公寓采用指纹识别技术管理住户

D．李志用网易有道词典将英文小说自动翻译成中文

(23) 人工智能研究中应用最广泛的两大领域是（ ）。

A．专家系统和自动规划　　B．机器学习和自动规划

C．机器学习和自然语言处理　　D．专家系统和机器学习

(24) 人工智能的关键技术不包括（ ）。

A．机器学习　　B．机器伦理

C．语音识别　　D．自然语言处理

(25) 下列关于人工智能的说法中，错误的是（ ）。

A．人工智能是新一代信息技术之一

B．人工智能可以应用于人脸识别和语音识别等领域

C．应用了人工智能的机器人和人类没有任何区别

D．人工智能可以模拟人的思维，其某些应用具备学习能力

(26) 下列选项中，不属于人工智能应用的是（ ）。

A．利用软件进行录音转文本操作

B．布控在地铁站、火车站等重点交通枢纽，以及商场、学校等大流量公共场合的人脸识别精准测温仪对流动人群进行额部测温

C．房地产开发商使用 VR 技术推销楼盘

D．用户使用声控电梯，无接触选择到达楼层

(27) 下列应用中，使用了人工智能的是（ ）。

A．通过远程摄像头查看景区人流情况

B．编写 C 程序对一组数据进行排序

C．将用手机拍摄的照片上传到“云相册”

D．停车管理系统拍摄并识别车牌号码

(28) 下列关于人工智能的说法中，错误的是（ ）。

A．在很多酒店，当人靠近大门时，门会自动打开，这是应用了人脸识别技术

B．Siri 语音助手属于人工智能的应用

C．大数据的应用为人工智能的发展开拓了广阔空间

D．一款具有“拍题搜答案”功能的 App，可能应用了 OCR（光学字符识别）技术

(29) 江苏科技馆有一种机器人能主动走近参观者并与之对话。下列关于这种机器人的说法中，正确的是（ ）。

① 机器人应用了能“看”、能“听”的传感技术

② 机器人内部不需要存储设备

③ 机器人应用了控制技术来保持肢体的平衡

④ 机器人说话的声音是模仿人的语音经计算机加工处理合成的

A．①②③　　B．②③④　　C．①③④　　D．①②④

（30）比特币的概念是由（　　）提出的。

A．中本聪　　B．谢尔顿

C．费曼　　D．比尔·盖茨

（31）比特币的核心技术是（　　）。

A．人工智能　　B．量子计算

C．5G　　D．区块链

（32）下列选项中，不属于比特币特点的是（　　）。

A．不可伪造　　B．匿名性

C．交易记录不可回溯　　D．不可篡改

（33）下列关于比特币的说法中，错误的是（　　）。

A．比特币是一种去中心化的加密电子货币

B．比特币网络由参与到比特币支付体系中的所有节点组成

C．比特币只有优点，没有缺点

D．比特币网络中产生的每一笔交易都是无法伪造的

（34）区块链中的“链”是指（　　）。

A．对账本的一次操作，导致账本状态的一次改变

B．对当前账本状态的一次共识

C．整个账本状态变化的日志记录

D．对区块链中某一次交易的回溯记录

（35）下列关于价值互联网的说法中，正确的是（　　）。

A．价值互联网就是移动互联网

B．价值互联网与时下的互联网完全不同

C．价值互联网可实现价值的互联互通

D．价值互联网与信息互联网是更替的关系

（36）下列选项中，不属于区块链应用场景的是（　　）。

A．金融服务　　B．征信和权属管理

C．资源共享　　D．产品加工与制造

（37）区块链技术带来的价值不包括（　　）。

A．提高业务效率　　B．降低管理成本

C．增强监管能力　　D．改善自然环境

（38）我国于（　　）年发射了“墨子号”量子科学实验卫星。

A．2014　　B．2015

C．2016　　D．2017

（39）下列关于“墨子号”量子科学实验卫星的说法中，错误的是（　　）。

A．“墨子号”量子科学实验卫星是世界首颗量子科学实验卫星

B．“墨子号”量子科学实验卫星圆满完成了星地量子密钥分发、星地双向量子纠缠分发和地星量子隐形传态三大预定量子科学实验

C．“墨子号”量子科学实验卫星使我国成为国际上率先完成三大量子通信实验的国家

D．“墨子号”量子科学实验卫星完成了全球量子通信加密网络的建设

（40）下列关于量子信息的说法中，错误的是（　　）。

A. 量子信息是一种由量子力学与信息技术相结合的新型技术

B. 量子通信是量子信息研究的重要领域之一

C. 量子信息的最终目的之一是制造量子计算机

D. 量子计算机目前已在世界各地得到广泛应用

（41）下列关于量子通信的说法中，错误的是（　　）。

A. 量子通信可实现无条件安全的通信

B. 量子通信的安全体现在无法被窃听和破解

C. 量子通信需要通过量子计算机实现

D. 地一星量子密钥分发是量子通信的关键技术

（42）下列关于量子计算机的说法中，正确的是（　　）。

A. 量子计算机的运算能力尚达不到超级计算机级别

B. 量子计算机无法实现逻辑运算

C. 量子计算机使用量子比特作为信息处理单元

D. 量子计算机具有超强的计算能力，已完全取代电子计算机

（43）下列不属于量子信息应用场景的是（　　）。

A. 量子导航　　B. 量子波动速读

C. 量子雷达　　D. 量子成像

（44）下列说法中，正确的是（　　）。

A.“京沪干线”是世界首条天地一体化广域量子通信网络

B. 量子计算机已可完全取代超级计算机

C. 我国已率先建成全球化的广域量子保密通信网络

D.“九章”量子计算机比 Google 公司的量子计算机“悬铃木”快 100 亿倍

（45）移动通信技术大致经历了（　　）代的发展。

A. 三　　B. 四　　C. 五　　D. 六

（46）我国于（　　）年正式启动 5G 商用。

A. 2017　　B. 2018　　C. 2019　　D. 2020

（47）和 4G 相比，5G 带给用户最直观的感受是（　　）。

A. 飞快的下载速度　　B. 昂贵的流量费用

C. 高级的接入方式　　D. 满满的科技感

（48）下列不属于 5G 关键技术的是（　　）。

A. 大规模天线阵列　　B. 超密集组网

C. 全频谱接入技术　　D. 非对称加密

（49）对满足 5G 系统容量和速率需求起到重要支撑作用的是（　　）。

A. 大规模天线阵列　　B. 超密集组网

C. 全频谱接入技术　　D. 新型多址技术

（50）下列不属于 5G 应用场景的是（　　）。

A. 智慧城市　　B. 人脸识别

C. 自动驾驶　　D. 云 VR 游戏

（51）下列关于智慧城市的说法中，正确的是（　　）。

A．智慧城市的建设只需要5G

B．智慧城市的建设需要多种ICT技术相互协同

C．智慧城市就是由人工智能提供管理服务的城市

D．智慧城市建成的标志是5G信号的全面覆盖

（52）5G能够使4G时代难以普及的自动驾驶、远程医疗等场景取得突破的关键是（　　）。

A．低延迟、高带宽　　B．基站数量的大量增加

C．信号强度远胜4G　　D．服务器能力的大幅度提升

（53）下列场景中，无须5G也能实现大规模商用的是（　　）。

A．视频直播　　B．自动驾驶

C．云VR　　D．远程手术

（54）下列不适合作为5G宣传标语的是（　　）。

A．中国移动5G云VR，让您足不出户观世界

B．5G已来，未来已来

C．拥抱5G，共享未来

D．本店已覆盖5G信号，所有手机均可使用

（55）下列关于5G的说法中，正确的是（　　）。

A．5G和4G的不同仅在于速度的提升

B．5G可以帮助人类解决能源危机

C．2020年，我国5G基站和5G终端出货量在全球市场份额保持领先

D．我国尚未实现5G的规模商用

（56）李华在写给国外友人的E-mail中，自豪地提到了我国在5G网络建设方面的成就。下列语句中，不应该出现在他信中的是（　　）。

A．“如今，在我们国家的每一座地级市里，都能接收到5G信号。”

B．“尽管经历了残酷的新冠疫情，我们国家的5G网络建设仍然逆势上扬。”

C．“我相信用不了多久，我们就可以用AR的形式通话了。”

D．“在我们这儿，自动驾驶汽车早已在大街上随处可见，这都是5G的功劳啊。”

二、填空题

（1）共享单车是一种典型的__________系统。

（2）RFID系统主要由__________、__________、__________3部分组成。

（3）RFID系统中，利用________可以感知物体或环境的温度、湿度、电磁辐射或气体成分等属性，并将感知的信息转换为电信号或其他形式输出。

（4）物联网是在_________的基础上延伸和扩展的网络。

（5）物联网包括_________、_________和应用层3个层次。

（6）物联网的3层结构体现了物联网的基本特征，即__________、__________和__________。

（7）__________是一种基于人的脸部特征信息进行身份认证的生物特征识别技术。

（8）__________的目标是生产出能以人类智能相似的方式做出反应的智能机器。

（9）人工智能的关键技术包括__________、计算机视觉、生物特征识别、__________、语音识别、__________等。

（10）在人工智能的关键技术中，__________是使计算机具有智能的根本途径。

（11）在人工智能的关键技术中，__________是指根据人的生理或行为特征对人的身份进行识别、认证。

（12）聊天机器人主要体现了人工智能中的__________技术。

（13）人工智能中的__________技术可以让机器“听到”人话。

（14）机器人分为工业机器人和服务机器人。其中，__________的制造难度更大。

（15）不停车收费系统（ETC）是人工智能在__________方面的应用。

（16）百度识图主要体现了人工智能中的__________技术。

（17）比特币是一种__________货币。

（18）比特币网络的每一笔交易都是不可______、不可______且可______的。

（19）__________是一种在对等网络环境下，通过透明和可信规则，构建不可伪造、不可篡改和可追溯的块链式数据结构，实现和管理事务处理的模式。

（20）区块链包括______、______和______三个重要概念。

（21）__________的核心特征是实现资金、合约、数字化资产等价值的互联互通。

（22）__________和相对论被誉为现代物理学的两大基石之一。

（23）__________是指粒子在未被观测时处于叠加态，而当其被观测或测量时，会从叠加态“坍缩”为本征态。

（24）__________是指两个相互作用的微观粒子之间会产生某种“联系”，当其中一个粒子的状态发生变化时，另一个粒子无论相距多远，都会同时发生相应改变。

（25）总的来说，量子信息主要致力于__________和__________两个方面。

（26）__________是指用量子态表示信息、量子比特作为信息处理和存储单元、采用量子算法和量子编码实现高速计算的新型计算机。

（27）__________被称为信息安全的“终极武器”。

（28）______是我国自主研制的量子计算原型机。

（29）目前，我国已成功组建世界首个跨度 4 600 公里的__________。

（30）____是指第五代移动电话行动通信标准，也称第五代移动通信技术。

（31）5G 的实现主要依靠__________、__________、__________、全频谱接入和__________等关键技术。

（32）__________是城市信息化发展的必然结果。

（33）__________是指汽车在没有人类驾驶员操纵的情况下，运用新一代信息技术实现完整、有效、安全驾驶。

（34）5G 的________、________为远程医疗中的医疗资源协调、远程问诊、远程手术等提供了有力的技术支持。

三、判断题

（1）物联网被称为继发电机、计算机、互联网之后世界信息产业发展的第四次浪潮。（　　）

（2）在物联网中，物体之间能够彼此进行“交流”，而无须人工干预。（ ）

（3）RFID 是指射频识别技术。（ ）

（4）物联网不会用到云计算技术。（ ）

（5）物联网技术的 3 层体系结构包括感知层、网络层和物理层。（ ）

（6）传感器属于物联网感知层的设备。（ ）

（7）在物联网 3 层体系结构中，应用层主要利用 RFID、传感器、摄像头、全球定位系统等传感技术和设备，随时随地获取物体的属性信息并传输给网络层。（ ）

（8）物联网的英文缩写是 IoT。（ ）

（9）智能家居系统是一个小型的物联网系统。（ ）

（10）人工智能的宗旨是让机器更好地为人类服务。（ ）

（11）人脸识别主要应用了人工智能中的机器学习。（ ）

（12）机器人能与人对话，是因为机器人具有思维和情感。（ ）

（13）智能语音助手“小爱同学”主要体现了人工智能中的生物特征识别技术。（ ）

（14）战胜世界冠军的围棋机器人“阿尔法狗”的关键技术是人工智能中的机器学习。（ ）

（15）QQ 自动聊天机器人采用的是人工智能中的自然语言处理。（ ）

（16）机器人是人工智能重要的研究领域。（ ）

（17）赵磊同学拿着饭卡到学校食堂用餐时，发现食堂里的每个窗口都可以使用饭卡，所以他认为食堂一定使用了人工智能。（ ）

（18）近年来，人工智能发展迅速，导盲机器人、医疗专家系统等为我们的生活带来了很多方便，这说明计算机已具备人格。（ ）

（19）人工智能在医疗方面的应用包括辅助诊疗、疾病预测、医疗影像分析和识别、药物开发、手术机器人等。（ ）

（20）比特币就是区块链。（ ）

（21）比特币的运行机制与现有货币体系相同。（ ）

（22）区块链的特征包括分布式对等、数据块链式、不可伪造和篡改、不透明、高可靠性等。（ ）

（23）区块链的应用场景包括金融服务、征信和权属管理、资源共享、贸易管理、物联网等。（ ）

（24）量子通信的实现方式主要分为量子密钥分发和量子隐形传态两种。（ ）

（25）量子计算机的计算能力远不如电子计算机。（ ）

（26）量子计算原型机“九章”的问世意味着我国率先实现量子霸权。（ ）

（27）我国是第一个实现 5G 商用的国家。（ ）

（28）作为万物互联的基础设施，5G 具备巨大的产业生态价值，能带动芯片、软件等基础产业的快速发展，推动新一轮产业创新浪潮，被誉为全球产业升级的颠覆性起点。（ ）

（29）与 4G 相比，5G 具有更高的可靠性和更低的时延。（ ）

（30）5G 有望实现自动驾驶汽车的大规模商用。（ ）

（31）5G 将颠覆人们的娱乐方式。（ ）

四、简答题

（1）物联网是什么？它有哪些常见的应用场景？

（2）什么是人工智能？它有哪些关键技术？

（3）机器人包括哪些类型？

（4）为什么机器人会踢足球？试分析机器人要学会踢足球，必须具备哪些能力？

（5）简述区块链和比特币的概念及两者之间的关系。

（6）简述“墨子号”量子科学实验卫星对我国量子科学研究的重要意义。

（7）列举近年来我国在量子信息领域的重大成就。

（8）与 4G 相比，5G 有哪些优势？

（9）5G 有哪些关键技术？

（10）列举几个 5G 的应用场景。

五、操作题

（1）共享单车是物联网和移动互联网等技术相结合的产物，它解决了城市中“最后一公里”的出行难题，为人们的生活带来了极大的便利。请体验身边常见的共享单车（如哈啰单车、青桔单车、美团单车等）。

① 在手机上安装共享单车 App。

② 注册并登录。

③ 寻找身边的单车并预约用车。

④ 利用 App 的导航步行至单车处并扫码开锁。

⑤ 骑行结束后手动上锁。

⑥ 支付订单。

（2）如今，人们出行已经离不开手机地图了。但是在路上，一直盯着手机操作容易出现安全隐患。随着智能语音助手在日常生活中的推广和普及，地图导航现在也能用语音直接操控了。请打开百度地图 App，通过说“小度小度”唤醒智能语音助手，然后以“步行”或“骑行”方式导航至某个目的地，如图 6-16 所示。

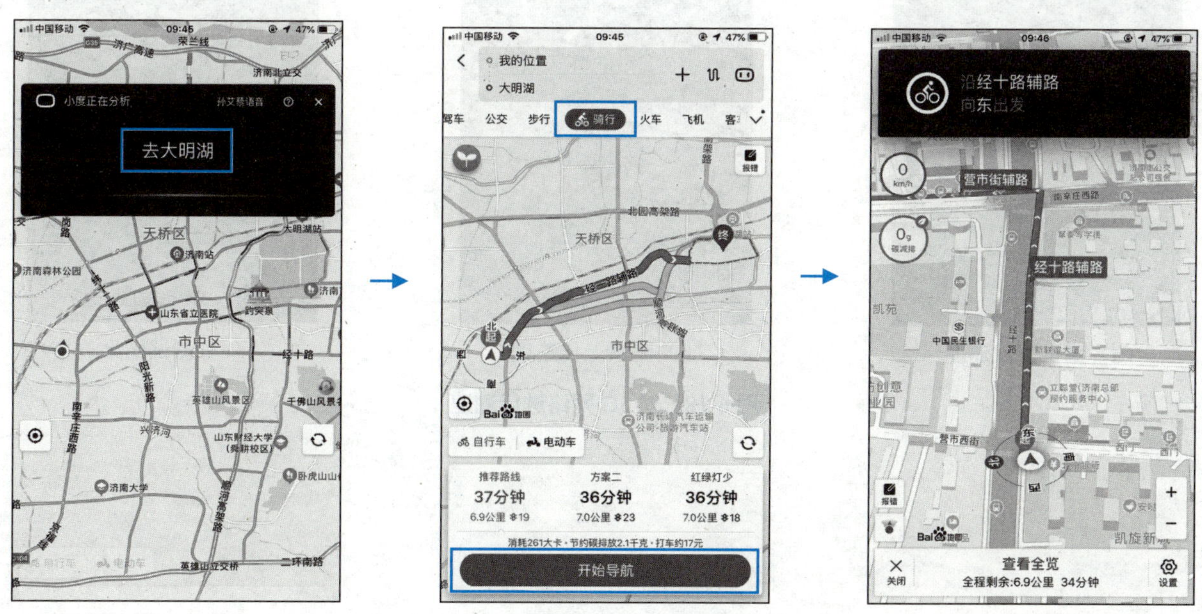

图 6-16 使用百度地图智能语音助手

（3）如今，我们的生活中已经出现了各种智能机器人，如餐厅里的送餐机器人、酒店大厅里的指引与向导机器人、医院里的手术机器人、马路上的配送机器人、交通收费站的协助收费机器人等，如图 6-17 所示。请仔细观察它们的大小、形状、活动能力和功能等，如果可以的话，请与它们互动一下。

（a）送餐机器人

（b）酒店服务机器人

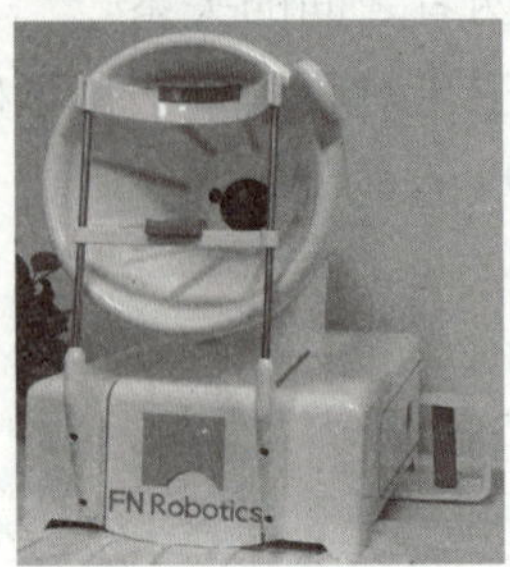

（c）眼科手术机器人

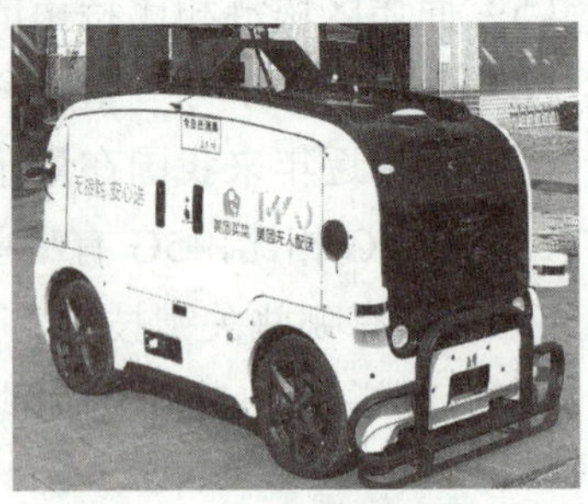
（d）配送机器人

图 6-17　生活场景中的各种智能机器人

（4）如今，我国所有的地级市均已覆盖 5G 信号，虽然目前尚未出现大规模的消费级 5G 应用，但我们可以通过一些其他手段领略 5G 的强大。目前市面上有很多测速 App，有条件的同学可在 5G 手机上安装任意一款测速 App，在能够接收 5G 信号的地方对 5G 网络进行测速，如图 6-18 所示。

（a）测试下载速度

（b）测试上传速度

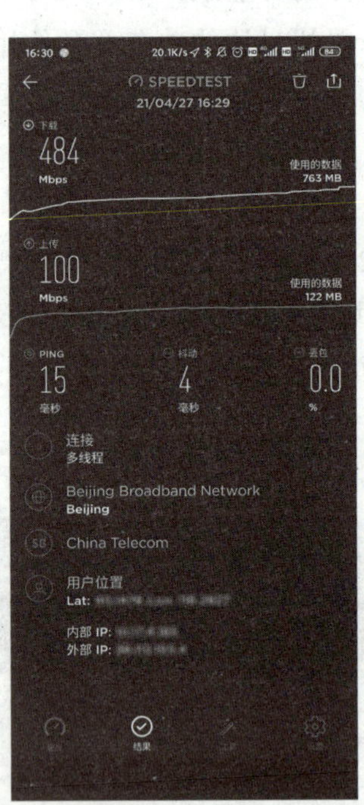

（c）测试结果

图 6-18　对 5G 网络进行测速

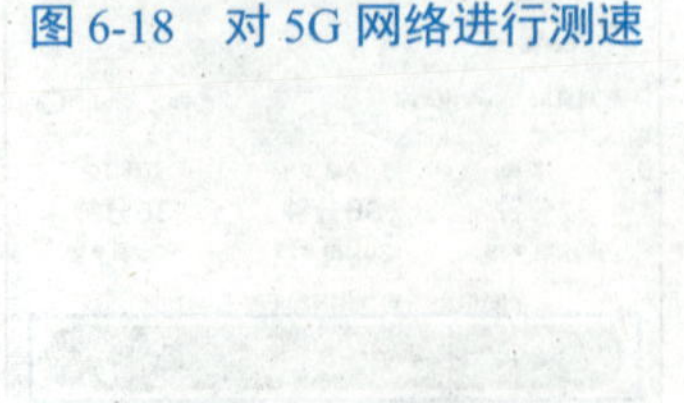

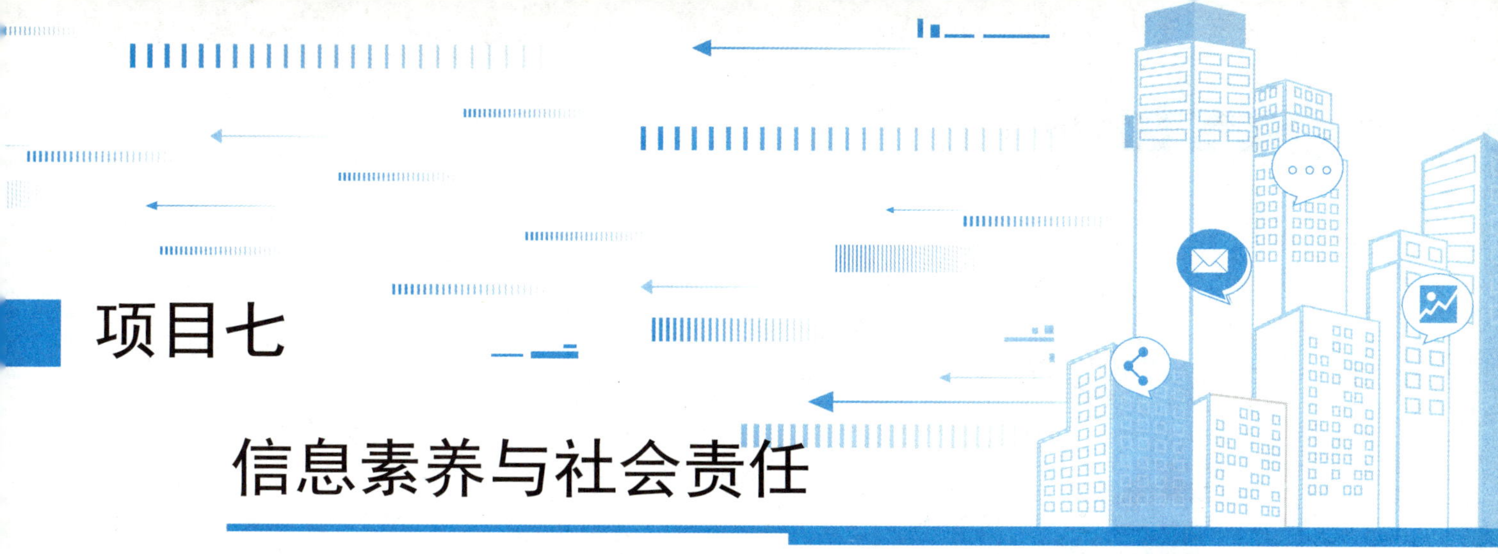

项目七 信息素养与社会责任

实践一 使用腾讯会议实现线上教学

实践描述

在 2020 年新冠疫情防控期间，全国各类学校均以视频授课、线上教学的形式进行师生互动与知识共享，实现了“停课不停学”。这种在线教育模式既满足了广大学生特殊时期的教育需求，也在逐步成为我国未来教育的重要形态之一。

本实践将以腾讯会议为例，介绍进行线上教学的基本操作步骤，体验信息技术助力教育教学创新的成果。

实践步骤

腾讯会议是腾讯公司旗下的一款在线音视频会议软件，具有桌面端（包括 macOS 和 Windows 操作系统）、移动 App（包括 Android 和 iOS 操作系统）、微信小程序等版本，提供全平台一键接入、实时共享屏幕、在线文档协作、音视频智能降噪、美颜、背景虚化、锁定会议、屏幕水印等功能。它具有卓越的音视频性能和丰富的会议协作能力，最多支持 2 000 人会议，可满足各种规模会议的全场景需求。

下面以教师使用 Windows 客户端发起会议、学生使用移动 App 参加会议为例，介绍使用腾讯会议实现线上教学的方法。

步骤 1▶ 在计算机上使用浏览器访问腾讯会议官方网站（https://meeting.tencent.com），下载并安装腾讯会议 Windows 客户端。启动腾讯会议 Windows 客户端，进入软件的“注册/登录”界面，在“其他登录方式”组中单击“微信”图标，如图 7-1 所示。

步骤 2▶ 打开“请使用微信扫码登录”对话框（见图 7-2），使用微信的“扫一扫”功能扫描对话框中的二维码，在打开的“腾讯会议　申请使用”界面中点击“同意”按钮，如图 7-3 所示。

图 7-1 “注册/登录”界面

图 7-2 “请使用微信扫码登录”对话框

图 7-3 微信授权登录

小提示

除微信外，腾讯会议还提供了多种登录方式。例如，用户可在“注册/登录”界面中单击“注册/登录”按钮，打开“账号密码登录”界面（见图 7-4），然后单击“新用户注册”链接文字，在浏览器中打开官网注册页，根据要求填写对应的信息完成注册后，返回“账号密码登录”界面输入手机号码和密码登录，或单击“使用验证码登录”链接文字，打开“验证码登录”界面（见图 7-5），用手机短信验证码的方式登录。

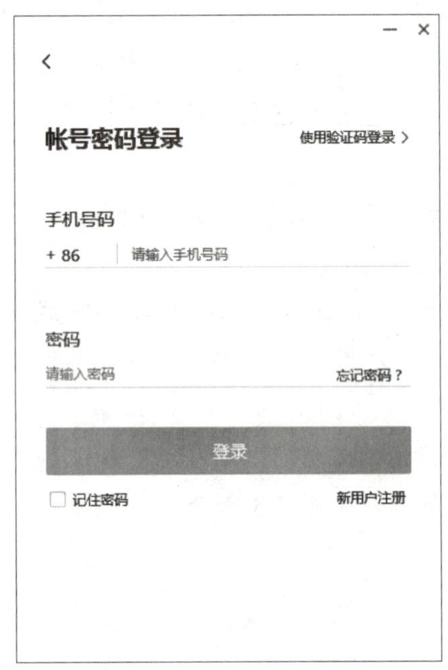

图 7-4 “账号密码登录”界面

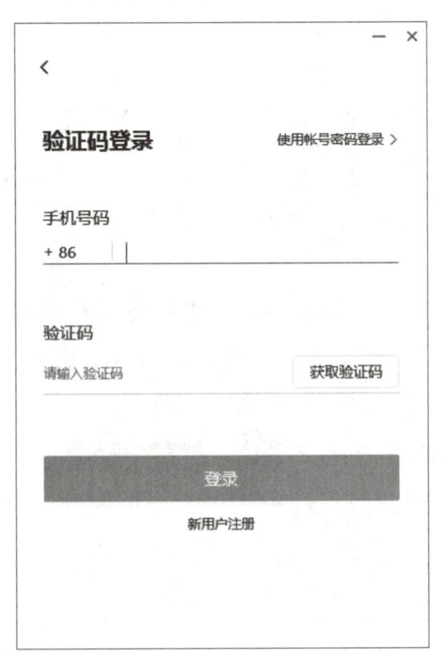

图 7-5 “验证码登录”界面

此外，若用户升级了企业版服务，也可以选择使用企业微信或 SSO 的方式登录。SSO 即 single sign on，指单点登录，是支持用户使用统一账号访问企业内多个系统的安全通信技术。对企业而言，员工通过企业内统一账号使用腾讯会议，无须额外管理一套员工账号，也确保了参会成员的实名身份，信息可控，更加安全。

步骤 3▶ 进入腾讯会议主界面（见图 7-6），单击“预定会议”按钮，打开“预定会议”对话框，在其中可设置会议的主题、开始时间、结束时间、时区、日历和人数上限，设置完成后单击“预定”按钮，如图 7-7 所示。

步骤 4▶ 返回腾讯会议主界面，可看到会议已预定成功。单击会议名称右侧的“进入会议”下拉按钮，在展开的下拉列表中选择“复制邀请”选项，如图 7-8 所示。

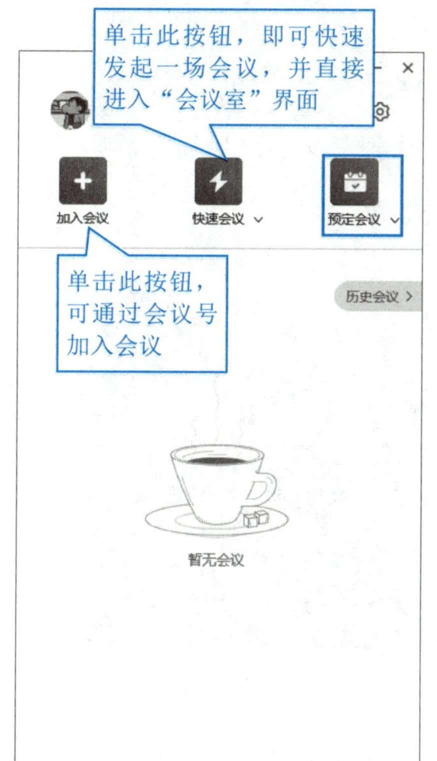

图 7-6 腾讯会议主界面

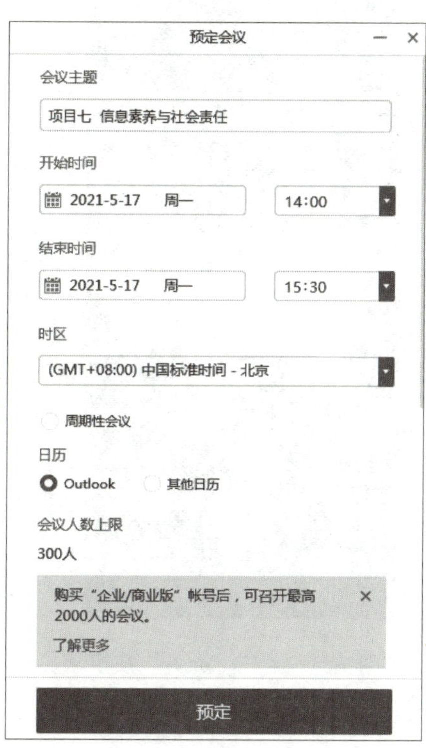

图 7-7 预定会议

图 7-8 选择“复制邀请”选项

步骤 5▶ 打开会议邀请信息对话框，单击“复制”按钮，即可将会议邀请信息复制到系统剪贴板中，如图 7-9 所示。

图 7-9 复制会议邀请信息

步骤 6▶ 将会议邀请信息以微信的形式发送给要参加会议的学生。学生收到信息后，点击其中的链接，打开“腾讯会议”界面，点击“加入会议”按钮，如图 7-10 所示。

小 提 示

学生应提前在手机上安装并登录腾讯会议 App，登录方式与 Windows 端基本相同，这里不再赘述。

步骤 7▶ 打开提示对话框，点击“允许”按钮（见图 7-11），即可跳转至腾讯会议 App 并自动加入会议，如图 7-12 所示。

图 7-10 点击“加入会议”按钮

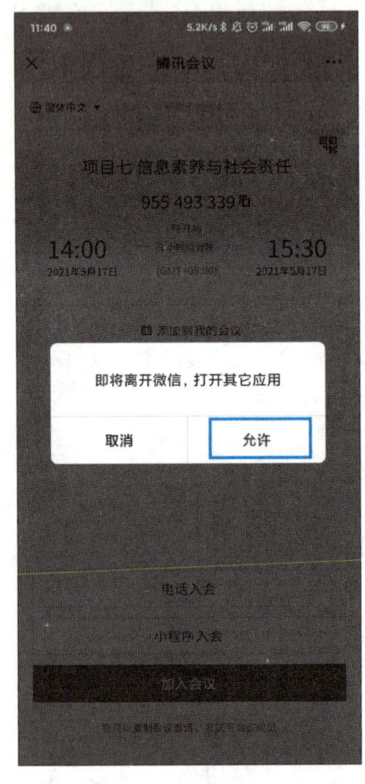

图 7-11 点击“允许”按钮

图 7-12 加入会议

步骤 8▶ 会议发起人在 Windows 端的腾讯会议主界面中单击“进入会议”按钮，即可加入会议，此时打开的“会议室”窗口如图 7-13 所示。

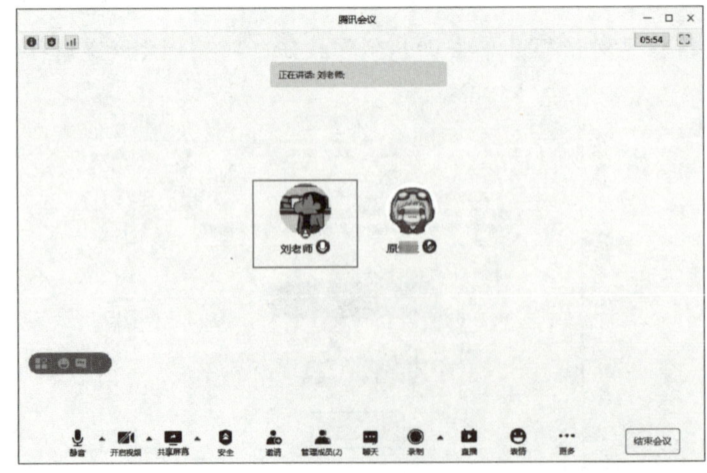

图 7-13 “会议室”窗口

小 提 示

会议发起人的“会议室”窗口底部显示了多种快捷工具，如共享屏幕、管理成员、聊天、录制、开启视频等，可帮助会议发起人更好地主持和管理会议。

步骤 9▶ 单击“共享屏幕”按钮，打开“选择共享内容”界面，选择要共享的窗口（如课堂 PPT），然后单击“确认共享”按钮，如图 7-14 所示。

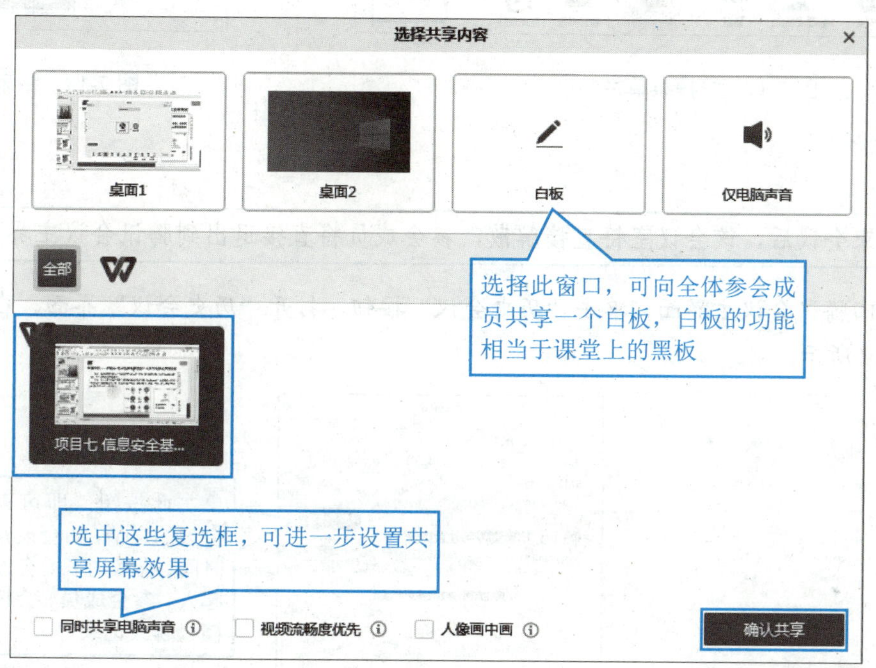

图 7-14 选择共享内容

步骤 10▶ 打开共享窗口（见图 7-15），此窗口将向会议室中的所有人显示，学生在腾讯会议 App 上看到的共享窗口如图 7-16 所示。

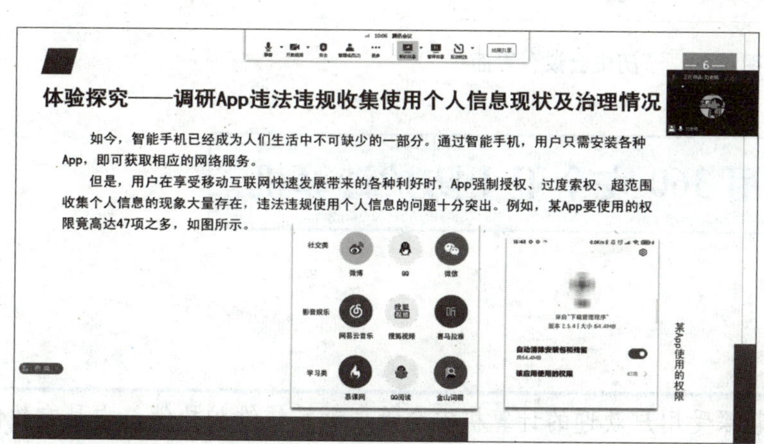

图 7-15 会议发起人的共享窗口

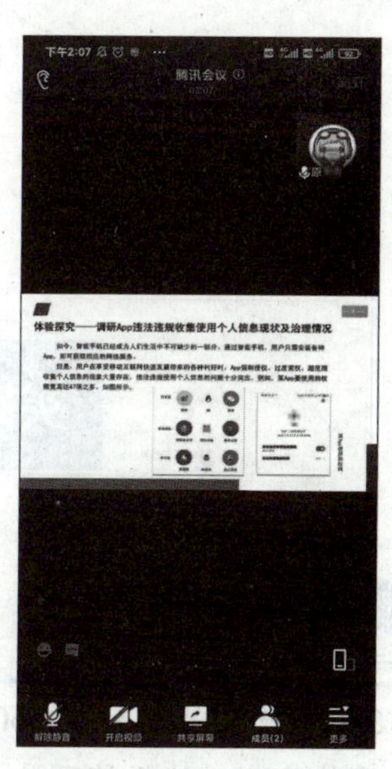

图 7-16 学生的共享窗口

步骤 11▶ 共享完成后，在共享窗口上方的快捷菜单栏（见图 7-17）中单击“结束共享”按钮。返回“会议室”窗口，单击“结束会议”按钮，打开“结束会议”对话框，单击“结束会议”按钮，结束会议，如图 7-18 所示。

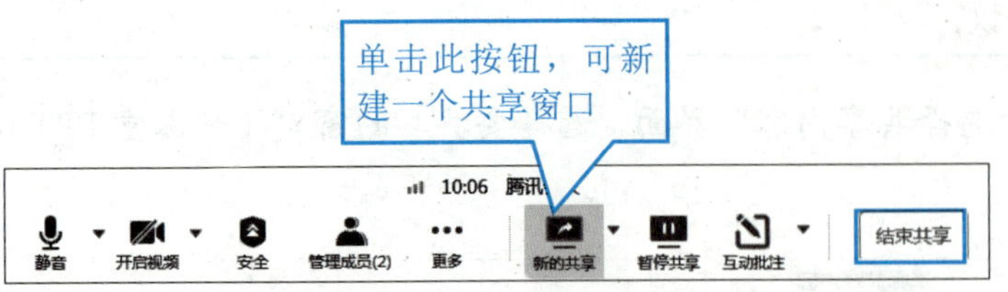

图 7-17　快捷菜单栏

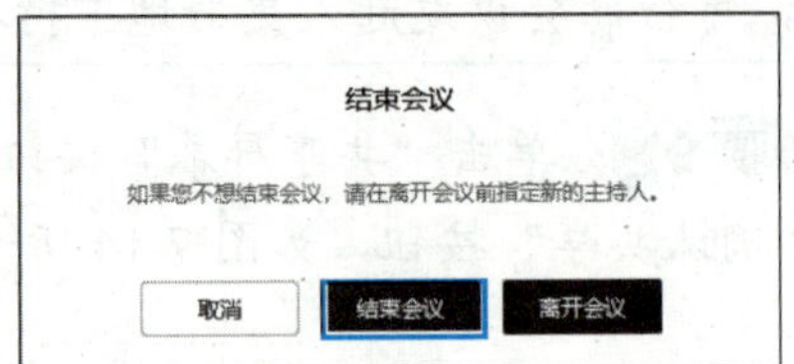

图 7-18　结束会议

小 提 示

会议发起人结束会议后，该会议室将直接解散，参会成员将直接退出到腾讯会议主界面中。

步骤 12▶ 返回腾讯会议主界面，单击“历史会议”按钮，打开“历史会议”界面，在此界面可查看所有历史会议，如图 7-19 所示。

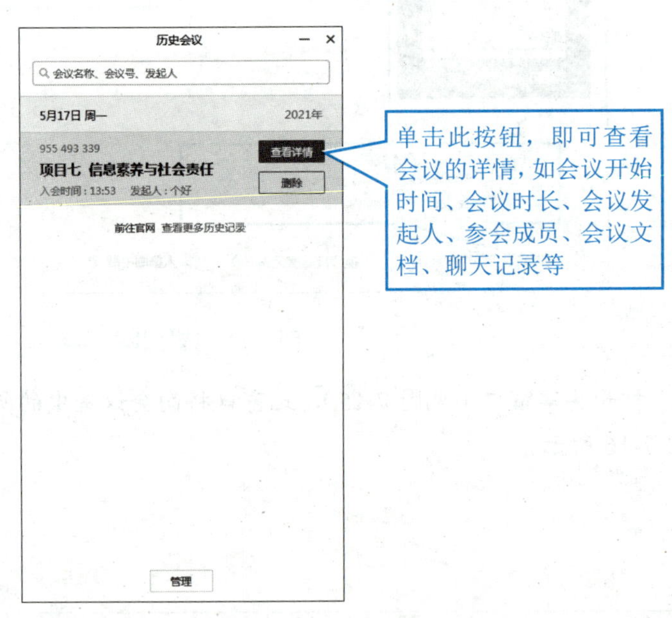

图 7-19　“历史会议”界面

实践二　使用 360 安全卫士防护计算机

实践描述

360 安全卫士是奇虎 360 公司旗下一款深受用户欢迎的计算机安全管理和系统维护软件，它具有软件管理、系统优化、垃圾清理、漏洞修复、木马查杀、网络诊断、系统急救等功能，可为计算机提供实时安全防护，保护用户的信息安全。

本实践将介绍使用 360 安全卫士防护计算机的方法，主要内容包括木马查杀和系统修复。

实践步骤

一、木马查杀

步骤 1▶ 安装并启动 360 安全卫士，其主界面如图 7-20 所示。

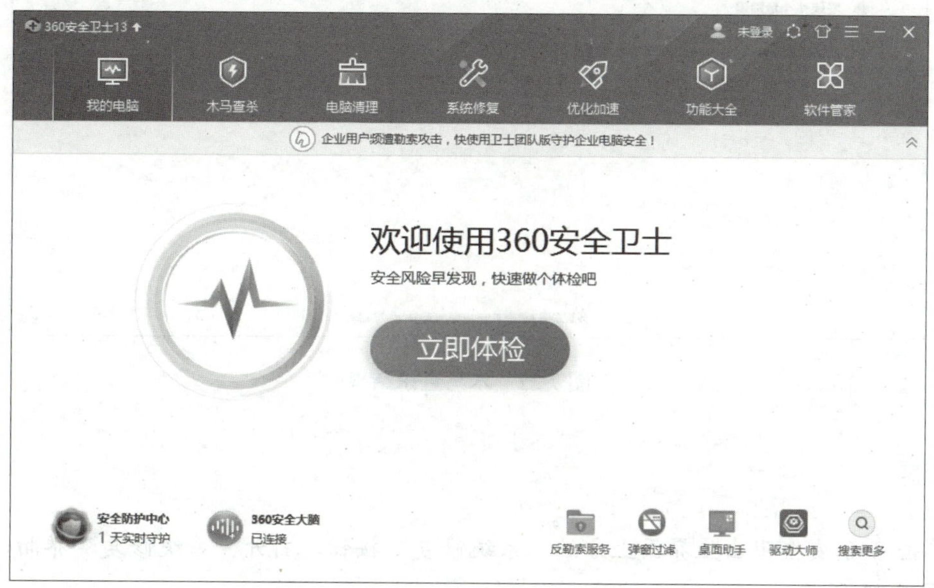

图 7-20 360 安全卫士主界面

步骤 2▶ 单击主界面上方的“木马查杀”按钮，打开“木马查杀”界面，单击“快速查杀”按钮，如图 7-21 所示。

图 7-21 “木马查杀”界面

步骤 3▶ 360 安全卫士会对计算机系统的磁盘进行扫描。等待一段时间后，会显示扫描结果，如图 7-22 所示。用户可选中危险项前的复选框，然后选择处理方式，也可单击“一键处理”按钮批量清除危险项。清除完成后，单击“完成”按钮即可。

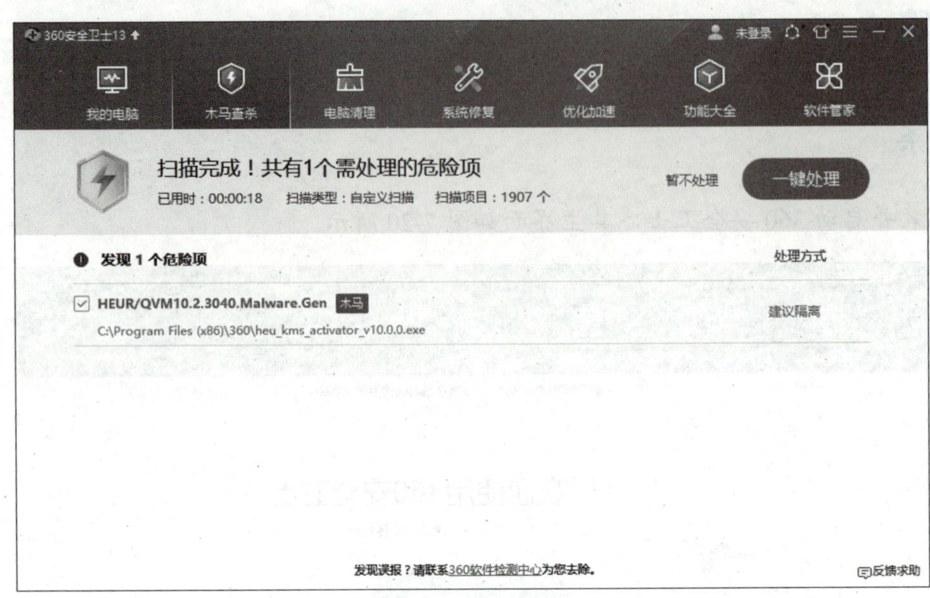

图 7-22　木马查杀结果

二、系统修复

步骤 1▶ 单击 360 安全卫士主界面上方的“系统修复”按钮，打开“系统修复”界面，然后单击“一键修复”按钮，如图 7-23 所示。

图 7-23　单击“一键修复”按钮

步骤 2▶ 360 安全卫士会对计算机系统进行扫描。等待一段时间后，会显示潜在危险项，单击“一键修复”按钮进行系统修复，如图 7-24 所示。

图 7-24 进行系统修复

小 提 示

在修复系统的过程中可能会打开“360 主页锁定”对话框，询问要锁定的主页，用户可将 360 安全网址导航或空白页锁定为主页，也可输入想要作为主页的网址，然后单击“安全锁定”按钮即可，如图 7-25 所示。

步骤 3▶ 系统修复完成后，会打开提示对话框，单击“立即重启”按钮，重启计算机，如图 7-26 所示。

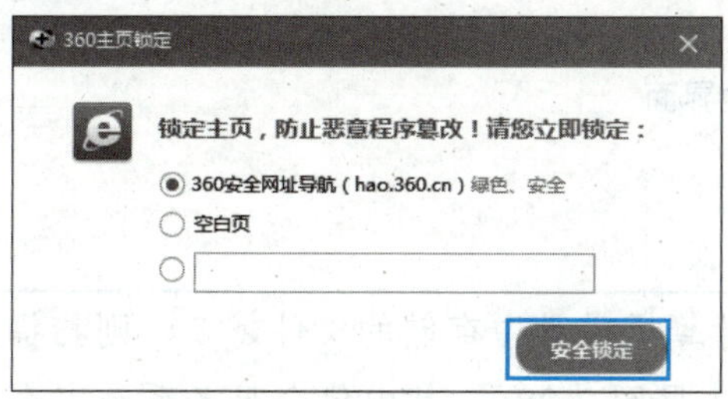

图 7-25 锁定默认主页

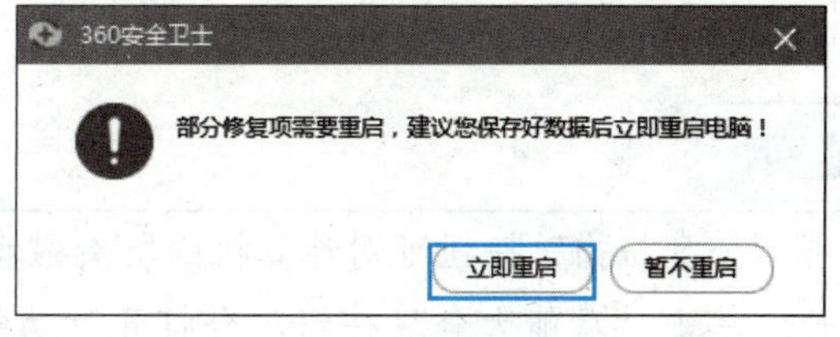

图 7-26 重启计算机

除上述功能外，360 安全卫士还提供了诸如电脑清理、优化加速、软件管家等功能。感兴趣的同学可以自行探索。

实践三 使用 360 杀毒软件查杀病毒

实践描述

360 杀毒是 360 安全中心推出的一款免费的病毒查杀软件，使用它可对计算机系统中的病毒进行查杀，并防范潜在威胁，为计算机系统提供实时安全防护。

本实践将介绍使用 360 杀毒软件查杀病毒的方法。

实践步骤

步骤 1▶ 安装并启动 360 杀毒软件，其主界面如图 7-27 所示。单击主界面中的“快速扫描”按钮（日常杀毒使用快速扫描功能即可），对计算机的关键目录进行扫描。

图 7-27　360 杀毒软件的主界面

小 提 示

单击“全盘扫描”按钮可对计算机的所有磁盘进行扫描，计算机磁盘中存储的文件越多，则扫描所需的时间越长；单击“功能大全”按钮，会打开“功能大全”界面（见图 7-28），其中包含很多系统安全、系统优化和系统急救方面的功能插件。

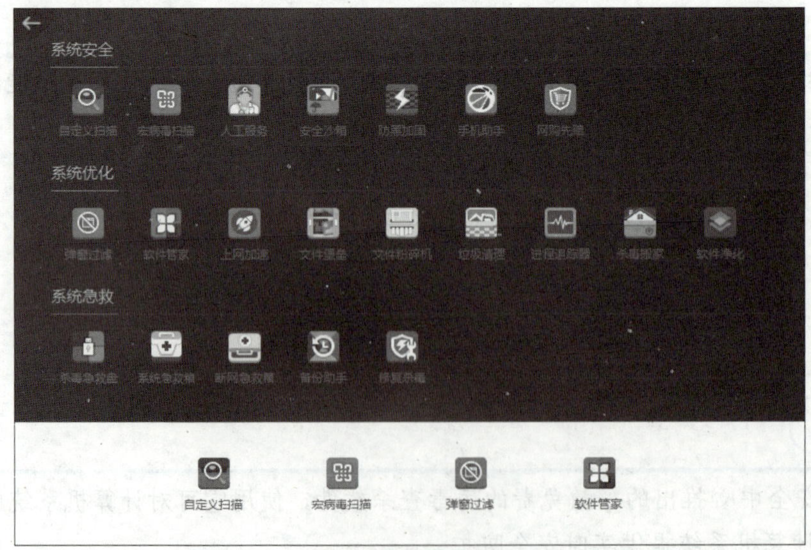

图 7-28　“功能大全”界面

单击主界面右下方的“自定义扫描”按钮，可对系统的某个目录进行单独扫描；单击“宏病毒扫描”按钮，可查杀 Office 文件中的宏病毒。

步骤 2▶ 扫描结束后，会显示具有威胁的待处理项。选中要处理的项目前的复选框，然后单击“立即处理”按钮，即可处理所选项目，如图 7-29 所示。

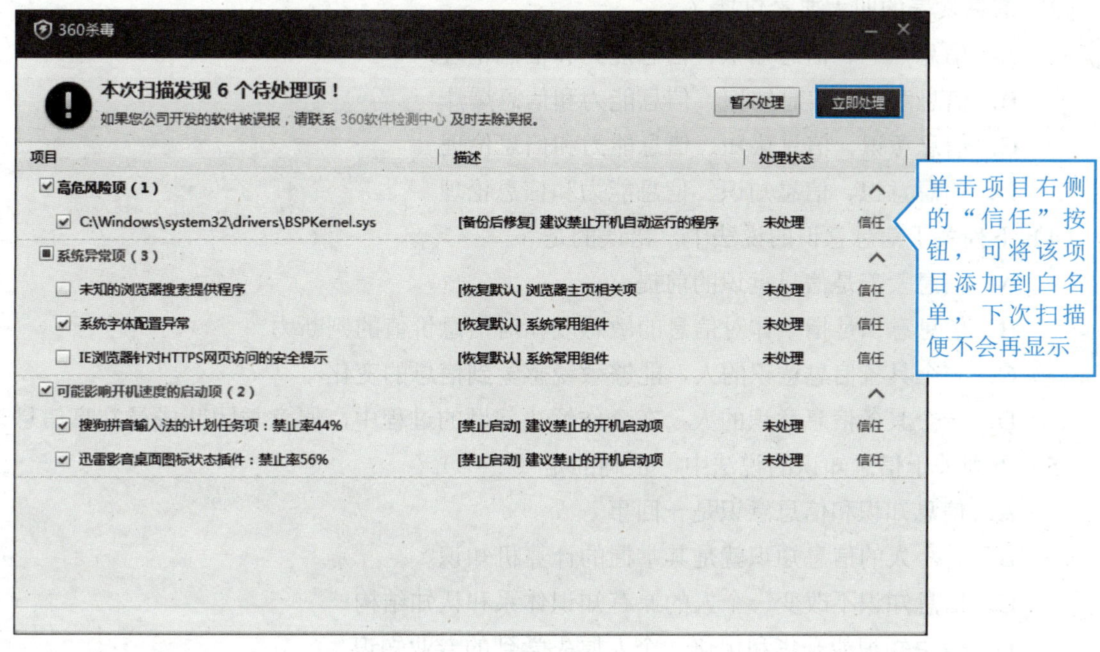

图 7-29 处理所选项目

步骤 3▶ 处理完成后，依次单击“确认”和“返回”按钮即可。

小提示

病毒和木马具有扩散性，因此，若在扫描结果中发现了病毒和木马，则应在处理完成后，在 360 杀毒软件主界面中单击“全盘扫描”按钮，对计算机的所有磁盘进行扫描，以免有遗漏的病毒和木马。

习题精选

一、选择题

（1）下列关于信息素养的说法中，错误的是（ ）。

A．信息素养是 21 世纪人才必备的能力素养之一

B．信息素养并非一个人先天就能具有的

C．信息素养的概念脱胎于图书馆素养

D．信息素养就是图书馆素养

（2）下列关于信息素养的说法中，错误的是（　　）。

A．“信息素养”一词最早于 1974 年由保罗·泽考斯基提出

B．ALA 提出了“信息素养是信息社会中人的生存能力之一”这一重要观点

C．“亚历山大宣言”将信息素养定义为一种“终身学习的基本人权”

D．伴随着信息社会的发展，信息素养的内涵和外延在不断丰富

（3）信息素养的四大要素包括（　　）。

A．信息焦虑、信息知识、信息能力和信息伦理

B．信息意识、信息知识、信息能力和信息爆炸

C．信息意识、信息认知、信息能力和信息伦理

D．信息意识、信息知识、信息能力和信息伦理

（4）下列关于信息意识的说法中，错误的是（　　）。

A．信息素养是信息意识的前提

B．信息意识是指个体对信息的敏感度和对信息价值的判断力

C．一个具备信息意识的人，能够敏锐感觉到信息的变化

D．一个具备信息意识的人，在合作解决问题的过程中，愿意与团队成员共享信息

（5）下列关于信息知识的说法中，正确的是（　　）。

A．信息知识和信息意识是一回事

B．一个人的信息知识就是其掌握的计算机知识

C．信息知识不改变一个人的原有知识体系和认知结构

D．信息知识能升华和优化一个人原先学到的专业知识

（6）下列关于信息能力的说法中，正确的是（　　）。

A．信息能力是信息素养最重要的要素，而信息素养的其他要素都不重要

B．在信息社会中，只有从事“高精尖”工作的人需要具备信息能力

C．一个具备信息能力的人，能在海量信息中迅速获取自己所需的信息

D．一个具备信息能力的人，只需会利用现有的信息解决问题即可

（7）一般来说，核心的信息能力包括（　　）。

A．信息发现能力、信息检索能力、信息组织能力、信息分析能力和信息交流能力

B．信息发现能力、信息检索能力、信息组织能力、信息传播能力和信息评价能力

C．信息分享能力、信息检索能力、信息组织能力、信息分析能力和信息评价能力

D．信息发现能力、信息检索能力、信息组织能力、信息分析能力和信息评价能力

（8）信息伦理是信息素养的（　　）。

A．前提　　　　B．基础

C．保证　　　　D．准则

（9）下列选项中，不属于信息伦理要求的是（　　）。

A．具有一定的信息意识、知识与能力

B．遵守信息技术相关法律法规和公共规范

C．毕业后从事信息技术相关工作

D．积极维护他人合法权益和公共信息安全

（10）下列关于信息素养四大要素的说法中，错误的是（　　）。

A. 信息伦理是四大要素中最不重要的要素

B. 信息意识和信息知识是一个人具备信息能力和遵守信息伦理的前提与基础

C. 信息能力是信息意识和信息知识的具体体现

D. 信息伦理是实现信息安全的重要途径

（11）如今的人类社会已步入（　　）。

A. 工业社会　　B. 大数据社会

C. 数字社会　　D. 信息社会

（12）从原始时代到如今的信息时代，信息技术的发展经历了（　　）次革命。

A. 2　　B. 3　　C. 4　　D. 5

（13）大约在公元前（　　）年出现了文字。

A. 2500　　B. 3000

C. 3500　　D. 4000

（14）发明于（　　）年的电报使人类实现了信息的实时传播。

A. 1995　　B. 1837

C. 1640　　D. 1900

（15）1876年，（　　）发明了电话，实现了人类的远距离通话，使信息传播技术有了更大的发展。

A. 贝尔　　B. 莫尔斯

C. 爱迪生　　D. 香农

（16）信息技术的第5次革命是指（　　）。

A. 造纸术和印刷术的发明

B. 电报、电话、广播和电视的发明

C. 计算机技术与现代通信技术的普及

D. 量子通信技术取得突破性进展

（17）下列不属于信息技术典型应用的是（　　）。

A. 信息技术使交通出行更加便捷

B. 信息技术改变消费方式

C. 信息技术与医疗领域深度融合

D. 信息技术使农作物价格不断提高

（18）下列关于北斗卫星导航系统的说法中，错误的是（　　）。

A. 北斗卫星导航系统是我国自行研制的全球卫星导航系统

B. 北斗卫星导航系统还处在建设阶段，尚未投入使用

C. 北斗卫星导航系统的英文缩写是BDS

D. 北斗卫星导航系统是世界上第3个成熟的全球卫星导航系统

（19）下列选项中，不属于信息技术在消费方式上的典型应用的是（　　）。

A. 超市的收银员用读码器扫描物品的条码，自动计算应付款额

B. 消费者通过手机客户端扫描商户的收款二维码完成支付结算

C. 用户通过手机App查询补办身份证的最新进度

D. 用户通过手机App缴纳水电费、燃气费和话费等

（20）专家远程会诊属于信息技术在（　　）的典型应用。

A．交通出行　　B．远程教育　　C．医疗领域　　D．教育教学

（21）我国具有完全自主知识产权的“（　　）”动车组列车试验时速可达 400 公里，它的成功研制和生产标志着我国铁路成套技术装备特别是高速动车组已经走在世界前列。

A．和谐号　　B．复兴号　　C．神舟十一号　　D．鲲鹏号

（22）下列说法中，错误的是（　　）。

A．工业机器人只能完成一些简单工作，无法代替人类完成流程性作业

B．信息技术在农业中的应用十分广泛，可有效提高农业生产效率

C．信息技术从根本上改变了教与学的方式，使终身学习成为可能

D．信息技术对现代化武器装备、指挥和作战方式等都产生了巨大影响

（23）下列关于信息安全的说法中，正确的是（　　）。

A．信息安全仅代表个人的隐私安全

B．信息安全仅意味着经济、社会、国防等国家层面的安全

C．维护信息安全是国家层面的事，与公民无关

D．维护信息安全，人人有责

（24）下列关于信息安全的说法中，错误的是（　　）。

A．信息安全的保护对象是信息资产

B．信息安全是一门综合性学科

C．为保障信息安全所采取的措施是单一的

D．为保障信息安全，可从技术和管理的角度采取措施

（25）信息的 CIA 属性是指（　　）。

A．保密性、完整性、可用性　　B．保密性、真实性、可靠性

C．真实性、可靠性、可用性　　D．保密性、可核查性、抗抵赖性

（26）下列关于信息安全目标的说法中，错误的是（　　）。

A．保密性是指使信息不泄露给未授权的个人、实体、进程，或不被其利用

B．可用性是指已授权实体一旦需要即可访问和使用信息

C．完整性是指信息没有遭受未授权的更改或破坏

D．可靠性是指确保信息的身份与所声称的保持一致

（27）下列做法中，无法保障自身信息安全的是（　　）。

A．为手机上的支付 App 单独设置访问密码

B．使用非正规渠道的盗版破解软件

C．定期使用杀毒软件给计算机杀毒

D．遇到来路不明的电子邮件直接删除

（28）信息安全的特征包括（　　）。

A．系统性、动态性、无边界性、传统性

B．孤立性、动态性、无边界性、非传统性

C．系统性、动态性、边界性、非传统性

D．系统性、动态性、无边界性、非传统性

（29）下列关于信息安全特征的说法中，正确的是（　　）。

A．信息安全是单纯的技术或管理问题

B．信息安全问题是一个全球性的问题

C．信息安全问题是固化的、一成不变的

D．可以通过一劳永逸的方法解决信息安全问题

（30）“制定信息安全策略时，绝不能以孤立的、单维度的眼光看待信息安全问题，而应当从技术、管理、制度、标准等各层面综合考虑。”这句话是在强调信息安全的（　　）。

A．系统性　　B．动态性　　C．无边界性　　D．非传统性

（31）李小明在街上看到一个“微信扫码关注免费送鸡蛋”的活动，他正确的态度应当是（　　）。

A．有这种好事？快打电话叫家人都来领鸡蛋

B．扫个码而已，能有什么事？不领白不领

C．前面有这么多人都领到了鸡蛋，应该不是骗子

D．天下没有白吃的午餐，不能贪图小便宜

（32）王军是一名摄影爱好者，经常在各大摄影论坛发布自己的作品。有一天，一位网友找到他，说只要他到所在城市的某些地点拍摄几张照片，将照片发送给网友后，即可获得高额的报酬，且为表诚意，网友表明可按张付费。如果你是王军，正确的做法是（　　），原因是（　　）。

A．接受这份工作　　对方没让我做伤天害理的事，我靠自己的专业技能赚钱，天经地义

B．接受这份工作　　对方想必是慕名而来，这证明我的摄影水平得到了市场认可，何乐不为

C．持观望态度　　对方可能是骗子，为了防止被骗，先拍一张试探一下对方是否付款

D．拒绝这份工作　　天上不会掉馅饼，对方可能是在利用我从事危害国家信息安全的间谍活动

（33）下列关于信息安全相关法律法规的说法中，错误的是（　　）。

A．《原子能法》和《国家安全法》可看作欧盟信息安全法律体系建设起步的标志

B．《网络犯罪公约》是国际上第一个针对计算机系统、网络或数据犯罪的多边协定

C．《中华人民共和国网络安全法》是我国第一部网络安全领域的专门性综合立法

D．《中华人民共和国密码法》是我国第一部密码领域的综合性、基础性法律

（34）下列关于信息伦理的说法中，正确的是（　　）。

A．信息伦理和传统的社会伦理没有任何关联

B．信息伦理是指人们从事信息活动时应当遵守的法律法规

C．信息伦理的内涵和外延是随着信息社会的发展而不断丰富的

D．信息伦理必须由法律强行执行和维护方才可行

（35）下列关于知识产权的说法中，错误的是（　　）。

A．知识产权包括著作权和工业产权两类

B．知识产权是我国法律特有的权利

C．不重视对知识产权的保护会阻碍持续创新环境的形成

D．专利、商标、服务标志、厂商名称、原产地名称等均属于工业产权

二、填空题

（1）“信息素养”一词最早出现于＿＿＿＿＿年。

（2）2003 年，联合国教科文组织在捷克共和国首都布拉格召开了国际信息素养专家会议。会议发表了著名的__________，它将信息素养定义为一种“__________的基本人权”。

（3）__________是人们适应信息社会生活的必备素养，也是评价个人能力素质的重要指标。

（4）信息素养的主要要素包括__________、__________、__________和__________。

（5）__________是指个体对信息的敏感度和对信息价值的判断力。

（6）信息知识是信息素养的__________。

（7）__________是信息素养最重要的要素。

（8）__________是指人们在从事信息活动时需要遵守的信息道德准则和需要承担的信息社会责任。

（9）__________是指获取、传递、存储、处理和应用信息的过程中所采用的技术总和。

（10）__________的应用标志着人类具备了跨越时空传播信息的能力。

（11）__________将信息的记录、存储、传播和使用扩大到更广阔的空间，是人类信息存储与传播手段的一次重要革命。

（12）__________是一家曾被媒体誉为“互联网奇迹”的互联网公司。

（13）__________是我国自行研制的全球卫星导航系统。

（14）__________是工业现代化的典型应用场景，利用它代替人类完成很多繁重、重复或者毫无意义的流程性作业，可以解放劳动力、提高工作效率。

（15）信息安全是指从__________和__________的角度采取措施，防止信息资产因恶意或偶然的原因在__________的情况下泄露、更改、破坏或遭到非法的系统辨识、控制。

（16）信息安全的目标是保护和维持信息的三大基本安全属性，即__________、__________和__________，这三者也常合称为信息的__________属性。

（17）信息的__________是指信息没有遭受未授权的更改或破坏。

（18）信息的__________是指使信息不泄露给未授权的个人、实体、进程，或不被其利用。

（19）郑杰前段时间打开了一封来路不明的电子邮件，并查看了电子邮件的附件。几天后，他发现自己计算机中的某些文件损坏。那么这封电子邮件破坏了信息安全的__________目标。

（20）信息的__________是指已授权实体一旦需要即可访问和使用信息。

（21）信息安全的特征包括__________、__________、__________和非传统性。

（22）信息系统是一个由__________、软件、__________、__________和人员组成的复杂系统。

（23）信息安全具有__________，这意味着它不只是某个组织、某个国家需要解决的问题，更是一个全球性的问题。

（24）作为互联网的发源地，__________最早开始信息安全法律体系的建设工作。

（25）__________是我国第一部网络安全领域的专门性综合立法。

（26）__________是我国第一部密码领域的综合性、基础性法律。

（27）信息伦理是指人们在参与信息活动时，需要遵守的一系列可行、合理且受到广大网民普遍认可的__________、__________和__________。

（28）信息伦理不由__________强行执行和维护，而是以信息活动中的善恶为标准，依靠网民内心的信念、彼此之间的督促和网络平台的监督维系。

（29）我们应当__________，静心抵制诱惑，保持积极向上的人生态度，严防侥幸和不劳而获的心理。

（30）我们应当____________________，严谨对待工作，诚信为人，表里如一，避免弄虚作假，杜绝职业欺诈，防止发生事故或纰漏。

（31）我们应当____________________，遵守行业规章制度，坚持严于律己，不做损人利己的事，对工作单位的公私事务和信息数据守口如瓶。

（32）我们应当____________________，避免照抄照搬，拒绝使用盗版。

三、判断题

（1）在信息社会中，信息无处不在、无时不在，身处信息社会的我们必须具备一定的信息素养。（　）

（2）信息素养的概念脱胎于计算机素养。（　）

（3）图书馆已经随着信息时代的到来而退出了历史舞台。（　）

（4）1989 年，美国图书馆协会下属的信息素养总统委员会在其年度报告中提出了“信息素养是信息社会中人的生存能力之一”这一重要观点。（　）

（5）“亚历山大宣言”是联合国教科文组织在捷克共和国首都布拉格召开的国际信息素养专家会议提出的，并以宣言的起草者、著名的信息学家亚历山大的名字为其命名。（　）

（6）信息素养的概念并不是一成不变的。（　）

（7）信息素养教育会在未来的素质教育中扮演越来越重要的角色。（　）

（8）信息能力是衡量一个人信息素养高低的唯一标准。（　）

（9）1837 年，美国人莫尔斯研制了世界上第一台有线电报机。（　）

（10）电报、电话、广播和电视的发明是信息技术发展的第 3 次革命。（　）

（11）信息技术使人们足不出户就可以购买到火车票、飞机票。（　）

（12）北斗卫星导航系统是继 GPS、GLONASS、WLAN 之后第 4 个成熟的卫星导航系统。（　）

（13）远程会诊是信息技术在医疗领域深度融合的典型例子。（　）

（14）信息社会是在还未完全脱离工业化社会时，信息起主要作用的社会。（　）

（15）网课、远程教育打破了时间、空间，甚至是年龄的限制，使终身学习成为可能。（　）

（16）维护信息安全，人人有责。（　）

（17）App 收集、使用个人信息的行为是在用户允许的条件下进行的，因此并不违法违规。（　）

（18）信息并不像其他商业资产一样具有价值，不需要受到保护。（　）

（19）信息的 CIA 属性是指保密性、完整性、可靠性。（　）

（20）在制定信息安全策略时，绝不能以孤立的、单维度的眼光看待信息安全问题，而应当系统地从技术、管理、法律法规、制度、标准等各层面综合考虑。（　）

（21）在制定信息安全策略时，应当具体问题具体分析。（　）

（22）信息安全问题可通过某个组织单独解决。（　）

（23）信息安全是现代社会中保障其他一切传统安全的基础。（　）

（24）2016 年通过的《中华人民共和国网络安全法》是我国信息安全立法的开端。（　）

（25）如今互联网上存在的各种信息伦理乱象使我们清醒地认识到，我国的信息伦理建设还有着长足的进步空间。（　）

（26）信息社会的公民都应当高度重视、自觉遵守信息伦理。（　）

（27）辨别虚假信息的重要态度是“兼听则明，偏听则暗”。（　）

（28）感情色彩强烈的信息就一定是虚假信息。 （ ）

四、简答题

（1）什么是信息素养？
（2）简述信息素养的主要要素。
（3）列出信息技术发展的历程。
（4）简述信息技术的典型应用（至少 3 个方面）。
（5）简述信息安全的概念。
（6）简述信息安全的目标和特征。
（7）简述我国信息安全领域的主要立法进程。
（8）简述信息伦理的概念。
（9）身处信息时代的我们应当遵守哪些职业行为规范？

参考文献

[1] 吴亚琼，刘庆，丁永卫. 信息技术（基础模块）能力训练 [M]. 北京：航空工业出版社，2020.

[2] 曹智一. 信息技术基础实训指导 [M]. 上海：上海交通大学出版社，2019.

[3] 蒋科辉，刘洋. 大学信息技术实验指导 [M]. 北京：航空工业出版社，2021.

[4] 肖盛文，石慧升，戴琴. 大学计算机应用基础实训指导 [M]. 上海：上海交通大学出版社，2019.